基于数据的复杂工业过程监测

张颖伟　著

东 北 大 学 出 版 社
· 沈　阳 ·

图书在版编目（CIP）数据

基于数据的复杂工业过程监测／张颖伟著. —沈阳：东北大学出版社，2011.12
ISBN 978-7-5517-0084-9

Ⅰ. ①基… Ⅱ. ①张… Ⅲ. ①工业—生产过程—监测 Ⅳ. ①TB114.2

中国版本图书馆 CIP 数据核字（2011）第 263983 号

出 版 者：东北大学出版社
地址：沈阳市和平区文化路 3 号巷 11 号
邮编：110004
电话：024－83687331（市场部） 83680267（社务室）
传真：024－83680180（市场部） 83680265（社务室）
E-mail：neuph@ neupress. com
http：//www. neupress. com
印 刷 者：沈阳市第二市政建设工程公司印刷厂
发 行 者：东北大学出版社
幅面尺寸：170mm×240mm
印　　张：9. 75
字　　数：202 千字
出版时间：2011 年 12 月第 1 版
印刷时间：2011 年 12 月第 1 次印刷
责任编辑：刘乃义　潘佳宁
封面设计：唯　美
责任校对：叶　子
责任出版：唐敏志

ISBN 978-7-5517-0084-9
定　　价：43.00 元

序

随着现代经济的快速发展和流程工业模型的不断扩大，工业过程的复杂性不断提高，对产品质量的需要越来越精益求精，生产安全问题已经受到越来越多的关注和重视，监测复杂工业过程的运行状态已经成为现代工业发展的焦点. 许多学者和技术人员致力于研究有效的过程监控方法. 本书对基于数据的复杂工业过程监测进行了深入的研究，提出有效的过程监测方法，对实际生产过程中提高产品质量、增加设备运行的可靠性是有益的.

本书共分6章. 第1章综述了过程监测的步骤和发展现状. 第2章提出了基于KPCA的过程监测方法. 针对数据的异常点、非线性和多尺度特征，提出一种基于滑动中值滤波多尺度核主元分析算法（SMF-MSKPCA），同时提出一种基于滑动中值滤波动态核主元分析算法（SMF-MSDKPCA），并将算法运用于过程监测. 第3章提出了多模式过程监控方法以及一种提取公共特性的多模式过程监控方法，同时将多变量指数加权平均（MEWMA）引入算法，改善算法的监测能力. 另外，通过选择一种非线性方法对数据进行处理，将核函数引入多模式过程监控方法中，提出非线性核多模式过程监控方法. 第4章提出了非高斯过程的过程监测方法，提出多块核独立元分析算法来解决大型工业过程的复杂性、变量的非线性和变量数量多的问题. 同时提出了多模态核独立元分析算法（MBKICA）. 第5章提出了基于多尺度核偏最小二乘法的过程监测方法，针对非线性的工业过程提出一种双重更新策略的递推PLS的输出方法，并在此基础上涉及了一种新的在线测量系统. 第6章介绍了工业过程的故障幅值估计，提出了二次型混合指标以及相应的幅值计算算法，并通过仿真实验验证所提出的估计算法.

本书第1章由张颖伟完成，第2章由张颖伟和胡志勇完成，第3章由张颖伟和李智明完成，第4章由张颖伟和马驰完成，第5章由张颖伟、张扬、滕永懂完成，第6章由张颖伟完成.

本书给出了过程监控的理论背景和实用技术，可作为硕士研究生和博士研究生的学习用书，也可作为工业界的企业工程师参考用书.

由于时间仓促，作者水平有限，难免疏漏，欢迎读者批评指教.

著　者

2011年10月

目　录

第1章 故障检测技术概述

1.1 引言

近年来，随着现代工业及科学技术的迅速发展，特别是计算机技术的发展，过程工业系统的结构日益复杂，规模越来越大，投资也越来越高，如一套大型乙烯装置中就有成百上千的控制回路，整套装置的投资都在数十亿元人民币. 一个大型的设备系统往往由大量的工作部件组成，不同的部件之间互相关联、紧密结合. 一方面，这提高了系统的自动化水平，为工业生产带来了比较可观的经济效益；另一方面，影响系统运行的因素的增加，使系统产生故障或失效的潜在概率越来越大. 一个部件的故障常常会引起链式反应，若某些微小的故障不能被及时排除，将导致整个系统甚至整个生产过程不能正常运行甚至瘫痪，轻则降低性能、影响生产，重则造成停机、停产、设备损坏，甚至发生机毁人亡的事故. 多年来，国内外曾经发生的各种空难、海难、爆炸、断裂、倒塌、泄漏等恶性事故，不仅造成了巨大的人员伤亡和经济损失，而且造成了不良的社会影响. 因此，生产过程中的关键设备的故障检测与诊断具有非常重要的社会效益和巨大的经济意义[1-2].

在工业生产过程中，对工业系统的故障检测是比较关键的步骤，因为它直接关系到生产能否正常运行和生产产品的质量. 过程监控的目的是监视系统运行状态. 检测工业生产过程中是否发生故障，并对故障系统的异常变化幅度进行定量分析，判断故障类型、发生时间、变化幅度、表现形式和影响程度，必要时，提出相应的维护与改进的措施，就会大大地减少企业生产过程的危险性，提高生产安全性和保障性. 通常，任何的故障检测子系统都不可能百分之百地准确无误地检测出控制系统的各类故障，因此，如何提高故障的正确检测率(发生故障并能报警)，降低故障的漏报率(发生故障没有报警)和误报率(未发生故障反而报警)，一直是故障检测与诊断领域的研究热点之一，适用于工业过程工况监控的过程监测方法得到了广泛的关注和迅速的发展[3-4].

1.2　多元统计过程监控简介

1.2.1　过程监控技术概述

过程监控是以过程异常检测和动态系统故障检测与诊断技术为基础发展起来的一个新兴的研究领域[5]．其主要研究对象包括过程的异常变化和动态系统功能性故障，研究内容包括过程故障检测、故障影响分析和针对不同类型的故障应该采取的处理措施或对策等．近年来，过程监控已成为过程自动化和过程控制领域的重要研究方向，并成为构成系统可靠性、安全性、维修性等学科的关键技术之一[6]．

故障是指系统中至少一个特性或变量偏离了正常范围．从广义上讲，故障可以理解为系统的任何异常现象，使系统表现出人们不期望的特性．一般而言，控制系统中故障的发生部位、时间特性、发生形式呈现出多样化的特点．根据故障发生的部位，可以把生产过程系统中的故障分为元器件故障、传感器故障和执行器故障．根据故障的时间特性，可以把故障分为缓变故障和突变故障．根据故障的发生形式，可以把故障分为加性故障和乘性故障[7]．

过程故障监控是一项复杂的系统工程，其主要由信号采集、信号处理、故障检测与诊断、故障决策 4 个阶段构成，如图 1.1 所示．其中，监控信号处理和过程故障检测与诊断(FDD) 构成一个集成的整体，其相关理论和方法合称为过程监控技术性[8]．下面介绍信号采集、信号处理、故障检测与诊断．

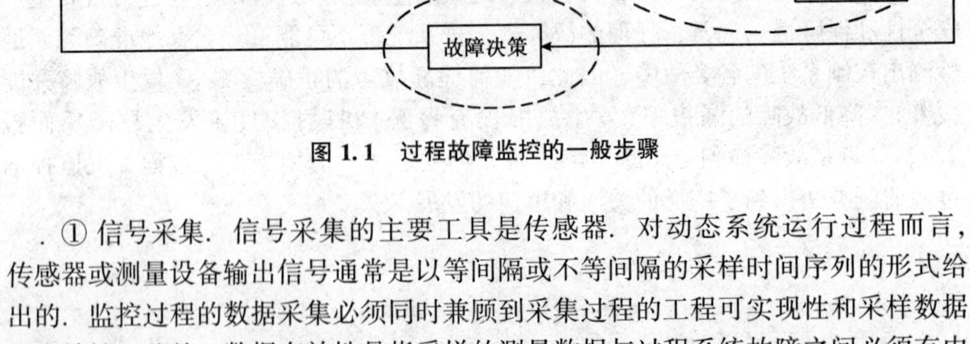

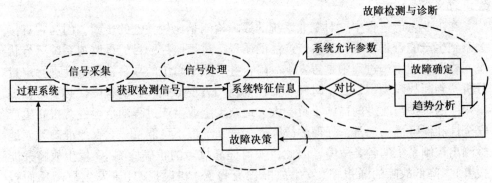

图 1.1　过程故障监控的一般步骤

① 信号采集．信号采集的主要工具是传感器．对动态系统运行过程而言，传感器或测量设备输出信号通常是以等间隔或不等间隔的采样时间序列的形式给出的．监控过程的数据采集必须同时兼顾到采集过程的工程可实现性和采样数据的有效性．此处，数据有效性是指采样的测量数据与过程系统故障之间必须有内在的关联性．

② 信号处理. 信号处理是一个运用数据处理与特征信息技术对过程系统采样时间序列进行信息压缩、提取系统特征信息的过程. 信号处理作为特征量的选择提取技术，几乎包括现代所有的信息处理技术所能提供的手段，如数字信号处理、信息理论、时间序列分析、图像识别和应用数学等.

③ 故障检测与诊断. 故障检测是指判断并指明系统是否发生了异常变化及异常变化发生的时间. 故障检测的首要任务是依据压缩之后的过程信息或借助直接从测量数据中提取的反映过程异常变化(或系统故障特征)的信息，来判断系统运行过程是否发生了异常变化，并确定异常变化或系统故障发生的时间. 当所关心的系统输出偏离了预定的目标范围，或者影响系统输出的过程参数或过程特征量发生变化并超出设定的范围时，系统应能及时检测出来. 但通常任何故障检测系统都不可能完全正确地检测出控制系统的各种故障，因此提高故障的正确检测率，降低故障的漏报率和误报率，直是故障检测领域的前沿课题[9].

故障诊断是指通过测量设备(如传感器)观测到的数据信息、过程系统动力学模型、系统结构知识，以及过程异常变化的征兆与过程系统故障之间内在的联系，对系统的运行状况进行分析和判断，查明故障发生的位置、时间、幅度和故障模式.

故障检测与诊断是过程监控的重要核心组成部分，过程监控方法的研究主要是为了实现对过程故障的检测与诊断.

1.2.2　工业过程监控方法的分类

从不同角度出发，过程监控方法的分类也不完全相同. Frank P M[10] 教授将过程监控方法划分成 3 类：基于解析模型的方法，基于信号处理的方法，基于知识的方法. 但是，随着基于数据的多变量统计方法在故障检测和诊断中不断得到应用，基于统计分析模型的方法逐渐从基于信号处理的方法中分离出来. 文献[6，11]将过程监控方法分成 4 类，即基于解析模型的方法、基于知识的方法、基于信号处理的方法和基于数据驱动的方法. 具体的分类方法如图 1.2 所示. 下面对各种方法的适用环境、优缺点及发展情况进行简单的评述.

(1) 基于解析模型的方法. 基于解析模型的方法是最早发展起来的，当可以建立被控对象的较为精确的数学模型时，首选基于解析模型的方法. 其优点是能深入系统本质的动态性质和实时诊断，缺点是系统模型通常难以获得、不确定或具有非线性时不易实现. 尽管有许多学者在这方面作了很多研究，例如，Frank P M[10] 提出了用解析冗余的概念进行故障诊断，Patton R 等[12] 总结了基于 Kalman 滤波原理的动态系统诊断方法，国内学者周东华等[13] 和葛建华等[14] 的专著也分别对这一领域作了一定的研究，但是在实际应用中，基于解析模型的方法受到复杂过程精确数学模型难以建立的限制，不能得到广泛的应用. 它主要有 3 种方法，即参数估计方法、状态估计方法和等价空间方法.

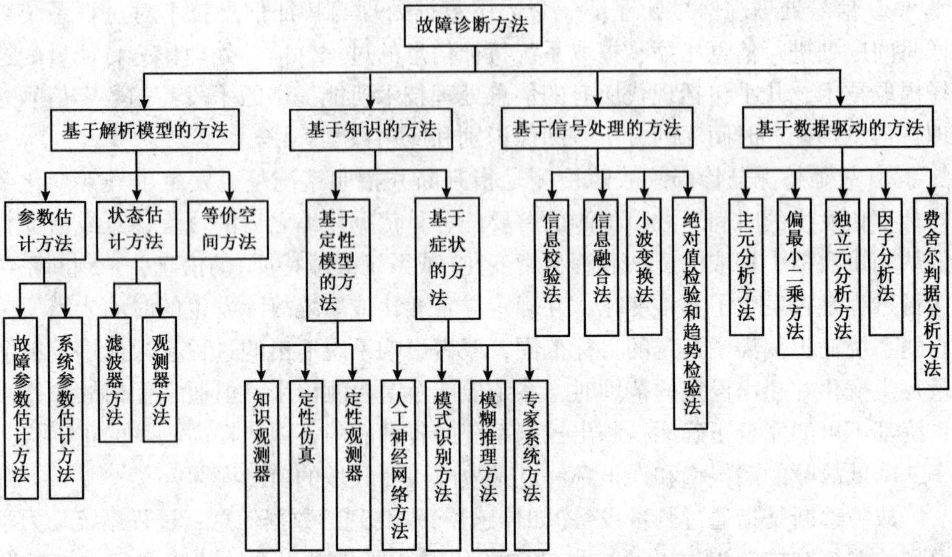

图 1.2　故障诊断方法的分类

参数估计方法是根据模型参数及相应的物理参数的变化量序列的统计特性来进行故障检测、分离和估计. 与基于状态估计的方法相比，参数估计方法更易于定位故障和估计故障幅值. 状态估计方法的基本思想是利用观测器/滤波器对系统的状态进行估计并构成残差序列，然后采取一定的措施增强残差序列所包含的故障信息，抑制模型误差等非故障信息，通过对残差序列的统计检验把故障检测出来. 由于很难获得系统的精确数学模型，因此现阶段对于状态估计方法的研究主要集中在提高监测系统对于建模误差、扰动、噪声等未知输入的鲁棒性及系统对早期故障的灵敏度. 等价空间方法主要检查系统数学方程与各种测量值是否一致. 它是一种线性动态变换，把变换后的残差用于检测和分离故障.

(2) 基于知识的方法. 基于知识的故障诊断方法不需要定量的数学模型，它通过系统的因果模型、专家知识、系统的详细描述或者故障症状举例来获得监控模型. 它又可以分为基于症状的方法和基于定性模型的方法等. 基于症状的方法包括人工神经网络方法、模糊推理方法、专家系统方法、模式识别方法等，基于定性模型的方法又可分为定性观测器、定性仿真和知识观测器等.

当很难建立被控对象的定量数学模型却能得到其定性数学模型时，可采用基于知识的方法. 基于知识的方法有很多种类，目前比较热门的有基于专家系统的故障诊断方法[15-16]、基于人工神经元网络的故障诊断方法、基于定性模型的故障诊断方法和基于模糊的故障诊断方法[17]，等等. 基于知识的方法已经在欧美各国工业应用中得到了发展与改善. 然而，面对复杂的工业过程，基于知识的方法由于存在着专家经验获取困难、难以处理非线性问题等缺点，因此制约着它的进一步普遍应用.

(3) 基于信号处理的方法. 当很难建立被控对象的解析模型但可以得到被控过程的输入输出信号时，可采用基于信号处理的方法[18]. 利用信号模型，直接分析可测信号，提取方差、均值、频谱等特征值. 其中，小波变换的方法是近年来发展起来的一种很有前途的方法. 利用小波变换可以进行信号的随机消噪，即以小波变换作为一种信号预处理方法用于故障特征的提取和信号消噪. 适当地选取小波尺度，在这些尺度的小波基上对信号进行重构，去掉高频、工频噪声频段内的小波尺度，可以保证重构的信号只包含系统运行信息及故障信息[19]. 近年来，将小波分析与模糊理论、神经网络结合，提出了模糊小波[20]和小波网络[21]等技术，并用于非线性系统故障诊断中[22].

(4) 基于数据驱动的方法. 当很难建立被控对象的解析模型但可以得到被控过程的过程数据和质量数据时，可采用基于数据驱动的方法. 随着自动化、计算机网络及数据库技术的发展，工厂可以直接从生产过程获得大量的实时运行数据. 但是要从观测数据中实现对过程运行情况的评估，已经超出了工程师或操作员的能力范围. 数据驱动技术的优势在于，能够将过程数据和质量数据从高维数据空间投影到低维特征空间，提取特征空间信息，摒除冗余信息，可以大大减轻工作量. 因此，基于数据驱动的方法是一种比较实用的过程监控方法. 在分析工业过程数据时，除了考虑数据质量、数据大小、数据的共线性问题，还需要克服数据的时变性、数据的多尺度性、数据的非线性、数据的动态特征等难题[23].

综上所述，每种方法都有各自的适用环境和优缺点，实际应用的过程监控方案通常是把多种统计量和方法结合起来，共同应用到故障检测与诊断中.

1.2.3　监控技术的研究现状

统计过程控制包括单变量统计过程控制和多变量统计过程控制. 传统的统计过程控制采用单变量统计分析方法，只对生产过程中的少数几个重要指标单独进行统计过程控制，例如，为这些指标单独建立施瓦德图(Shewhart)、累积和图(CUSUM)、指数加权平均图(EWMA)等. 但是，单变量统计过程控制只考虑单一变量的变化幅度，并没有考虑性能指标或变量之间的相关关系. 在复杂的生产过程中，相关变量数量多，产品的性能指标也相应增多，在这种情况下，采用单变量统计分析方法，往往导致生产中的异常变化不能被检测出来，从而造成不必要的损失. 另一方面，测量技术、计算机系统、数据库系统的发展，使工厂获得了相当丰富的生产数据资源，单变量统计控制远远达不到对过程实施有效监测的目的. 于是，多变量统计过程控制(Multivariate Statistical Process Control, MSPC)的故障检测与诊断技术应运而生并得到迅猛发展. 多变量统计过程控制通常称为多元统计过程控制，其主要目标是利用多元统计方法对生产过程实施监测，并非对其进行控制. 因此，准确地说，应该称其为“多元统计过程监测”. 但是由于历史的原因，这一名称沿用至今并被广泛使用[24]. 多元统计过程控制方法主要有主元分析[25-26] (Principal Component Analysis, PCA)、部分最小二乘[27-28] (Partial Least Squares, PLS)、费舍尔判别分析[29-30] (Fisher Discriminant Analysis, FDA)、规范变量分析[31] (Canonical Variate Analysis, CVA)、因子分析[32] (Factor Analysis, FA)、聚类分析(Clustering Analysis, CA)和独立成分分析[33-34] (Independent Component Analysis, ICA)等. 它们的共同点是完全依赖数据来实现故障检测与诊断. 多元统计过程控制技术最主要的特点是，不需要深入了解被控对象的运行机制，只要有足够的、合适的统计数据，就可以用多元统计过程监控技术建立统计数学模型，并根据该模型进行状态监测.

多元统计过程控制技术主要是通过对这些相关过程数据进行投影变换，在一个低维的投影空间里获得一组数目大为减少的、相互独立的新变量，这些新变量数目很少，但却能够概括整个工程系统的行为特性；然后用它们建立数学模型，通过比较模型和实际系统的统计行为来进行工程系统的综合状态监测与故障诊断. 这样的投影变换主要有两个目的，一是数据降维，二是使数据正交. 数据降维是多元统计技术的一个重要概念，它建立在如下的观察基础之上：在大多数工业过程中，虽然被监测的变量很多，但真正的所谓驱动因素(Driving Factors)的数目往往很少. 简单举例来讲，如果将一个热敏电阻接入电路中并监测它的电流和功率，当温度变化时，电阻的电流和功率显然都会随着电阻值的变化而变化，但驱动因素只有一个，那就是温度的变化. 由此可以看出，通过数据降维，可以去除数据中的冗余信息，找出驱动因素. 在理想情况下，数据降维后所得数据与原数据相比，所包含的有用信息量几乎不变，但是数据量大大减少，从而极大地减轻了进一步深入分析的计算量. 由于数据降维技术舍弃了冗余信息，而系统噪声在经过多元统计技术处理后，往往体现为冗余信息，所以数据降维技术通常还能在一定程度上起到降噪的作用. 数据正交是指变换以后得到的新变量之间相互正交. 多变量统计过程控制在生产实践中能够通过统计控制图发现产品质量的异常波动，常用的多变量统计控制图有平方预测误差图(SPE 图，即 Q 图)、T^2 图等.

前面提到的几种有代表性的多元统计方法大都是直接利用测量数据对过程进行监控的，但这些方法忽视了这些测量数据当中存在的不确定因素(如外界干扰及噪声等)，从而影响了监控结果的精确度.

MacGregor J F 指出，在分析工业过程数据时，需要考虑如下几个问题[35].

① 数据质量(Data Quality). 工业过程中的测量变量往往会受到各种噪声源的影响. 同时，若传感器发生故障或通讯网络发生问题，则容易造成数据丢失，导致数据不可靠. 噪声和数据丢失的影响使得从数据中提取与解释信息变得更为困难.

② 数据大小(Data Size). 由于计算机技术的应用，因此数据的维数很大. 但实际生产过程只对少数几个关键变量进行监控，所以，其他数据所包含的信息都丢失了.

③ 数据的共线性. 过程中包含大量变量并不一定意味着过程本质上是高维的. 事实上，大多数工业过程可以用更少的维数来描述，这是因为过程往往是由几个主要的机理(如能量平衡、质量平衡、动量平衡、反应动力学等)所驱动的，变量之间存在着相关性. 这使得传统的统计方法难以奏效，因为它们假定变量之间都是相互独立的.

除了上述问题外，在研究工业过程的故障检测算法时，还需克服如下困难.

① 数据的时变性. 由于原料性质、市场需求等外部条件的变化，工业生产过程要在多个稳态操作点进行生产，并具有多个不同的生产负荷. 这些外部条件引起的数据变化应该认为是正常的，监控系统应有能力区别外部条件与内部状态的变化[36].

② 数据的非线性. 工业过程往往表现出非线性行为，变量之间的关系用线性函数去近似有时不能得到很好的结果. 在这种情况下，监控系统需要考虑过程的非线性特性[37-38].

③ 数据的动态特征. 大多数动态过程的测量数据都是自相关的，即当前时刻的测量与先前时刻的测量并不是独立的，实际上它们构成了时间序列. 数据的动态特征对于统计量的统计特性有很大影响[39-40].

④ 数据的多尺度性. Bakshi B R[41] 指出，过程扰动实际上是发生在不同的时间尺度上的. 某些扰动对过程的影响可能是短时的，有些扰动对过程的影响则可能是长时间的，而有关扰动时间尺度的信息有助于对扰动的识别，从而得出正确的校对信息[42].

1.3　本书概况

本书主要介绍基于数据的故障检测方法，重点放在基于 PCA、ICA 和 PLS 的方法. 主要是根据数据的不同特点，将各种不同的方法进行有效的融合，进而给故障诊断带来新的结果.

针对数据具有异常点、非线性和多尺度性，为了弥补传统 MSPCA 的不足，本书提出了一种基于滑动中值滤波多尺度核主元分析算法（SMF-MSKPCA）. 该方法用于基于非线性数学模型、田纳西过程和青霉素发酵过程的实验，证明该方法有较好的在线监测性能. 考虑到生产过程测量数据的时序相关特性，对 SMF-MSKPCA 进行改进，将动态核主元分析引入 SMF-MSKPCA，提出一种基于滑动中值滤波动态核主元分析算法（SMF-MSDKPCA）.

对于多模式工业过程监控中存在的问题，提出一种提取公共特性的多模式过程监测方法，通过对不同模式公共部分和特殊部分的组合对多模式问题进行故障检测. 该方法可以获得系统的动态特性. 另外，通过选择一种非线性方法对数据进行处理，将核函数引入多模式过程监控方法中，并通过仿真实例来验证所提算法的检测能力.

另外，本书提出两种改进的核独立元分析算法：多块核独立元分析算法（MBKICA）和多模态核独立元分析算法. 多块核独立元分析算法能够解决复杂工业过程监控问题，多模态独立元分析算法用于解决多模态问题.

针对非线性的工业过程，提出一种双重更新策略，用整合后的递推 PLS 的输出方法取代了原始的方法，开发了在线软测量系统. 双更新方法可以推广到由来自不同的 PLS 所描述的其他应用程序组合得到的模型. 针对工业过程出现的故障问题，书中讨论故障幅值的估计方法，工业故障幅值可以近似地通过所提出的重构法获得.

本章参考文献

[1] 褚健，孙优贤. 流程工业综合自动化技术发展的思考[J]. 制造业信息化，2002，31(增刊)：24-28.

[2] 俞金寿. 工业过程先进控制[M]. 北京：中国石化出版社，2002：317-319.

[3] 蒋浩天，E L 拉塞尔，R D 布拉茨. 工业系统的故障检测与诊断[M]. 段建民，译. 北京：机械工业出版社，2003：2-137.

[4] Himmelblau D M. Fault detection and diagnosis in chemical and petrochemical processes[J]. The Chemical Engineering Journal，1980，20(1)：79.

[5] 胡封，孙国基. 过程监控与容错处理的现状及展望[J]. 测控技术，1999，18(12)：1-5.

[6] 胡封，孙国基. 过程监控技术及其应用[M]. 北京：国防工业出版社，2001.

[7] 孙娇华. 基于主元分析传感器故障检测、辨识与重构的研究[D]. 沈阳：沈阳化工学院，2003.

[8] 温熙森. 模式识别与状态监控[M]. 长沙：国防科技大学出版社，1997.

[9] 唐凯. 基于多元统计过程控制的故障诊断技术[D]. 杭州：浙江大学，2004.

[10] Frank P M. Fault diagnosis in the dynamic system using analytical acknowledge-based fault redundancy：A survey and some new results [J]. Automatica，1990，26(3)：459-474.

[11] 蒋立英. 基于 FDA/DPLS 方法的流程工业故障诊断研究[D]. 北京：清华大学，2005.

[12] Patton R，Frank P M，Clark R. Fault diagnosis in dynamic systems [M]. New Jersey：Englewood Cliffs，1989：166-189.

[13] 周东华，孙优贤. 控制系统的故障检测与诊断技术[M]. 北京：清华大学

出版社，1994.
[14] 葛建华，孙优贤. 容错控制系统的分析与综合[M]. 杭州：浙江大学出版社，1994.
[15] 宋华，张洪钺，王行仁. 非线性系统多故障诊断方法[J]. 北京航空航天大学学报，2005，31(11)：1198-1203.
[16] Kourti T, Lee J, MacGregor J F. Experiences with industrial applications of projection methods for multivariate statistical process control [J]. Comput. Chem. Eng. 1996, 20(suppl): 745-750.
[17] Qin S J, Cherry G, Good R, et al. Semiconductor manufacturing process control and monitoring: A fab-wide framework [J]. Process Control, 2006(16): 179-191.
[18] 叶昊，王桂增，方崇智. 基于脉冲响应函数的正交小波变换系数的故障检测方法[J]. 控制理论与应用，1999，16(1)：6-9.
[19] Ye H, Wang G Z, Fang C Z. Application of wavelet transform to leak detection and location in transport pipelines [J]. Engineering Simulation, 1996, 13(6): 1025-1032.
[20] Muid M, George V. Automated fault detection and identification using a fuzzy-wavelet analysis technique [J]. IEEE Proc of Autotestcon, 1995: 169-175.
[21] Zhao Z, Gu X, Jiang W. Fault detection based on wavearx neural network [C]. Proc. of 14th IFAC World Congress, Beijing, 1999: 145-150.
[22] 张登峰. 动态系统的故障检测与诊断研究[D]. 南京：南京理工大学，2003.
[23] 郭明. 基于数据驱动的流程工业性能监控与故障诊断研究[D]. 杭州：浙江大学，2004.
[24] 方伦钢. 应用多元统计过程控制技术进行状态监测[D]. 南京：南京航空航天大学，2004.
[25] Pearson K. On lines and planes of closest fit to systems of point in space [J]. Philosophical Magazine, 1901, 6(2): 559-572.
[26] Dunia R, Qin S J, Edgar T F, et al. Identification of faulty sensors using principal component analysis [J]. AIChE Journal, 1996, 42(10): 2797-2812.
[27] Yingwei Zhang, Hong Zhou, S Joe Qin, et al. Decentralized fault diagnosis of large-scale processes using multiblock kernel partial least squares [J]. IEEE Transactions on Industrial Informatics, 2010, 1(6): 3-12.
[28] Yingwei Zhang, Yongdong Teng, Yang Zhang. Complex process quality prediction using modified kernel partial least squares [J]. Chemical Engineering Science, 2010, 65(5): 2153-2158.

[29] Yanfeng Gu, Ye Zhang, Di You. Kernel-based fisher discriminant analysis for hyperspectral target detection [J]. Journal of Harbin Institute of Technology, 2007, 14(1): 20-25.

[30] Q Peter He, S Joe Qin. A new fault diagnosis method using fault directions in fisher discriminant analysis [J]. AIChE Journal, 2005, 51(2): 555-571.

[31] Odiowei P. -E. P., Yi Cao. Nonlinear dynamic process monitoring using canonical variate analysis and kernel density estimations [J]. IEEE Transactions on Industrial Informatics, 2010, 6(1): 36-45.

[32] Skamaledin Setarehdan. Modified evoling window factor analysis for process monitoring [J]. Journal of Chemometrics, 2004(18): 414-421.

[33] Zhang Y W, Zhang Y. Fault detection of non-Gaussian processes based on modified independent component analysis [J]. Chemical Engineering Science, 2010, 65(16): 4630-4639.

[34] Zhang Y W. Enhanced statistical analysis of nonlinear processes using KPCA, KICA and SVM [J]. Chemical Engineering Science, 2009, 64(5): 801-811.

[35] MacGregor J F. Using on-line process data to improve quality: Challenges for statisticians [J]. International Statistical Review, 1997, 65(3): 309-323.

[36] Li W, Yue H H, Valle-Cervantes S, et al. Recursive PCA for adaptive process monitoring [J]. Journal of Process Control, 2000, 10(5): 471-486.

[37] Kramer M A. Nonlinear principal component analysis using auto associative neural networks [J]. AIChE Journal, 1991, 37(2): 233-243.

[38] Dong D, MaAvoy T J. Nonlinear principal analysis based on principal cure and neural networks [J]. Computers and Chemical Engineering, 1996, 20(1): 65-78.

[39] Ku W, Storer R H, Georgakis C. Disturbance detection and isolation by dynamic principal component analysis [J]. Chemometrics and Intelligent Laboratory Systems, 1995, 30(1): 179-196.

[40] Ting Wang, Xiaogang Wang, Yingwei Zhang, et al. Fault detection of nonlinear dynamic processes using dynamic kernel principal component analysis [C]. Proceedings of the 7th World Congress on Intelligent Control and Automation, 重庆, 2008: 3009-3014.

[41] Bakshi B R. Multiscale PCA with application to multivariate statistical process monitoring [J]. AIChE Journal, 1998, 44(7): 1596-1610.

[42] Misra M, Yue H H, Qin S J, et al. Multivariate process monitoring and fault diagnosis by multi-scale PCA [J]. Computers and Chemical Engineering, 2002, 26(9): 1281-1293.

第 2 章　基于 KPCA 的过程监测方法

2.1　概　述

由于实际的工业过程都存在不同程度的非线性，在用 PCA 方法进行过程监控时，会导致大量的误报或漏报，因此，Hastie T 和 Stuetzle W 于 1989 年提出了主元曲线和主元曲面(Principal Curve and Principal Surface)[1]. 1991 年，Kramer M A 提出了一种基于五层神经网络的非线性 PCA[2]. 之后的几年间，又有许多学者在此方面从事研究，其中较有影响的有：Dong D 和 MaAvoy T J 提出了用神经网络来学习非线性主元模型的方法[3]，Tan S 和 Mavrovouniotis M L 提出了一种输入训练神经元网络(三层网络)来进行非线性主元分析[4]，其基本思想是将测量变量通过非线性映射投影到高维空间，然后在这个高维空间再进行 PCA 分析. 1998 年，Schölkopf B 等人首次提出的 Kernel PCA（KPCA）是一种新的 PCA 的非线性扩展方法[5]. KPCA 在高维特征空间计算主元，此高维特征空间是非线性相关的. Mika S 等人提出了一种新的采用 KPCA 对连续过程进行检测的非线性过程检测技术，并证明它与 PCA 检测方法相比更优越[6].

尽管 KPCA 方法在非线性过程中已经成功地得到广泛的应用[7-8]，但是复杂工业过程的测量数据可能具有异常点、非线性、多尺度性、动态性等特征，在实际过程中，会导致大量的误报或漏报. 因此，深入研究各种多元统计分析方法的内在关系和特性，如何将具有互补性的方法融合在一起，将是进一步要做的工作.

本章的重点是要说明如何将多元统计方法进行有效的融合，以处理复杂工业过程中数据存在的问题. 从 2.2 节开始描述处理数据中异常点的方法. 在 2.3 节给出了 KPCA 统计过程监控方法. 在 2.4 节讨论使用多尺度主元分析(MSPCA)方法. 最后，针对以上所述数据的异常点、非线性和多尺度特性，将滑动中值滤波和 KPCA 融合到 MSPCA 中，提出一种基于滑动中值滤波多尺度核主元分析(SMF-MSKPCA)算法，在此基础上，考虑数据的时序相关性，又将 DKPCA 与 SMF-MSKPCA 相结合，提出了基于滑动中值滤波动态核主元分析(SMF-MSDKPCA)算法，最后将这两种算法用于过程监控，并通过仿真实例来验证所提算法的检测能力.

2.2 滑动中值滤波

2.2.1 工作原理

在统计样本数据中，异常点是指明显远离其他点、明显不服从样本分布的数据点. 将 PCA 方法应用于实际的工业过程监控时，通常用于建模的历史数据都是在正常运行条件下采集得到的. 但实际的测量数据中不可避免地会有不确定的干扰信息存在，使得数据中往往包含一些异常点，因此需要运用某种方法来消除或减弱异常点的影响，这里选择滑动中值滤波技术.

滑动中值滤波在图像处理中常用于保护边缘信息，是经典的平滑噪声的方法. 滑动中值滤波是基于排序统计理论的一种能有效地抑制噪声的非线性信号处理技术[9]. 中值滤波器的优点是运算简单并且速度较快，在滤除叠加白噪声和长尾叠加噪声方面，显示出了极好的性能.

滑动中值滤波的基本原理是把数字图像或实值离散信号中一点的值用该点的一个邻域中各点值的中值代替，使周围的值接近真实值，从而消除孤立的噪声点. 和滑动平均滤波不同的是，它具有良好的边缘保持特性的能力，使其不被模糊. 该滤波方法主要通过含有奇数个观测值的窗口在整个一维信号上滑动来得到. 中值滤波器的移动窗口 w 的长度通常选为奇数，任一时刻窗口内所有观测值都按照其数值大小排队，中间位置的观测值作为中值滤波器输出.

2.2.2 滑动中值滤波算法

设滤波器窗口 w 的长度 $s=2l+1$，观测值的个数为 N，且 $N \gg s$. 第 k 时刻输入信号序列在窗口 w 内的样本点记为 $x(k-l)$，…，$x(k)$，…，$x(k+l)$，此时中值滤波的输出记为 $y(k)$.

根据上述定义，窗口 w 的一维中值滤波器的输入序列和输出 $y(k)$ 的关系为

$$y(k)=\mathrm{med}(x(k-l),\ \cdots,\ x(k),\ \cdots,\ x(k+l)) \tag{2.1}$$

式中，med( )的含义为对窗口内的 $(2l+1)$ 个观测值按照大小重新进行排序，然后将中间值作为输出. 为了避免处理时的边界效应，对记录到的输入信号两端要进行扩展. 假设记录到的信号长度为 N，滤波器窗口的长度 $s=2l+1$，则扩展长度为 l，即扩展后的信号为

$$x(k)'=\begin{cases} x(l) & 1-l\leqslant k\leqslant 0 \\ x(k) & 1\leqslant k\leqslant N \\ x(N) & N+1\leqslant k\leqslant N+l \end{cases} \tag{2.2}$$

对扩展后的信号进行滑动中值滤波，输出为

$$y(k)=\mathrm{med}(x(k-l)',\ \cdots,\ x(k)',\ \cdots,\ x(k+l)') \quad (1\leqslant k\leqslant N) \tag{2.3}$$

2.3　核主元分析(KPCA)

2.3.1　核主元分析算法

KPCA 作为 PCA 分析非线性形式的推广，首先将输入向量 $\boldsymbol{x} \in \mathbf{R}^n$ 通过映射 $\boldsymbol{\Phi}$ 投影到高维特征空间中，然后对 $\boldsymbol{\Phi}(\boldsymbol{x})$ 进行线性 PCA 分析. 令过程数据 $\boldsymbol{x}_i \in \mathbf{R}^n$ $(i=1, 2, \cdots, N)$，其中，N 为采样样本数目，n 为测量变量的维数，则特征空间内的协方差矩阵为

$$\boldsymbol{C}_{\boldsymbol{\Phi}} = \frac{1}{N-1}\sum_{i=1}^{N}(\boldsymbol{\Phi}(\boldsymbol{x}_i) - \boldsymbol{m}_{\boldsymbol{\Phi}})(\boldsymbol{\Phi}(\boldsymbol{x}_i) - \boldsymbol{m}_{\boldsymbol{\Phi}})^{\mathrm{T}} = \frac{1}{N-1}\overline{\boldsymbol{\Phi}}(X)\overline{\boldsymbol{\Phi}}(X)^{\mathrm{T}} \quad (2.4)$$

式中，$\boldsymbol{m}_{\boldsymbol{\Phi}} = (1/N) \times \boldsymbol{\Phi}(X)\mathbf{1}_N$ 为样本映射到特征空间后的均值，$\mathbf{1}_N$ 为 N 维全是 1 的列向量；$\overline{\boldsymbol{\Phi}}(X) = \boldsymbol{\Phi}(X) - (1/N) \times \boldsymbol{\Phi}(X)\boldsymbol{E}_N$，为去均值后的特征矩阵，$\boldsymbol{E}_N = \mathbf{1}_N \times \mathbf{1}_N^{\mathrm{T}}$，$\boldsymbol{\Phi}(X) = [\boldsymbol{\Phi}(\boldsymbol{x}_1), \boldsymbol{\Phi}(\boldsymbol{x}_2), \cdots, \boldsymbol{\Phi}(\boldsymbol{x}_N)]$ 为样本特征矩阵.

KPCA 求取下列的特征值分解问题：

$$\boldsymbol{C}_{\boldsymbol{\Phi}}\boldsymbol{p}_i = \frac{1}{N-1}\overline{\boldsymbol{\Phi}}(X)\overline{\boldsymbol{\Phi}}(X)^{\mathrm{T}}\boldsymbol{p}_i = \lambda_i\boldsymbol{p}_i \quad (i=1, 2, \cdots, N) \quad (2.5)$$

式中，λ_i 和 $\boldsymbol{p}_i$ 分别为 $\boldsymbol{C}_{\boldsymbol{\Phi}}$ 的特征值与特征向量. 由于映射 $\boldsymbol{\Phi}(\boldsymbol{x})$ 的显示形式通常是未知的，因此直接计算式(2.5)的特征值分解一般比较困难. KPCA 通过所谓的核技巧避免了对 $\boldsymbol{\Phi}(\boldsymbol{x})$ 具体形式的求取：令 Gram 矩阵 $\boldsymbol{G} = \overline{\boldsymbol{\Phi}}(X)^{\mathrm{T}}\overline{\boldsymbol{\Phi}}(X) \in \mathbf{R}^{N\times N}$ 的特征值分解为

$$\boldsymbol{G}\boldsymbol{v}_i = \overline{\boldsymbol{\Phi}}(X)^{\mathrm{T}}\overline{\boldsymbol{\Phi}}(X)\boldsymbol{v}_i = \xi_i\boldsymbol{v}_i \quad (2.6)$$

式中，$\xi_i \in \mathbf{R}$ 和 $\boldsymbol{v}_i \in \mathbf{R}^N$ 分别对应 $\boldsymbol{G}$ 的特征值与特征向量.

定义特征空间中的内积满足 $\boldsymbol{K}(\boldsymbol{x}_i, \boldsymbol{x}_j) = \boldsymbol{\Phi}(\boldsymbol{x}_i)^{\mathrm{T}}\boldsymbol{\Phi}(\boldsymbol{x}_j)$，$\boldsymbol{G}$ 可以通过式(2.4)计算得到：

$$\boldsymbol{G} = \boldsymbol{K} - \frac{1}{N}\boldsymbol{K}\boldsymbol{E}_N - \frac{1}{N}\boldsymbol{E}_N\boldsymbol{K} + \frac{1}{N^2}\boldsymbol{E}_N\boldsymbol{K}\boldsymbol{E}_N \quad (2.7)$$

式中，$\boldsymbol{K} = \boldsymbol{\Phi}(X)^{\mathrm{T}}\boldsymbol{\Phi}(X) \in \mathbf{R}^{N\times N}$ 满足 $\boldsymbol{K}(X)_{i,j} = \boldsymbol{K}(\boldsymbol{x}_i, \boldsymbol{x}_j)$. 注意到计算 $\boldsymbol{G}$，ξ_i 和 $\boldsymbol{v}_i$ 只需要核函数 $\boldsymbol{K}(\boldsymbol{x}_i, \boldsymbol{x}_j)$ 的形式，与 $\boldsymbol{\Phi}(\boldsymbol{x})$ 的具体形式无关，而 $\boldsymbol{K}(\boldsymbol{x}_i, \boldsymbol{x}_j)$ 只涉及原样本空间中的 $\boldsymbol{x}_i$，$\boldsymbol{x}_j$.

KPCA 中用到的核函数并不是任意的，而是满足 Mercer 定理的对称函数. Mercer 定理的大致内容是，若核函数是正整数的连续核，则存在一个映射，使得核函数在映射后的空间里表现为内积形式. KPCA 能否准确地获取过程的非线性特性取决于核函数的好坏，因而核函数的选择非常重要，但是如何选择合适的核函数，至今尚无很好的方法，一般通过采用不同类型的核函数进行仿真比较而确定合适的核函数. 常用的核函数有如下几种.

① 多项式核函数：$k(\boldsymbol{x}, \boldsymbol{y}) = \langle \boldsymbol{x}, \boldsymbol{y} \rangle^d$

② 感知核函数：$k(\boldsymbol{x}, \boldsymbol{y}) = \tanh(\beta_0 \langle \boldsymbol{x}, \boldsymbol{y} \rangle + \beta_1)$

③ 高斯核函数：$k(\boldsymbol{x}, \boldsymbol{y}) = \exp(-\|\boldsymbol{x} - \boldsymbol{y}\|^2 / c)$

这里的 d，β_0，β_1 和 c 都是事先确定的，多项式核函数和高斯核函数常常能满足 Mercer 定理，适用范围最广，而感知核函数则要 β_0，β_1 满足一定的条件才行.

通过在特征空间中进行 PCA 分析，得到 KPCA 的特征值和特征向量后，新样本 $\boldsymbol{x}_{\text{new}}$ 在特征空间中的非线性主元 $\boldsymbol{t} \in \mathbf{R}^r$ 可通过下式计算：

$$\boldsymbol{t} = \boldsymbol{P}^{\mathrm{T}}[\boldsymbol{\Phi}(\boldsymbol{x}_{\text{new}}) - \boldsymbol{m}_{\boldsymbol{\Phi}}] = \boldsymbol{A}^{\mathrm{T}}\boldsymbol{\Phi}(\boldsymbol{X})^{\mathrm{T}}\left[\boldsymbol{\Phi}(\boldsymbol{x}_{\text{new}}) - \frac{1}{N}\boldsymbol{\Phi}(\boldsymbol{X})\boldsymbol{1}_N\right] = \boldsymbol{A}^{\mathrm{T}}\left[\boldsymbol{K}(\boldsymbol{X}, \boldsymbol{x}_{\text{new}}) - \frac{1}{N}\boldsymbol{K}\boldsymbol{1}_N\right] \tag{2.8}$$

式中，$\boldsymbol{P} = [\boldsymbol{p}_1, \boldsymbol{p}_2, \cdots, \boldsymbol{p}_r]$，$r$ 为保留的核主元数目；$\boldsymbol{A} = [\boldsymbol{I} - (1/N)\boldsymbol{E}_N]\boldsymbol{V}$，$\boldsymbol{V} = [\boldsymbol{v}_1/\sqrt{\xi_1}, \boldsymbol{v}_2/\sqrt{\xi_2}, \cdots, \boldsymbol{v}_r/\sqrt{\xi_r}]$；$\boldsymbol{K}(\boldsymbol{X}, \boldsymbol{x}_{\text{new}})$ 表示建模样本 $\boldsymbol{X}$ 与新样本 $\boldsymbol{x}_{\text{new}}$ 的内积向量，即 $\boldsymbol{K}(\boldsymbol{X}, \boldsymbol{x}_{\text{new}}) = [\boldsymbol{K}(\boldsymbol{x}_1, \boldsymbol{x}_{\text{new}}), \boldsymbol{K}(\boldsymbol{x}_2, \boldsymbol{x}_{\text{new}}), \cdots, \boldsymbol{K}(\boldsymbol{x}_N, \boldsymbol{x}_{\text{new}})]^{\mathrm{T}}$.

2.3.2 基于 KPCA 的过程监控

与线性 PCA 类似，KPCA 用于过程监控时定义为如下 T^2 和 Q 统计量：

$$T^2 = \boldsymbol{t}^{\mathrm{T}}\boldsymbol{\Lambda}^{-1}\boldsymbol{t} \tag{2.9}$$

$$Q = [\boldsymbol{\Phi}(z) - \boldsymbol{m}_{\boldsymbol{\Phi}}]^{\mathrm{T}}(\boldsymbol{I} - \boldsymbol{P}\boldsymbol{P}^{\mathrm{T}})[\boldsymbol{\Phi}(z) - \boldsymbol{m}_{\boldsymbol{\Phi}}] \tag{2.10}$$

式中，$\boldsymbol{\Lambda} = \mathrm{diag}(\lambda_1, \lambda_2, \cdots, \lambda_r)$ 为主元的方差阵，$\boldsymbol{t}$ 是样本向量 $\boldsymbol{X}$ 在特征空间中的非线性主元.

当非线性主元 $\boldsymbol{t}$ 满足正态分布的条件时，T^2 满足 F 分布：

$$T^2 \sim \frac{r(N^2-1)}{N(N-r)}F_{r,N-r}$$

其中，N 是采样样本的个数，r 是保留主元的个数. T^2 统计量上的控制限为

$$T_\beta^2 = \frac{r(N^2-1)}{N(N-r)}F_{r,N-r,\beta} \tag{2.11}$$

式中，β 为置信度.

Q 统计量的分布满足 χ^2 分布，其上的控制限为

$$Q_\beta = g\chi^2(h) \tag{2.12}$$

式中，$g = \rho^2/2\mu$，$h = 2\mu^2/\rho^2$，μ 与 ρ^2 分别对应样本 Q 统计量的均值和方差.

2.4 动态核主元分析(DKPCA)算法

2.4.1 DKPCA 基本原理介绍

考虑到观测数据现在时刻与过去时刻的时序相关性[10-13]，应该提取观测变量

的这种相关性. 在介绍 DKPCA 方法之前，先了解一下 DPCA 的基本原理.

Ku W 等人(1995)提出的 DPCA 提取了线性系统变量的时序相关性[10]. DPCA 在处理连续过程的动态问题上简单有效，在许多改进的连续过程的在线监控算法中都有应用，其基本思想是：假设一个过程可按多元 $AR(h)$ 模型表示为

$$\boldsymbol{x}(k)=\boldsymbol{A}_1\boldsymbol{x}(k-1)+\boldsymbol{A}_2\boldsymbol{x}(k-2)+\cdots+\boldsymbol{A}_h\boldsymbol{x}(k-h)+\boldsymbol{\xi}(k) \tag{2.13}$$

式中，系数矩阵 $\boldsymbol{A}_i\in\mathbf{R}^{n\times n}$，过程观测变量 $\boldsymbol{x}(\cdot)\in\mathbf{R}^n$. 由式(2.13)可知，不同时刻的数据存在线性关系. 用 $\boldsymbol{x}(k)$，$\boldsymbol{x}(k-1)$，…，$\boldsymbol{x}(k-h)$ 组成的数据矩阵可以反映变量之间的动态关系.

因此，用动态主元分析解决自相关的问题等价于求取增广数据矩阵的问题. 在动态系统中，增广数据矩阵是通过增加前 h 个时刻的观测数据而得到的，增广数据矩阵为

$$\boldsymbol{X}_h=\begin{bmatrix}\boldsymbol{x}^{\mathrm{T}}(k) & \boldsymbol{x}^{\mathrm{T}}(k-1) & \cdots & \boldsymbol{x}^{\mathrm{T}}(k-h)\\ \boldsymbol{x}^{\mathrm{T}}(k-1) & \boldsymbol{x}^{\mathrm{T}}(k-2) & \cdots & \boldsymbol{x}^{\mathrm{T}}(k-h-1)\\ \vdots & \vdots & & \vdots\\ \boldsymbol{x}^{\mathrm{T}}(k+h-n) & \boldsymbol{x}^{\mathrm{T}}(k+h-n-1) & \cdots & \boldsymbol{x}^{\mathrm{T}}(k-n)\end{bmatrix} \tag{2.14}$$

式中，$\boldsymbol{x}(k)=[x_{1,k},\ x_{2,k},\ \cdots,\ x_{J,k}]^{\mathrm{T}}$ 是采样时刻 k 的 J 个变量. 对上述数据矩阵进行 PCA，建立一个多变量自回归统计模型，这种方法称为动态主元分析(DPCA).

考虑到测量数据的非线性，将增广矩阵映射到核函数 $\boldsymbol{\Phi}$ 中，在 h 时滞条件下

$$\boldsymbol{\Phi}(\boldsymbol{X}_h)\in\mathbf{R}^{(n-h+1)\times(l+1)m} \tag{2.15}$$

此时，式(2.13)给出的过程观测变量值现在时刻与以前时刻的关系变为

$$\boldsymbol{\Phi}(\boldsymbol{x}(k))=\boldsymbol{A}_1\boldsymbol{\Phi}(\boldsymbol{x}(k-1))+\boldsymbol{A}_2\boldsymbol{\Phi}(\boldsymbol{x}(k-2))+\cdots+\boldsymbol{A}_h\boldsymbol{\Phi}(\boldsymbol{x}(k-h))+\boldsymbol{\xi}'(k) \tag{2.16}$$

DKPCA 可以提取动态过程的非线性，具有时滞参数 h 时，可以表示为 $\boldsymbol{K}_h=\boldsymbol{\Phi}(\boldsymbol{X}_h)\boldsymbol{\Phi}(\boldsymbol{X}_h)^{\mathrm{T}}$. 在建立 DKPCA 之前，应该确定时滞参数 h，h 的确定请参阅本章参考文献 [14].

2.4.2　DKPCA 监控流程

基于 DKPCA 模型建立的具体步骤如下：

① 在过程正常运行条件下，收集反映过程正常运行的数据 $\boldsymbol{X}$；

② 计算时滞参数 h，并根据 DKPCA 的定义，构造进行 DKPCA 所需的增广数据矩阵 $\boldsymbol{X}_h$；

③ 对增广数据矩阵 $\boldsymbol{X}_h$ 进行标准化，然后将标准化之后的数据矩阵投影到核空间，计算增广数据的核矩阵 $\boldsymbol{K}_h=\boldsymbol{\Phi}(\boldsymbol{X}_h)\boldsymbol{\Phi}(\boldsymbol{X}_h)^{\mathrm{T}}$，并对其进行中心化；

④ 求取协方差矩阵的特征值和特征向量，归一化特征向量并确定主元个数，

最后计算 SPE 和 T^2 的控制限.

基于 DKPCA 模型在线监测的具体步骤如下：

① 对新采样数据 $\boldsymbol{x}_{\text{new}}$ 构造增广数据矩阵 $\boldsymbol{x}_{\text{new}}^h$，并对其进行标准化；

② 计算 $\boldsymbol{x}_{\text{new}}^h$ 的核矩阵并进行标准化；

③ 计算 $\boldsymbol{x}_{\text{new}}^h$ 的非线性主元以及 SPE 和 T^2 统计量，检查它们是否超过各自的控制限，如果超过控制限，说明过程异常，否则正常.

基于 DKPCA 故障诊断详细流程如图 2.1 所示.

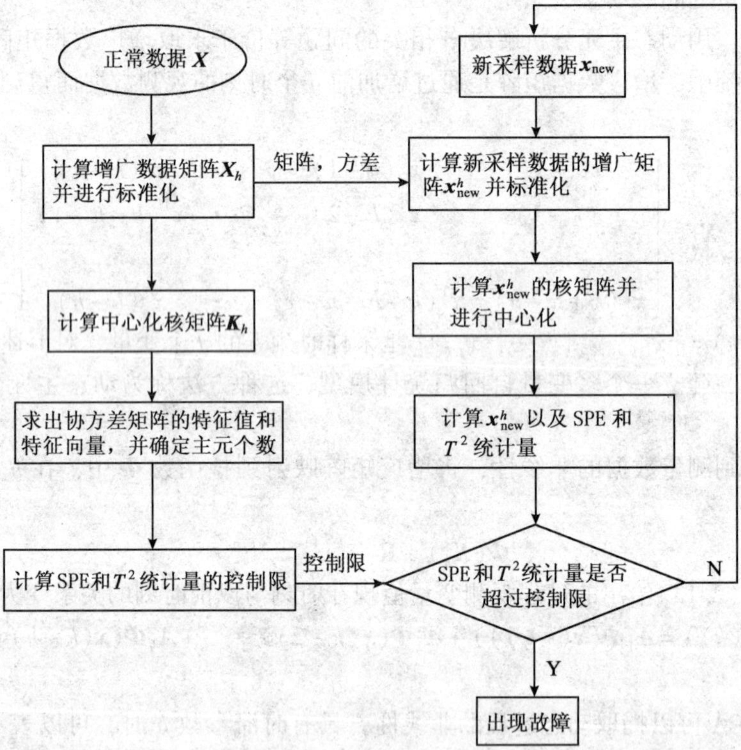

图 2.1 DKPCA 故障诊断流程图

2.5 基于 SMF-MSKPCA 过程监控算法

正如本章开始时所提及的，大多数工业过程都有很强的非线性特性，可能有些过程还含有异常点和多尺度特性[15-18]. MSPCA 是对数据进行小波变换，然后用 PCA 对各个尺度进行分析，当高频尺度上的小波系数检测到异常情况持续发生时，低频尺度上的小波系数也可以被监测到. MSPCA 避免了 PCA 对数据处理单一的特性. 但是，MSPCA 没有考虑现实过程的非线性特性和异常点存在的情况，在对同时具有异常点和较强非线性工业过程进行在线监控时，为了能够获得较好的监控效果，则需要能够同时考虑到测量数据的异常点、非线性和多尺度特性的在线监控方法，于是，本节将滑动中值滤波技术和 KPCA 引入到 MSPCA 算法中，提出了 SMF-MSKPCA 算法.

对于大多数工业生产过程，过程数据不仅包含多尺度性，还包含非线性特性，有时还有可能含有异常点. 与 MSPCA 算法相同的是，SMF-MSKPCA 算法为了去除数据的异常点，需要在当前测量值扩展长度为 l，再利用滑动中值滤波算法. SMF-MSKPCA 算法为了进一步提取数据的非线性特性，将增广的输入空间(时间序列增广矩阵)通过核函数映射到特征空间，在特征空间中进行 PCA 分析，即 KPCA 分析. SMF-MSKPCA 统计监控模型的建立过程与 MSPCA 统计监控模型的建立过程很相似.

基于 SMF-MSKPCA 的生产过程的在线监控，即以工业过程正常工况下的历史数据作为建模数据建立统计过程监控模型，新的批次运行是否正常，可以从测量数据统计量的值与控制限的比较中作出判断.

2.5.1　SMF-MSKPCA 模型建立过程

① 对于“正常工况下”采集的数据 $\boldsymbol{X}(n\times m)$ 中可能存在的异常点，采用滑动中值滤波技术，对 $\boldsymbol{X}(n\times m)$ 的每个变量的数据分别进行滤波，以减弱或消除异常点，得到新的采样数据 $\boldsymbol{X}'(n\times m)$.

② 对用滑动中值滤波处理过的每个变量数据分别进行尺度为 L 的小波分解，得到每个变量的低频系数 a_1 和高频系数 $d_i(i=1,\ \cdots,\ L)$，然后分别整合高频和低频系数，可以得到各个尺度上的矩阵 $\boldsymbol{A}_1$ 和 $\boldsymbol{D}_i(i=1,\ \cdots,\ L)$.

③ 对小波分解后的每个尺度都分别进行核主元分析(KPCA)，计算小波系数的主元得分和负载向量，选择主元个数，计算每个尺度上的 SPE 或 T^2 统计量的控制限.

④ 用重构的数据矩阵建立参考 KPCA 模型(得到负载、主元个数和控制限). 选择主元个数，计算 SPE 或 T^2 统计量的控制限.

2.5.2　SMF-MSKPCA 故障检测过程

① 对于测试数据，采用滑动中值滤波技术，对测量数据中的每个变量分别进行滤波，以减弱或消除测试数据的异常点；

② 对用滑动中值滤波处理过的每个变量数据分别进行小波分解，对每个尺度计算 T^2 或 SPE，并将得到的 T^2 或 SPE 建模过程②中得到的 T^2 或 SPE 统计量的控制限相比较，选择超出控制限的小波系数并重构；

③ 计算重构后数据矩阵的 T^2 和 SPE，用建模过程③中得到的 KPCA 模型判断是否出现故障，若重构后数据矩阵的 T^2 或 SPE 得分超出了模型的控制限，则发出警报.

整个算法的流程图如图 2.2 所示.

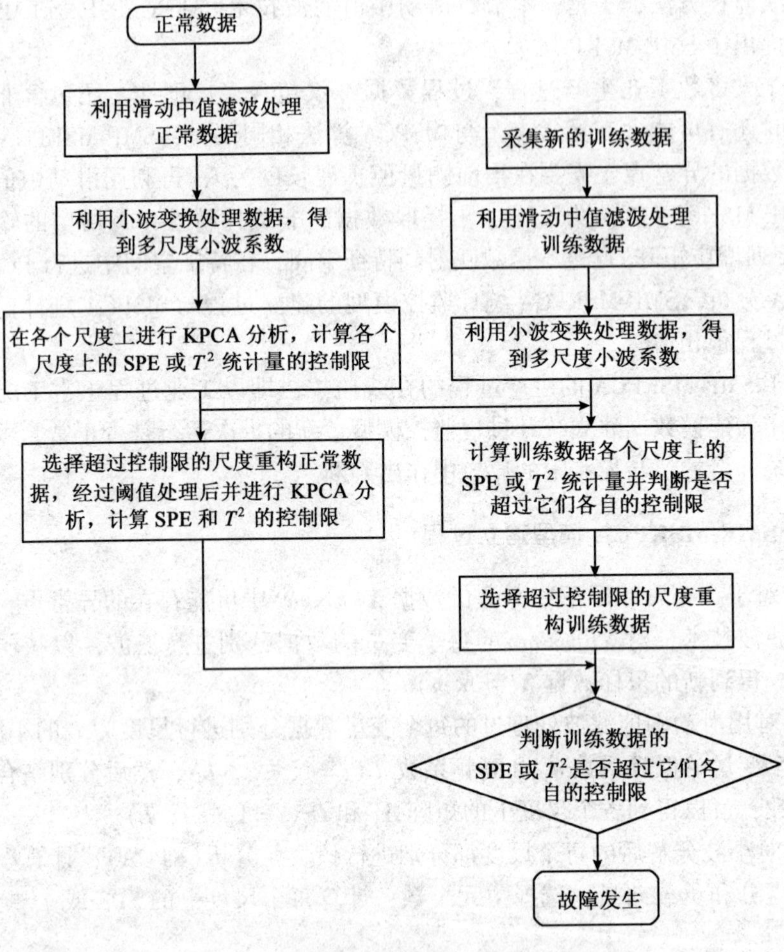

图 2.2　基于 SMF-MSKPCA 的故障检测流程图

2.6　基于 SMF-MSKPCA 的仿真研究

2.6.1　非线性数学模型应用仿真

为了验证所提方法的可靠性，首先建立一个非线性数学模型，并比较 KPCA 与 SMF-MSKPCA 的监控效果. 数学模型[3]如下：

① $x_1 = t^2 + e_1$

② $x_2 = t^2 - 3t + e_2$

③ $x_3 = -t^3 + 3t^2 + e_3$

这里，e_1，e_2，e_3 是服从 $N(0, 0.01)$ 的正态分布噪声，$t \in [0.01, 2]$.

按照上述模型定义生成 100 个样本用于建模，另外再生成样本数为 200 的两组数据用于在线故障检测，在 101 个样本处引入如下故障：故障 1，变量 x_1 从第 101 个样本到 200 个样本以步长 $0.01(k-100)$ 线性增加，其中，k 是采样时刻值；故障 2，在 81 采样点处为变量 x_3 加入一个幅度为 -0.2 的阶跃信号故障，该故障从 101 采样点一直持续到采样结束.

首先为了说明核主元分析方法在处理非线性过程中的优越性，用生成的建模数据和故障 1 的监测数据分别建立 PCA 和 KPCA 模型. 性能监控结果如图 2.3 所示，可以看出：PCA 方法不能有效地提取非线性模型的非线性，正如仿真结果图 2.3(a) 显示 SPE 出现大量的误报，图 2.3(b) 显示 KPCA 的 T^2 能够最早在第 104 个采样点检测过程故障的发生，很清楚地监控出故障发生在第 123 个采样点，但是在这期间监控出现了很多的漏报警. 由分析可知，KPCA 对具有非线性的过程进行监控时优于 PCA，但是测试数据中可能含有噪声，使 KPCA 不能准确地检测故障的发生时间. 除此之外，数据还可能含有异常点或具有多尺度特性.

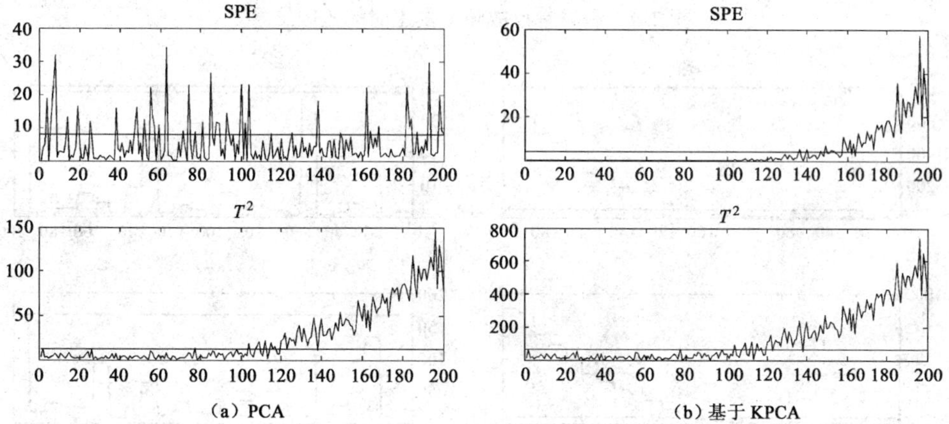

(a) PCA　　(b) 基于 KPCA

图 2.3　故障 1 发生时的监控结果

为了说明 SMF-MSKPCA 性能监控的有效性，在故障 1 检测数据变量 x_3 采样时刻 $k=40$，50，65 处分别插入异常点，然后分别用 KPCA 与 SMF-MSKPCA 对上述历史数据进行分析，监控结果如图 2.4 所示. 图 2.4(a) 给出了 KPCA 在线监控故障 1 时 T^2 和 SPE 统计量的监控图. 正如如图 2.4(a)所示，KPCA 不能消除数据中的异常点而在 40，50，65 处产生误报警，而且在故障发生时不能尽快地发生报警. 图 2.5 显示了用 SMF-MSKPCA 方法在监测数据各个尺度上的监控结果，可以看出，异常点经过滑动中值滤波被清除掉了，只有低频部分 $\boldsymbol{A}$ 和高频部分 $\boldsymbol{D}_2$ 超过了控制限，可知 $\boldsymbol{A}$ 和 $\boldsymbol{D}_2$ 部分含有故障的重要信息. 将超过控制限的这两部分经过小波重构后，再运用 KPCA 方法对测试数据进行监控，其监控结果如图 2.4(b) 所示，可以看出：异常点被消除了，在故障 1 发生时，基于 SMF-

MSKPCA 方法的 T^2 统计量在采样点 104 明显超出了控制限，比 KPCA 提前检测出故障发生的时间.

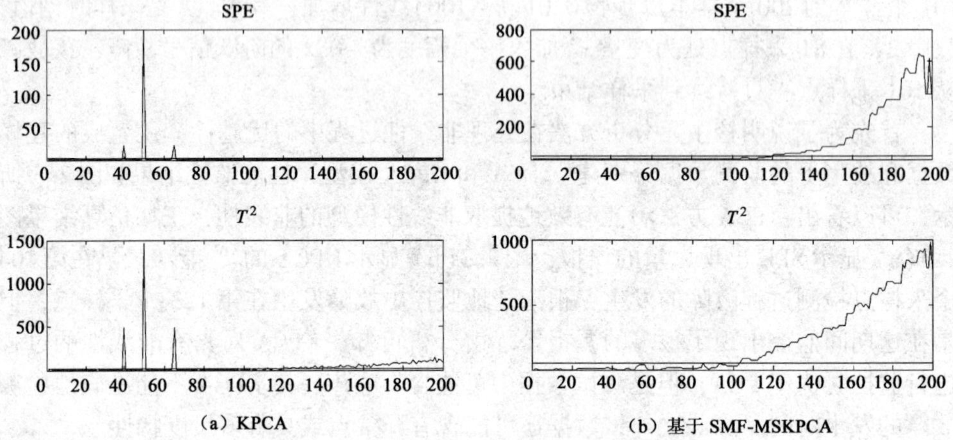

图 2.4　有异常点故障 1 发生时的监控结果

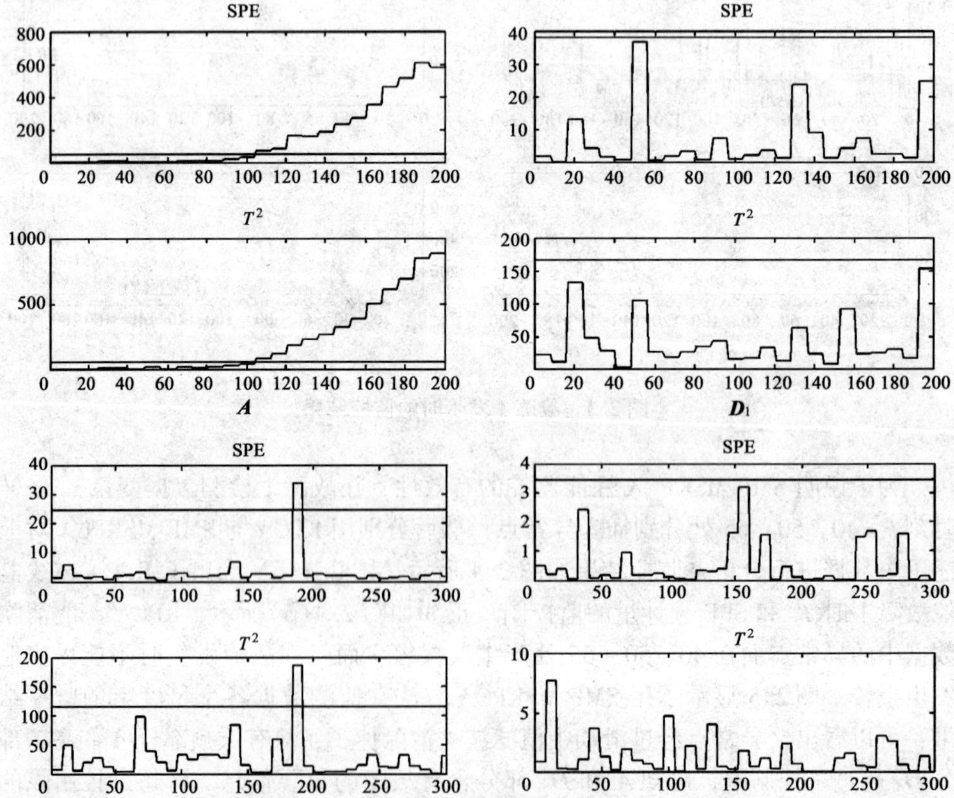

图 2.5　基于 SMF-MSKPCA 方法各尺度性能监控图

图 2.6 是加入故障 2 的数据时，分别用 KPCA 和 SMF-MSKPCA 两种方法监控得到的 T^2 和 SPE 统计量监控图. 图 2.6(a)显示 KPCA 的统计量在检测过程中多处出现误报警，说明 KPCA 不能有效地提取非线性模型的非线性，也不能很好地去除测量数据的噪声. 与 KPCA 相比，将故障数据投影到 SMF-MSKPCA 模型上时，检测到低频部分 $\boldsymbol{A}$ 和高频部分 $\boldsymbol{D}_1$ 超过控制限，将超过控制限的尺度经小波重构后，检测结果如图 2.6(b)所示，SMF-MSKPCA 的 T^2 和 SPE 统计量都能准确地检测故障发生在第 81 个采样点处出现了阶跃故障，而且能够去除过程中产生的噪声，给出故障发生的比较准确的时间. 以上这些说明，SMF-MSKPCA 方法能够有效地利用小波变化和滑动中值滤波消除测量数据的噪声和异常点，并且能够抽取非线性数学模型的非线性，在非线性过程中，表现出比 KPCA 更优越的监控性能.

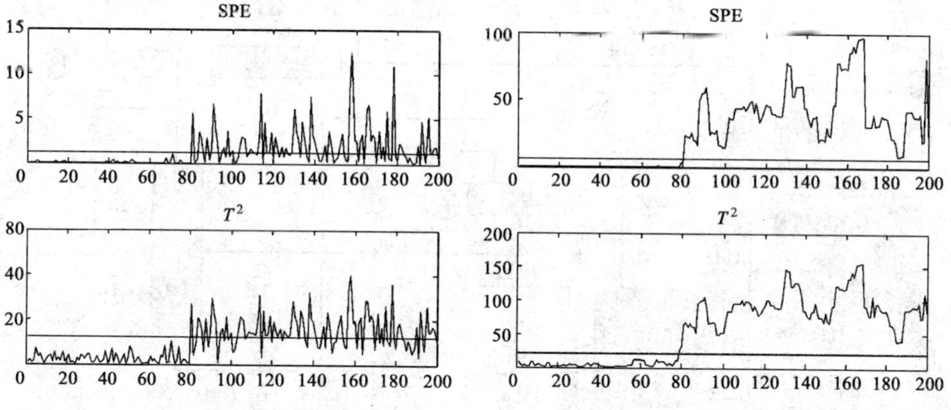

(a) KPCA　　(b) 基于 SMF-MSKPCA

图 2.6　故障 2 发生时的监控结果

2.6.2　田纳西过程的应用仿真

2.6.2.1　田纳西过程介绍

田纳西过程又称为田纳西–伊斯曼过程(Tennessee Eastman Process，TE Process)，是由 J. J. Downs 和 E. F. Vogel 提出的一个标准测试(Benchmark)过程，很适合研究过程控制技术. 大量的文献引用其作为数据源来进行控制优化、过程监测、故障诊断等研究.

田纳西过程的原型是一个真实的化工过程，图 2.7 所示是该工业设备的工艺流程图. 图 2.7 中，1，2，3，4，5，6，7，8，9，10，11，12，13 分别为流 1，流 2，流 3，流 4，流 5，流 6，流 7，流 8，流 9，流 10，流 11，流 12，流 13；FC 为流量控制；FI 为流量指示器；PI 为压力指示器；PHL 为压力控制；SC 为同步回旋加速器；TC 为温度控制；TI 为温度指示器；LI 为液位指示器；LC 为液位控制；XC 为成分控制；XA，XB，XD，XE 分别为成分 A 分析，成分 B 分析，成分 D 分析，成分 E 分析．这个过程的 5 个主要操作单元为反应器、冷凝器、循环压缩机、气/液分离器和汽提塔．田纳西过程是一个复杂的非线性过程，整个流程从 4 种反应物中生产 2 种产品，同时存在的还有一种副产物和一种惰性物质．所以反应成分共有 8 种：A，C，D，E 为原料(气体)；B 为惰性物质；F 为反应副产品(液体)；G，H 为反应产品(液体)．化学反应式如下：

$$A(g)+C(g)+D(g)\rightarrow G(liq)，产品 1$$
$$A(g)+C(g)+E(g)\rightarrow H(liq)，产品 2$$
$$A(g)+E(g)\rightarrow F(liq)，副产品$$
$$3D(g)\rightarrow 2F(liq)，副产品$$

其中，(g)表示气体，(liq)表示液体．

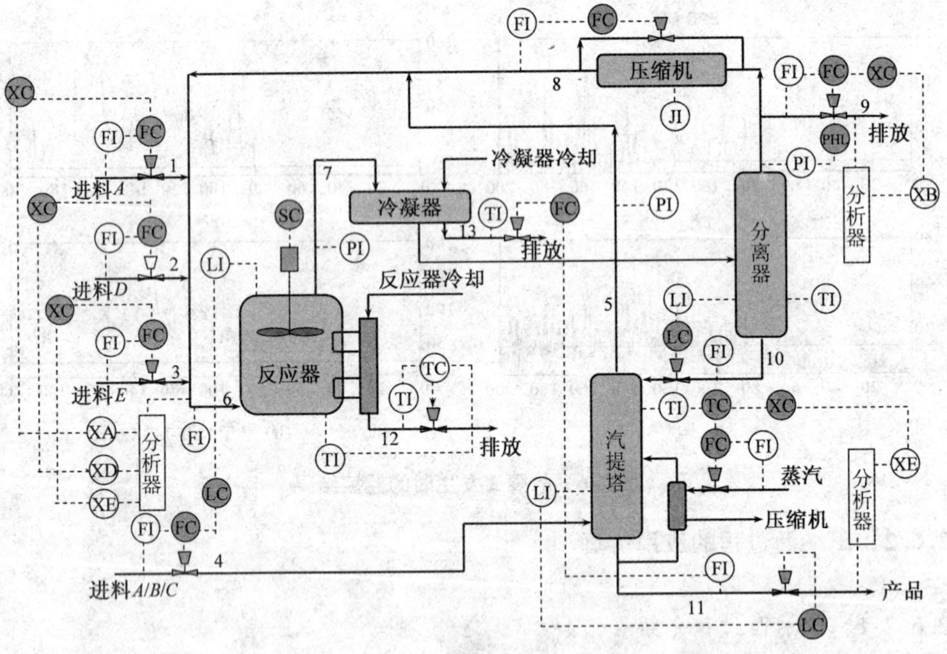

图 2.7　田纳西过程流程图

气体成分 A，C，D 和 E 以及惰性组分 B 被送入反应器，在催化剂的作用下，生成液态产物 G 和 H．物质 F 是反应副产品．反应是不可逆、放热的．反应器有一个内部的冷凝器，用来移走反应产生的热量，反应器的产品经过冷凝器冷却，然后进入气/液分离器．从分离器出来的蒸汽经离心式压缩机循环回到反应器的进料口．为了防止过程中惰性气体和反应副产品的积聚，必须排放一部分再循环流．冷凝后的组分(流 10)被泵输送到汽提塔，以主要含 A，C 的流股作为气提流股，将残存的未反应组分分离，并从汽提塔的底部进入界区之外的精致工段．从

塔底部出来的产品 G 和 H 被送到下游过程，惰性物质和副产品主要在气/液分离器中以气体的形式从系统中放空出来.

田纳西过程包括 41 个测量变量和 12 个控制变量. 在 41 个测量变量中，22 个为连续测量变量，另外 19 个为对各种浓度的成分测量值，成分测量值是从流 6，9 和 11 中测出来的. 所有的过程变量都包含高斯噪声[19]. 田纳西过程仿真系统的故障诊断所用的数据来源于 http：//brahms. scs. uiuc. edu，仿真数据集中包含了 41 个测量数据和 11 个控制变量(不包含反应器的搅拌速率)，总共 52 个观测变量，如表 2. 1 所示. 这些数据包含了正常状态和 21 种不同故障，每种状态包括训练部分和测试部分，分别为 480 组和 960 组数据. 在所有的故障测试数据中，每 3min 采样一次，过程仿真时间为 48h，故障在第 9 个小时开始即从第 161 组数据开始时引入故障，该过程包含了 21 种预先设定好的故障方式，如表 2. 2 所示.

表 2. 1　田纳西过程中的监测变量

序号	过程测量	序号	成分测量	序号	控制变量
1	A 进料(流 1)	23	成分 A(流 6)	42	D 进料量（流 2）
2	D 进料(流 2)	24	成分 B(流 6)	43	E 进料量（流 3）
3	E 进料(流 3)	25	成分 C(流 6)	44	A 进料量（流 1）
4	总进料（流 4）	26	成分 D(流 6)	45	总进料量（流 4）
5	再循环流量(流 8)	27	成分 E(流 6)	46	压缩机再循环阀
6	反应器进料速度	28	成分 F(流 6)	47	排放阀（流 9）
7	反应器压力	29	成分 A(流 9)	48	分离器灌液流量
8	反应器等级	30	成分 B(流 9)	49	汽提器液体产品流量
9	反应器温度	31	成分 C(流 9)	50	汽提器水流阀
10	排放速度（流 9）	32	成分 D(流 9)	51	反应器冷却水流量
11	产品分离器温度	33	成分 E(流 9)	52	冷凝器冷却水流量
12	产品分离器液位	34	成分 F(流 9)		
13	产品分离器压力	35	成分 G(流 9)		
14	分离器塔底流量	36	成分 H(流 9)		
15	汽提器等级	37	成分 D(流 11)		
16	汽提器压力	38	成分 E(流 11)		
17	汽提器塔底流量	39	成分 F(流 11)		
18	汽提器温度	40	成分 G(流 11)		
19	汽提器流量	41	成分 H(流 11)		
20	压缩机功率				
21	反应器冷却水出口温度				
22	分离器冷却水出口温度				

表 2.2　田纳西过程的故障描述

序号	故障描述	故障类型
1	*A/C* 进料比率，*B* 成分不变（流 4）	阶跃
2	*B* 成分，*A/C* 进料比率不变（流 4）	阶跃
3	*D* 的进料温度（流 2）	阶跃
4	反应器冷却水的入口温度	阶跃
5	冷凝器冷却水的入口温度	阶跃
6	*A* 进料损失（流 1）	阶跃
7	*C* 存在压力损失——可用性降低(流 4)	阶跃
8	*A*，*B*，*C* 进料成分（流 4）	随机变量
9	*D* 的进料温度（流 2）	随机变量
10	*C* 的进料温度（流 4）	随机变量
11	反应器冷却水的入口温度	随机变量
12	冷凝器冷却水的入口温度	随机变量
13	反应动态	慢偏移
14	反应器冷却水阀门	黏住
15	冷凝器冷却水阀门	黏住
16	未知	
17	未知	
18	未知	
19	未知	
20	未知	
21	流 4 的阀门固定在稳态位置	恒定位置

2.6.2.2　仿真结果分析

为了呈现 SMF-MSKPCA 对田纳西过程的在线监控效果，本书将传统的 KPCA 算法与 SMF-MSKPCA 进行了对比分析. 选取 480 组正常状态的数据，分别建立 KPCA 与 SMF-MSKPCA 的模型，选取故障 4，5 的数据作为测试数据.

故障 4 为反应器冷却水的入口温度发生阶跃变化，KPCA 与 SMF-MSKPCA 两种算法的监控结果如图 2.8 所示，图 2.8(a)中的控制限反映了 99% 的数据信息. KPCA 的 T^2 和 SPE 统计量都能在采样点 163 处监测出故障，但是出现了许多误报警，T^2 统计量在控制限附近波动，不能给出明显的报警，所以 KPCA 方法的监控效果不好. 比较之下，图 2.8(b)显示了 SMF-MSKPCA 的监控结果，SMF-MSKPCA 能充分地挖掘数据的非线性，并且能够经过小波变换消除测量数据中的噪声，选择含有重要信息的尺度进行重构后，获得了很好的监控效果，其仿真结果表明 T^2 和 SPE 统计量都清楚地显示在采样点 161 处检测出故障的发生.

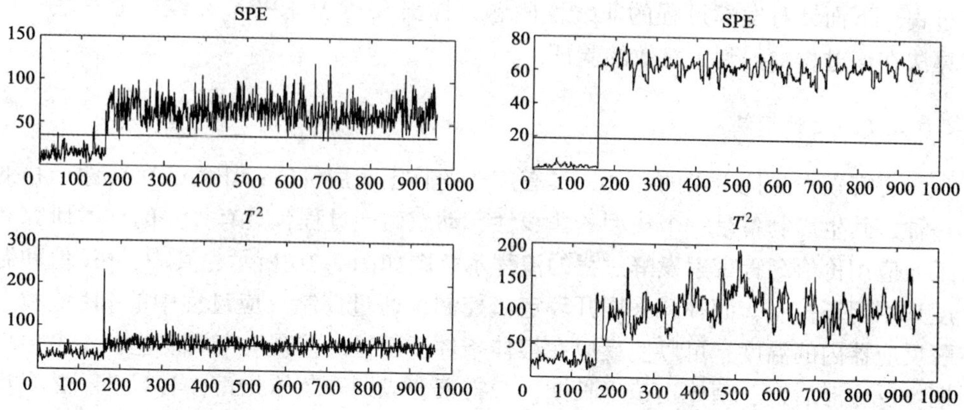

(a) KPCA　　(b) 基于 SMF-MSKPCA

图 2.8　故障 4 发生时的监控结果

故障 5 为冷凝器冷却水的入口温度发生阶跃变化，图 2.9(a)显示了 KPCA 的监控结果，SPE 和 T^2 统计量在采样点 162 处开始到采样点 370 处检测出故障的开始和结束，但是 KPCA 的 T^2 统计量出现很多误报警. SMF-MSKPCA 算法的监控结果如图 2.9(b)所示，T^2 和 SPE 统计量都很清楚地检测出故障，而且能够利用小波变换消除测试数据中的噪声带来的误报警.

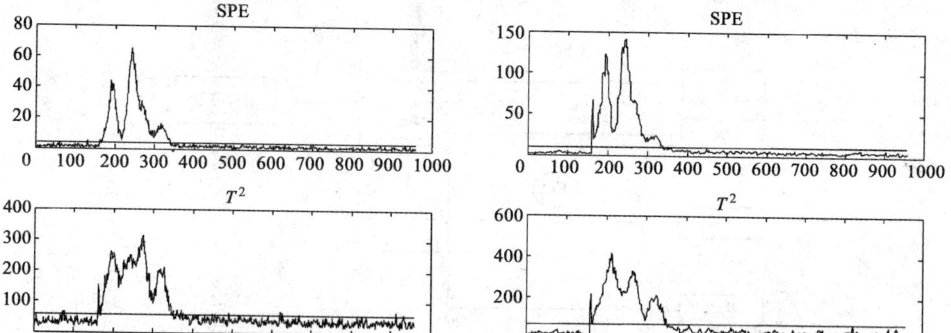

(a) KPCA　　(b) 基于 SMF-MSKPCA

图 2.9　故障 5 发生时的监控结果

以上监控结果显示，SMF-MSKPCA 有比 KPCA 更优越的监控性能，SMF-MSKPCA 不仅能够提取非线性过程的非线性，而且能够利用小波变换对数据进行多尺度分析，然后重构出故障数据，消除监控过程中的误报警.

2.6.3　青霉素发酵过程的应用仿真

青霉素补料发酵是一个典型的运行周期较长、反应相对复杂的生物化学反应过程. 下面针对发酵过程的非线性问题，提出 SMF-MSKPCA 在线监控算法，且算法在该过程中得到了有效的验证.

2.6.3.1 过程描述

青霉素作为抗生素的一种，具有广泛的临床医用价值；作为二次代谢产物的一种，其生产制备是一个典型的非线性、动态生产过程，具有重要的学术研究和工业应用价值. 青霉素发酵过程的流程示意图如图 2.10 所示，其中，pH 值和温度采用闭环控制，而补料采用开环定值控制，通过控制反应过程中的 pH 值和发酵反应器内的温度，可以使反应在最佳条件下运行. 整个生产周期包含 4 个生理期：反应滞后期、菌体迅速生长期、青霉素合成期和菌体死亡(自溶)期；2 个物理子时段：细胞培养阶段(又称为批量操作阶段，对应前两个生理期，大约持续 45h)与青霉素补料发酵阶段(又称为间歇补料操作阶段，对应后两个生理期，大约持续 355h). 作为二次微生物代谢过程，该发酵过程通常的做法是：首先，在一定的条件下进行微生物培养，此为初始培养阶段；然后，通过不断地补充葡萄糖，促进青霉素的合成，此为青霉素发酵阶段，此阶段所需的细胞都是在初始培养阶段产生的. 在发酵阶段，青霉素作为代谢产物开始生成，经过指数生长期，一直持续到静止期.

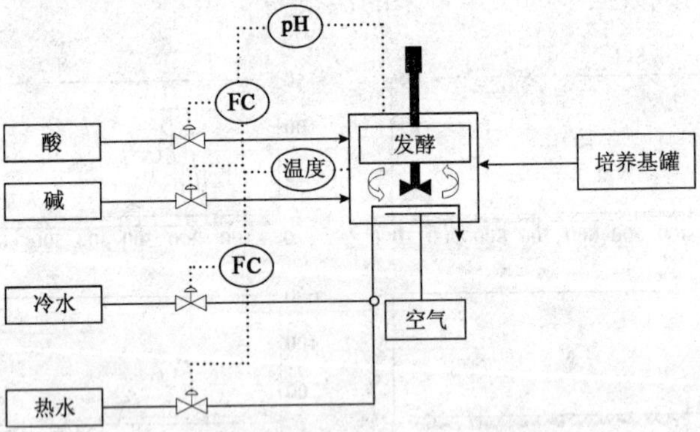

图 2.10 青霉素生产过程流程图

Pensim 仿真平台是由以伊利诺伊科技学院(Illinois Institute of Technology, IIT)的 Cinar 教授为学科带头人的过程建模、监测及控制研究小组于 1998—2002 年研究开发的. 此仿真平台是专门为青霉素发酵过程而设计的，该软件的内核采用基于 Bajpai 机理模型改进的 Birol 模型，在此平台上可以实现简易青霉素发酵过程的一系列仿真. 相关研究已表明该仿真平台的实用性与有效性，因此已经成为国际上较有影响的青霉素仿真平台. 研发了 Pensim V2.0 青霉素生产仿真软件，它可以模拟过程变量在各种生产条件设定下的生长变化过程，从而为利用基于数据的多元统计分析方法进行统计建模、在线监控、故障诊断、质量预测提供了一个标准平台，目前已经有不少基于 Pensim V2.0 的研究成果.

本节实验中使用了 2 个批次的数据，均是由 Pensim V2.0 软件生成的，选用的建模过程变量如表 2.3 所示. 各批次反应周期设定为 400h，采样时间间隔为 0.1h. 其中，数据选取是每 10 个选取一个，即建模数据和测试数据各有 400 个样本. 其中一个批次是正常数据，用来建立模型；另一个批次数据引入故障，作为测试数据. 故障的引入是从第 100 个样本开始，直到第 400 个样本，搅拌器功率速率以 -0.003 的斜率下降，从而缓慢地将故障加入到后 300 个样本中. 其中，初始操作条件和设定点的给定范围如表 2.4 和表 2.5 所示.

表 2.3　统计建模所使用的过程变量

序列号	过程变量
1	通风率（L/h）
2	搅拌器的功率（W）
3	底物流加热温度（K）
4	溶氧体积分数（g/L）
5	培养基的体积（L）
6	二氧化碳的浓度（g/L）
7	pH 值
8	发酵反应器的温度（K）
9	反应产生的热量（kJ）
10	冷却水流增加率（L/h）

表 2.4　青霉素仿真过程的初始操作条件

序列号	过程变量	初始操作条件
1	底物的浓度（g/L）	14 ~ 16
2	溶解氧的浓度（mmol/L）	1.16
3	菌体的浓度（g/L）	0.09 ~ 0.11
4	青霉素的浓度（g/L）	0
5	培养基的体积（L）	100 ~ 104
6	二氧化碳的浓度（mmol/L）	0.5 ~ 0.55
7	pH 值	4.9 ~ 5.1
8	发酵反应器的温度（K）	298 ~ 299
9	反应产生的热量（kJ）	0

表 2.5　青霉素仿真过程的初始设定点

序列号	过程变量	初始操作条件
1	通风率（L/h）	3 ~ 10
2	搅拌器的功率（W）	20 ~ 50
3	底物喂料的流速（L/h）	0.035 ~ 0.045
4	底物喂料的温度（K）	296 ~ 298
5	pH 值	5 ~ 6
6	发酵反应器的温度（K）	298 ~ 300

2.6.3.2 算法验证

分别用 KPCA 和 SMF-MSKPCA 对上述正常批次青霉素发酵过程的历史数据进行分析. KPCA 和 SMF-MSKPCA 算法中的核函数选择径向基核函数，对于青霉素发酵过程，径向基核函数能更有效地获取过程的非线性特性. 使用平均特征值法确定 KPCA 和 SMF-MSKPCA 统计监控模型中的主元个数分别是 15 和 13，其中，KPCA 在特征空间中用 15 个主元解释了历史数据 85.86% 的信息，而 SMF-MSKPCA 用 12 个主元解释了历史数据 99.7% 的信息.

为了比较 SMF-MSKPCA 和 KPCA 在线监控的结果，斜坡类型的故障被加入到青霉素发酵过程数据中. 搅拌器功率对于氧传质系数有一个直接的影响，氧传质系数的增大或减小会影响到培养基中的溶氧水平，而溶氧水平的变化又会影响到菌体的生长和青霉素的浓度. 图 2.11 显示的是分别用 KPCA 和 SMF-MSKPCA 对加入斜坡类型的故障生成数据进行在线监控的监控结果. 如图 2.11(a)所示，KPCA 只检测到在个别点出现了故障，不能真实地反映出所加的搅拌功率斜坡类型的故障. 与 KPCA 相比，SMF-MSKPCA 方法首先用滑动中值滤波去除生成数据的异常点，然后对故障数据进行小波分析，在各个尺度上检测故障信息如图 2.12 所示，在低频 $\boldsymbol{A}$ 和高频尺度 $\boldsymbol{D}_1$ 上检测出故障，然后利用小波反变换将含有重要信息的部分进行重构，得到了最终的检测结果. 如图 2.11(b)所示，SMF-MSKPCA 可以检测到异常情况的发生，在 125h 处，SMF-MSKPCA 的 T^2 和 SPE 统计量值均有明显的变化.

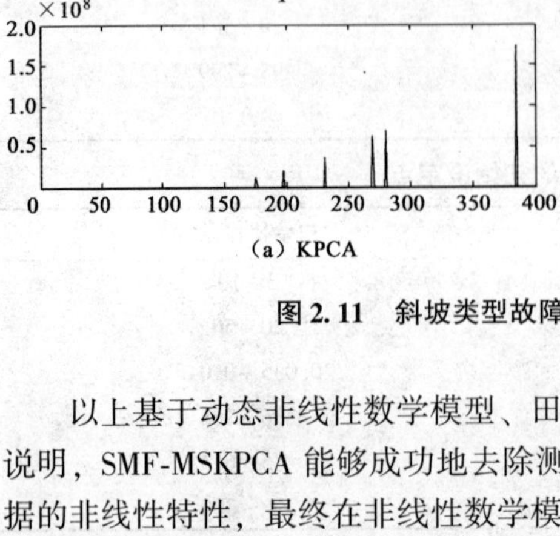

(a) KPCA

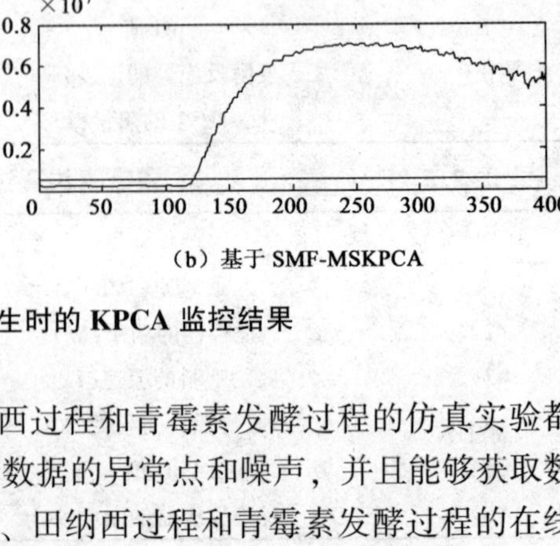

(b) 基于 SMF-MSKPCA

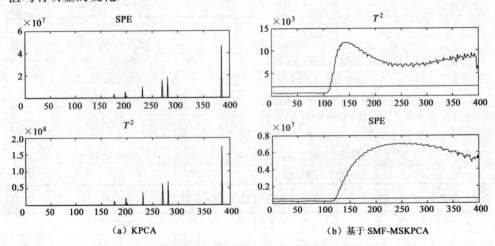

图 2.11 斜坡类型故障发生时的 KPCA 监控结果

以上基于动态非线性数学模型、田纳西过程和青霉素发酵过程的仿真实验都说明，SMF-MSKPCA 能够成功地去除测量数据的异常点和噪声，并且能够获取数据的非线性特性，最终在非线性数学模型、田纳西过程和青霉素发酵过程的在线监控中表现出比 KPCA 更优良的性能.

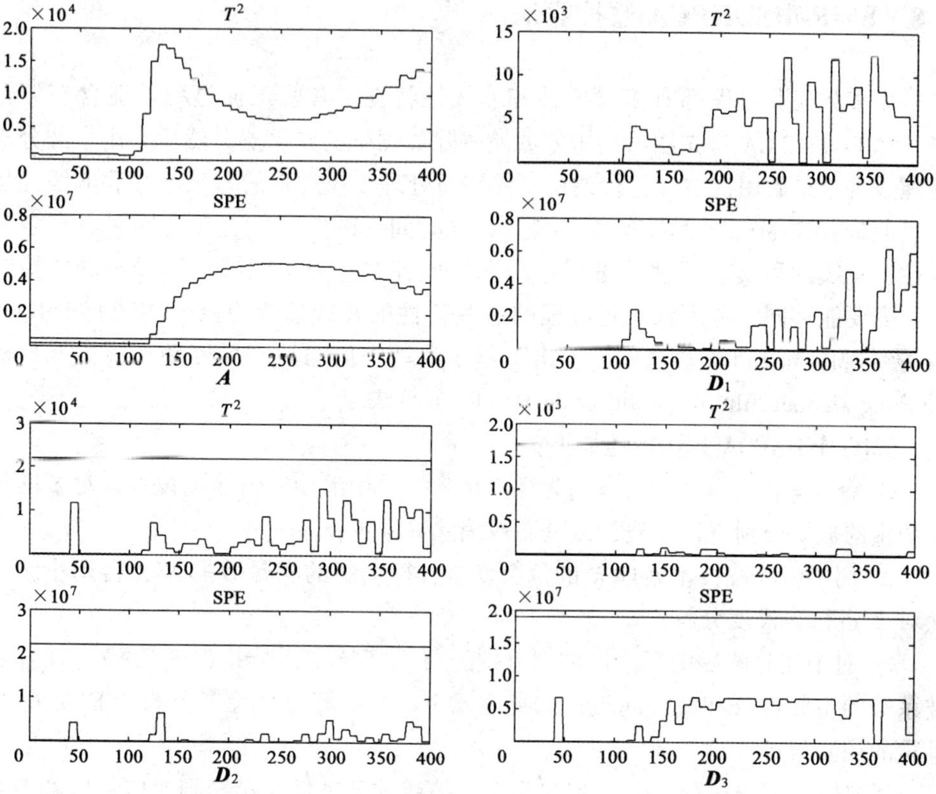

图 2.12　基于 SMF-MSKPCA 方法各尺度性能监控图

2.7　基于 SMF-MSDKPCA 的过程监控方法

SMF-MSDKPCA 分别从问题的前三点进行了监控方法的扩展，从仿真结果上看，都有了各自的改善，但是由于测量数据可能既存在多尺度特性，又存在时序上的相关性，所以这种改进方法也并不能达到准确报警、准确监控的目的.

本节针对上面提到的工业过程在线监测数据有异常点、多尺度性、非线性特性和动态特性的问题，将动态核主元分析[12-13]（Dynamic Kernel PCA，DKPCA）引入到 SMF-MSKPCA 算法中，提出了基于滑动中值滤波动态核主元分析（SMF-MSDKPCA）的多变量统计性能监控方法. 首先，对测量数据进行小波多尺度分解，再通过滞后系数的计算，将测量数据矩阵推广到增广数据矩阵，再对测量变量增广后的矩阵进行动态核主元分析，这样可以同时解决测量变量既带有时序自相关性又存在多尺度特性的情况.

2.8 SMF-MSDKPCA 监控算法

大多数工业过程都有多尺度性和非线性特性，有些工业过程可能含有异常点. SMF-MSKPCA 首先用滑动中值滤波去除数据中的异常点，然后利用小波分析处理数据，最后用核主元分析建模，能同时处理工业过程的多尺度性和非线性特性. 但是 SMF-MSKPCA 没有考虑测量数据时间上的关联性，在对同时具有多尺度性、非线性和动态特性的过程进行在线监控时，为了能够获得较好的监控结果，需要能够同时考虑到工业过程的这些特性的在线监控方法，本节将 DKPCA 引入到 SMF-MSKPCA 算法中，提出了基于滑动中值滤波多尺度动态核主元分析(Sliding Median Filtering Multi-scale DKPCA) 算法.

SMF-MSDKPCA 算法概述如下：

① 令 $\boldsymbol{X}=[\boldsymbol{x}_1,\ \boldsymbol{x}_2,\ \cdots,\ \boldsymbol{x}_N]$为样本矩阵，采用滑动中值滤波技术，对 $\boldsymbol{X}$ 的每个变量的数据分别进行滤波，以减弱或消除异常点；

② 用中值滤波技术处理 $\boldsymbol{X}$ 的每个变量，得到新的测量数据 $\boldsymbol{X}'$，再用小波变换对 $\boldsymbol{X}'$进行多尺度分解；

③ 对小波分解后的每个尺度都分别进行动态核主元分析(DKPCA)，计算小波系数的主元得分和负载向量，选择主元个数，计算每个尺度上的 SPE 或 T^2 统计量的控制限；

④ 对于一个新样本 $\boldsymbol{x}_{\text{new}}$，经过滑动中值滤波处理后，投影到对应尺度的 DKPCA 模型上，计算相对应尺度的统计量 T^2_{new} 和 SPE；

⑤ 判定并选择 T^2_{new} 和 SPE 超过各自置信限的尺度系数进行重构；

⑥ 用重构的数据矩阵建立新的 DKPCA 模型(得到负载、主元个数和控制限)，选择主元个数，计算 SPE 或 T^2 统计量的控制限；

⑦ 将新样本重构后的数据矩阵投影到⑥中的 DKPCA 模型上，计算重构数据的 SPE 或 T^2 统计量；

⑧ 若重构后数据矩阵的 T^2 或 SPE 得分超出了⑥中模型的控制限，则发出警报，否则转到④中.

2.9 仿真研究

2.9.1 动态非线性模型的应用仿真

为了验证 SMF-MSDKPCA 算法的有效性，本书采用 Chen J 和 Liao C M (2002)[14]提出的非线性动态模型：

$$z(k)=\begin{bmatrix}0.118 & -0.191 & 0.287\\ 0.847 & 0.264 & 0.943\\ -0.333 & 0.514 & -0.217\end{bmatrix}z(k-1)+\begin{bmatrix}1 & 2\\ 3 & -4\\ -2 & 1\end{bmatrix}u^2(k-1)$$

$$y(k)=z(k)+v(k)$$

$$u(k)=\begin{bmatrix}0.811 & -0.226\\ 0.477 & 0.415\end{bmatrix}u(k-1)+\begin{bmatrix}0.193 & 0.689\\ -0.320 & -0.749\end{bmatrix}w(k-1)$$

其中，$\boldsymbol{w}$ 是均值为 0、方差为 1 的随机噪声；$\boldsymbol{v}$ 是均值为 0、方差为 0.1 的随机噪声；变量 $\boldsymbol{u}$，$\boldsymbol{y}$ 是可测的监控变量；$\boldsymbol{w}$，$\boldsymbol{z}$ 是不可测变量.

5 个可测变量 $\boldsymbol{x}(k)=[y_1,\ y_2,\ y_3,\ u_1,\ u_2]$ 用于被监控. 首先，在正常状态下生成 100 组数据，分别建立 KPCA，DKPCA，SMF-MSKPCA 和 SMF-MSDKPCA 过程统计模型，所用到的核函数选择高斯核函数. 然后，生成 200 组故障数据，用于检测，在第 31 采样点处给变量 $\boldsymbol{w}$ 引入故障幅度为 +1 的阶跃信号，该信号一直持续到采样结束(31200). 最后，将故障数据分别投影到上述各个模型上进行监控.

首先，为了验证该模型的动态性，图 2.13 显示了 KPCA 和 DKPCA 方法 T^2 与 SPE 统计量关于故障的监控图，整个 DKPCA 的监控结果比 KPCA 的效果要好，KPCA 的统计量对于具有小漂移故障动态非线性过程监控会有很多点出现漏报警. DKPCA 能够提取数据的动态性和非线性，与 KPCA 方法相比，DKPCA 监控结果如图 2.13(b)所示，虽然减少了过程的漏报，但是由于过程噪声的存在，在监控过程中，还是出现了漏报警. 图 2.14(a)显示了 SMF-MSKPCA 方法的监控效果，与 KPCA 和 DKPCA 相比，效果要好很多，在采样点 33 处 SPE 和 T^2 统计量都超过了控制限. 由于 SMF-MSKPCA 是个线性的监控方法，不能有效提取变量间的动态关系，因此，在采样点 35，44，96，101 等处出现了漏报警. 相比之下，SMF-MSDKPCA 监控方法如图 2.14(b)所示，在故障发生时，T^2 和 SPE 统计量在第 33 采样时刻均超过了控制限，并且没有出现漏报警. 以上这些说明，SMF-MSDKPCA 能有效提取动态非线性数学模型的动态和非线性特性，并且在动态非线性数学模型的在线监控中表现出比 KPCA，DKPCA 和 SMF-MSKPCA 更优越的性能.

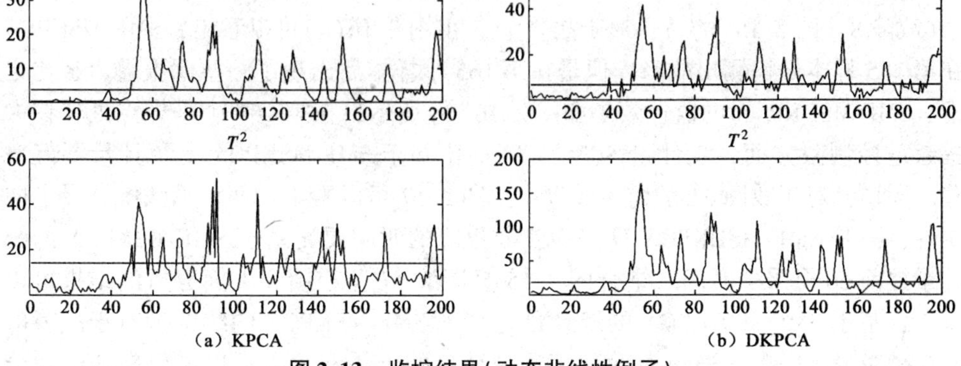

图 2.13　监控结果(动态非线性例子)

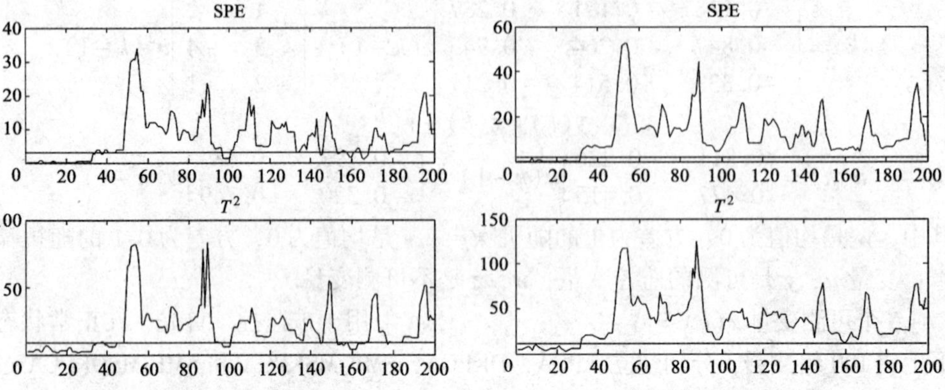

(a) SMF-MSKPCA　　(b) 基于 SMF-MSDKPCA

图 2.14　监控结果(动态非线性例子)

2.9.2　田纳西过程的应用仿真

通常认为 TE 过程数据具有动态非线性，所以在本节仍然使用 TE 过程的数据来验证 SMF-MSDKPCA 算法的有效性. 建模数据采用前面用过的训练部分，共有 480 组过程数据，用于监控的过程变量如表 2.1 所示. 这些数据包含了正常状态和 21 种不同故障，21 种预先设定好的故障方式如表 2.2 所示. 取系统的时间延迟阶数为 2，对训练数据进行标准化，滑动中值滤波处理数据，并对处理后的建模数据进行小波变换，然后在各个尺度上进行时间序列上的扩展，得到各个尺度增广的建模数据矩阵. 在此样本尺度子集矩阵上建立 DKPCA 统计在线监控模型，核函数仍是径向基核函数，用平均特征值法确定监控模型的主元个数为 16，并计算各个尺度上的控制限.

为了比较 SMF-MSKPCA 算法和 SMF-MSDKPCA 算法在线监控的效果，本节用了 3 个故障数据来进行验证，其中故障分别是 8，11，21. 图 2.15 至图 2.17 给出了故障 8，11 和 21 分别用两种算法监控得到的 T^2 和 SPE 统计量的监控图. 从图 2.15(a)可以看出，SMF-MSKPCA 的 SPE 和 T^2 基本都在第 184 个样本时超出了控制限，基于 SMF-MSDKPCA 算法的统计量都在第 169 个样本处超出了控制限(故障 8，图 2.15(b))；对于故障 11，由图 2.16(a)可以看出，SMF-MSKPCA 在第 165 样本处检测出故障，但是在第 165 个样本后出现了一些漏报警，相比之下，SMF-MSDKPCA 的监控效果如图 2.16(b)所示，在第 161 个采样点处，在大幅超过控制限方面，统计量 SPE 和 T^2 都比基于 SMF-MSKPCA 的统计量要好一些. 同样，对于故障 21 的监控效果，从图 2.17 可以看出，两种算法统计量走向相同，但是 SMF-MSDKPCA 算法检测处故障的时间要比基于 SMF-MSKPCA 的统计量提前 66 个采样时间. 结合图 2.15 至图 2.17 监控图和上面分析的结果可以看出，基于 SMF-MSDKPCA 的统计量比基于 SMF-MSKPCA 的统计量对于故障的监控稍微灵敏一些，通过对两种算法统计量的走势和故障被检测出来的时间分析，可以认为 TE 过程具有动态性.

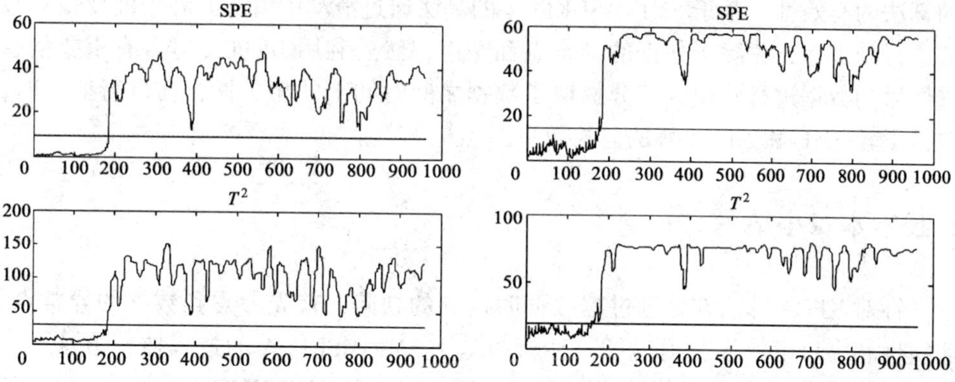

（a）SMF-MSKPCA　　（b）SMF-MSDKPCA

图 2.15　故障 8 发生时的监控结果

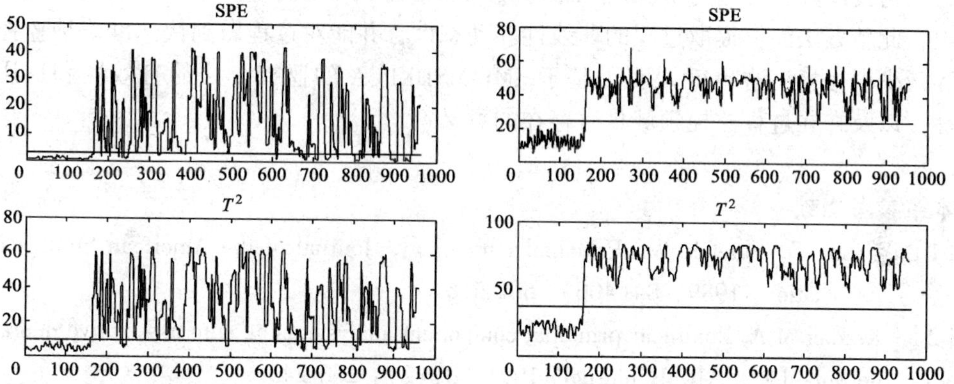

（a）SMF-MSKPCA　　（b）SMF-MSDKPCA

图 2.16　故障 11 发生时的监控结果

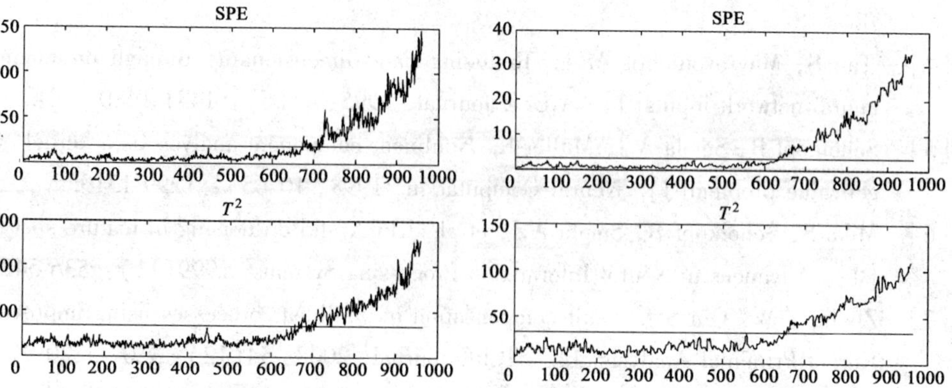

（a）SMF-MSKPCA　　（b）SMF-MSDKPCA

图 2.17　故障 21 发生时的监控结果

动态非线性模型和 TE 过程的仿真实验说明了所提出的基于 SMF-MSDKPCA 的算法的有效性，基于 SMF-MSDKPCA 的算法通过滑动中值滤波和小波变换对数据进行处理后，去除了数据的异常点和噪声，然后利用 DKPCA 对含有重要信息重构后的数据进行建模，充分提取了数据之间时间上的相关性，在进行监控时，取得了较 SMF-MSKPCA 好的监控效果.

2.10 本章小结

针对 KPCA 算法在处理过程数据时遇到的缺陷，首先考虑到数据的异常点、非线性和多尺度特性，提出了一种新的基于 SMF-MSKPCA 的过程监控方法. 又考虑到数据间的时序相关性，将 DKPCA 算法引入到 SMF-MSKPCA 中，提出了基于滑动中值滤波动态核主元分析，用此新方法对动态非线性模型和田纳西过程进行了仿真研究，通过与 KPCA，DKPCA，SMF-MSKPCA 的仿真结果的对比分析得出，此新方法能够提取过程的非线性和动态性，并能对过程做到快速准确地监控和减少误报警，这也就说明了基于 SMF-MSDKPCA 的监控方法的有效性和适用性，以及它在过程监控领域具有存在的意义.

本章参考文献

[1] Hastie T, Stuetzle W. Principal curves[J]. Journal of the American Statistical Association, 1989, 84(406): 502-516.

[2] Kramer M A. Nonlinear principal component analysis using auto associative neural networks[J]. AIChE Journal, 1991, 37(2): 233-243.

[3] Dong D, MaAvoy T J. Nonlinear principal analysis based on principal cure and neural networks[J]. Computers and Chemical Engineering, 1996, 20(1): 65-78.

[4] Tan S, Mavrovouniotis M L. Reducing data dimensionality through optimizing neural network inputs[J]. AIChE Journal, 1995, 41(6): 1471-1480.

[5] Schölkopf B, Smola A J, Muller K. Nonlinear component analysis as a kernel eigenvalue problem[J]. Neural Computation, 1998, 10 (5): 1299-1319.

[6] Mika S, Schölkopf B, Smola A J, et al. KPCA and de-noising in feature spaces [J]. Advances in Neural Information Processing Systems, 1999(11): 536-542.

[7] Zhang Y W, Qin S J. Fault compensation of nonlinear processes using improved Kernel Principal Analysis[J]. AIChE Journal, 2008, 54(12): 3207-3220.

[8] Lee J M, Yoo C K, Choi S W, et al. Nonlinear process monitoring using kernel principal component analysis[J]. Chem. Eng. Sci., 2004, 59(1): 223-234.

[9] Lin T C. A new adaptive center weighted median filter for suppressing impulsive

noise in images[J]. Information Sciences, 2007, 177(4): 1073-1087.

[10] Ku W, Storer R H, Georgakis C. Disturbance detection and isolation by dynamic principal component analysis[J]. Chemometrics and Intelligent Laboratory Systems, 1995, 30(1): 179-196.

[11] Ting Wang, Xiaogang Wang, Yingwei Zhang, et al. Fault detection of nonlinear dynamic processes using dynamic kernel principal component analysis[C]. Proceedings of the 7th World Congress on Intelligent Control and Automation, 重庆, 2008: 3009-3014.

[12] Yingwei Zhang, Zhiming Li, Hong Zhou. Statistical analysis and adaptive technique for dynamical process monitoring[J]. Chemical Engineering Research and Design, 2010, 88(10): 1381-1392.

[13] Sang Wook Choi, In-Beum Lee. Nonlinear dynamic process monitoring based on dynamic kernel PCA[J]. Chemical Engineering Science, 2004, 59(24): 5897-5908.

[14] Chen J, Liao C M. Dynamic process fault monitoring based on neural network and PCA[J]. Journal of Process Control, 2002(12): 277-289.

[15] Bakshi B R. Multiscale PCA with application to multivariate statistical process monitoring[J]. AIChE Journal, 1998, 44(7): 1596-1610.

[16] Misra M, Yue H H, Qin S J, et al. Multivariate process monitoring and fault diagnosis by multi-scale PCA[J]. Computers and Chemical Engineering, 2002, 26(9): 1281-1293.

[17] Mallat S. A theory of multiresolution signal decomposition: The wavelet representation[J]. IEEE Trans on Pattern Anal and Machine Intell, 1989, 11(7): 674-693.

[18] Mallat S, Zhong S. Characterization of signal from multiscale edges[J]. IEEE Trans on Pattern Analysis and Machine Intelligence, 1992, 14(7): 710-732.

[19] Chiang L H, Russell E L, Braatz R D. Fault detection and diagnosis in industrial systems[M]. London: Springer-Verlag, 2001.

第 3 章 多模式过程监控方法

3.1 概 述

过程监控是以过程异常检测和动态系统故障检测与诊断技术为基础发展起来的一个新兴的研究领域[1]. 其主要研究对象包括过程的异常变化和动态系统功能性故障，研究内容包括过程故障检测、故障影响分析和针对不同类型的故障应该采取的处理措施或对策等. 近年来，过程监控已成为过程自动化和过程控制领域的重要研究方向，并成为构成系统可靠性、安全性、维修性等学科的关键技术之一[2].

多元统计监控技术往往假定生产过程是在一个标准条件下运行的，而实际过程由于生产方案的调整、原料性质的不同、负荷的变化等原因，存在不同的工作模式. 过程变量的统计特征，如均值、方差、相关性等，在不同的工作模式下，存在一定的差异，如果建立基于单一模型的统计监测方法并直接用于存在多个工作模式的过程中，那么过程正常运行于稳定操作条件下也可能导致大量的误警. 对于多模式故障检测问题的研究来说，如果统计监控模型具备区分工作模式改变与多模式过程故障检测的能力，将会在多模式工业过程监控方面具有重要的意义.

本章针对多模式工业过程监控中存在的问题，提出了一种提取公共特性的多模式过程监控方法. 提取多工作模式，提取公共信息，建立包含公共信息的公共模型，将每种模式区分为公共数据集模型和每种模式特殊数据集模型，分别监测，当模型切换时，同样将公共信息与每种模式的特有信息进行组合监测. 同时将多变量指数加权移动平均(MEWMA)引入算法，改善算法对动态性的跟踪及对小故障的检测能力. 通过对本方法与传统的全局建模和多模式分别建模方法的仿真对比实例验证所提出的方法的检测能力. 另外，由于实际的工业过程都存在不同程度的非线性，利用传统的线性方法往往不能达到令人满意的故障检测效果. 通过选择一种非线性方法对数据进行处理，将核函数引入多模式过程监控方法中，提出非线性核多模式过程监控方法，并通过仿真实例来验证所提算法的检测能力.

3.2 主元分析

主元分析法(Principal Component Analysis, PCA) 是一种工业过程中广泛应用的过程监测方法，是应用于多变量问题解决数据压缩和信息提取的统计方法，可以实现线性降维. 通过对已获取数据的方差进行降低维数处理来改善多变量统计故障检测的效果. 它不依赖于精确的数学模型，通过对高维相关变量空间进行降低维度映射处理，将其转化为相互独立的低维变量空间，实现对复杂过程数据的特征提取，并建立相应过程的主元模型[3].

3.2.1　主元分析建模

首先考虑生产过程在正常情况下测量数据集 $\boldsymbol{X}$，数据集中包含 m 个测量变量，每个变量有 n 个测量值，即测量数据集由 n 组采样向量组成：

$$\boldsymbol{X} = [\boldsymbol{x}_1^{\mathrm{T}}, \boldsymbol{x}_2^{\mathrm{T}}, \cdots, \boldsymbol{x}_n^{\mathrm{T}}]^{\mathrm{T}} \tag{3.1}$$

式中，$\boldsymbol{x}_i(i=1, 2, \cdots, n)$为一组采样列向量.

首先，需要对数据进行标准化处理，即去除均值除以标准差：

$$x'_{i,j} = \frac{x_{i,j} - \bar{x}_j}{s_j} \quad (i=1, 2, \cdots, n; j=1, 2, \cdots, m) \tag{3.2}$$

$$\bar{x}_j = \frac{1}{n}\sum_i x_{i,j} \tag{3.3}$$

$$s_j = \sqrt{\frac{1}{n-1}(x_{i,j} - \bar{x}_j)^2} \tag{3.4}$$

经过标准化处理后的矩阵

$$\boldsymbol{X}' = \begin{bmatrix} x'_{11} & x'_{12} & \cdots & x'_{1m} \\ x'_{21} & x'_{22} & \cdots & x'_{2m} \\ \vdots & \vdots & & \vdots \\ x'_{n1} & x'_{n2} & \cdots & x'_{nm} \end{bmatrix}$$

主元分析可将 $\boldsymbol{X}'$分解为外积之和的形式，得到如下等式：

$$\boldsymbol{X}' = \sum_{i=1}^{m} \boldsymbol{t}_i \boldsymbol{p}_i^{\mathrm{T}} \tag{3.5}$$

式中，$\boldsymbol{t}_i \in \mathbf{R}^n$ 是得分(score)向量，也称为主元；$\boldsymbol{p}_i \in \mathbf{R}^m$ 为负载(loading)向量，代表主成分的投影方向. 式(3.5)也可用矩阵形式表示，即

$$\boldsymbol{X}' = \boldsymbol{T}\boldsymbol{P}^{\mathrm{T}} \tag{3.6}$$

式中，$\boldsymbol{T} = [\boldsymbol{t}_1 \quad \boldsymbol{t}_2 \quad \cdots \quad \boldsymbol{t}_m]$ 为得分矩阵，$\boldsymbol{P} = [\boldsymbol{p}_1 \quad \boldsymbol{p}_2 \quad \cdots \quad \boldsymbol{p}_m]$ 为负载矩阵.

得分向量之间是正交的，即对任何的 i 和 j，当 $i \neq j$ 时，满足 $\boldsymbol{t}_i^{\mathrm{T}}\boldsymbol{t}_j = 0$. 负载向量之间也是互相正交的，并且为了保证计算出来的主成分向量具有唯一性，每个负载向量的长度都被归一化，即[4]

$$\boldsymbol{p}_i^{\mathrm{T}}\boldsymbol{p}_j = 0 \quad (i \neq j) \tag{3.7}$$

$$\boldsymbol{p}_i^{\mathrm{T}}\boldsymbol{p}_j = 1 \quad (i = j) \tag{3.8}$$

将式(3.5)两侧同时右乘 $\boldsymbol{p}_i$，可以得到下式：

$$\boldsymbol{X}'\boldsymbol{p}_i = \boldsymbol{t}_1\boldsymbol{p}_1^{\mathrm{T}}\boldsymbol{p}_i + \boldsymbol{t}_2\boldsymbol{p}_2^{\mathrm{T}}\boldsymbol{p}_i + \cdots + \boldsymbol{t}_m\boldsymbol{p}_m^{\mathrm{T}}\boldsymbol{p}_i \tag{3.9}$$

同时由于 $i \neq j$ 时，满足 $\boldsymbol{t}_i^{\mathrm{T}}\boldsymbol{t}_j = 0$，可以得到

$$t_i = X' p_i \tag{3.10}$$

向量 t_i 的长度反映了数据矩阵 X 投影到 p_i 方向上的覆盖程度. 它的长度越大，X 在 p_i 方向上的覆盖程度或变化范围越大. 从而矩阵 X' 的主元分解如下：

$$X' = \hat{X}' + E \tag{3.11}$$

$$\hat{X}' = TP^{\mathrm{T}} = \sum_{i=1}^{l} t_i p_i^{\mathrm{T}} \tag{3.12}$$

$$E = T_e P_e^{\mathrm{T}} = \sum_{i=l+1}^{m} t_i p_i^{\mathrm{T}} \tag{3.13}$$

式中，$\hat{X}'(n \times m)$ 为模型值，$E(n \times m)$ 为建模差；T 和 P 的维数分别为 $(n \times l)$ 和 $(m \times l)$；T_e 和 P_e 的维数分别为 $(n \times (m-l))$ 和 $(m \times (m-l))$；$l(l<m)$ 为主成分模型中所保留的主成分个数.

主元分解的具体求解过程如下[5-6].

第一步，求出样本的协方差矩阵 S：

$$S = \frac{1}{n-1} X'^{\mathrm{T}} X' \tag{3.14}$$

式中，X' 为被规范化后的样本数据.

第二步，对协方差矩阵 S 进行特征值分解：

$$S = P \Lambda P^{\mathrm{T}} \tag{3.15}$$

式中，对角阵 Λ 包含幅值递减的非负特征值 $\lambda_1 \geqslant \lambda_2 \geqslant \cdots \geqslant \lambda_m \geqslant 0$，$\lambda_i$ 是样本方差第 i 个的特征值；P 为 X' 的负荷向量，由特征值 λ 所对应的单位化特征向量构成，并且 $P^{\mathrm{T}} P = I$，这里 I 是单位阵.

第三步，求出得分矩阵 T.

数据 X' 的变化主要体现在最前面的几个负荷向量方向上. 为了最优地获取数据的变化量，同时最小化随机噪声对 PCA 产生的影响，与 l 个最大特征值相对应的负荷向量被保留. 选择负载矩阵 $P \in \mathbf{R}^{m \times l}$ 的列，使其与前 l 个特征值相关联的负荷向量相对应，则 X' 到低维空间的投影就包含在得分矩阵 T 中：

$$T = X' P \tag{3.16}$$

在通常情况下，选取 $l(l<m)$ 个主成分来代替原 m 个相关变量，并要求这 l 个主成分能够将原来 m 个变量所提供信息的绝大部分反映出来. 主元个数的选择是十分重要的[7]. 通常采用主成分累积贡献率超过 85% 来保留主元的个数，如

$$\sum_{i=1}^{p} \lambda_i \Big/ \sum_{i=1}^{J} \lambda_i > 85\% \tag{3.17}$$

主元模型建立完成后，即可采集过程数据并与建立起来的正常过程模型进行比较，若符合或近似符合，就认为无故障发生，否则有故障发生. 这种比较既可以在由主元组成的主元空间比较，也可以在残差空间比较，对应两种统计量：Hotelling-T^2 统计量和 SPE 统计量.

3.2.2　基于主元分析的过程监控

通常在主元子空间建立 T^2 统计量进行统计检验，而在残差子空间中建立 SPE 统计量进行统计检测是否发生故障.

基于主元分析基本理论，将观测矩阵 $\boldsymbol{X} \in \mathbf{R}^{n\times j}$ 分解为

$$\boldsymbol{X}' = \boldsymbol{T}\boldsymbol{P}^{\mathrm{T}} + \boldsymbol{E} \tag{3.18}$$

式中，$\boldsymbol{T} \in \mathbf{R}^{n\times p}$ 和 $\boldsymbol{P} \in \mathbf{R}^{j\times p}$ 分别是得分矩阵和负荷矩阵，$\boldsymbol{E}$ 是残差矩阵.

基于正常工况下的历史数据建立 PCA 模型以后，就可以将这一“标准可控”模型作为未来过程行为的参考. 将实时的多变量观测值投影到由 PCA 负载向量定义的平面上，对于新的样本 $\boldsymbol{x} \in \mathbf{R}^j$，就可以获得新数据的得分和残差：

$$\boldsymbol{t} = \boldsymbol{P}^{\mathrm{T}}\boldsymbol{x} \tag{3.19}$$

$$\boldsymbol{e} = \boldsymbol{x} - \hat{\boldsymbol{x}} = (\boldsymbol{I} - \boldsymbol{P}\boldsymbol{P}^{\mathrm{T}})\boldsymbol{x} \tag{3.20}$$

式中，新样本 $\boldsymbol{x}$ 的估计值 $\hat{\boldsymbol{x}} = \boldsymbol{P}\boldsymbol{t}$，$\boldsymbol{P}$ 为负荷矩阵.

通常，基于 PCA 的多变量统计过程监测通过两个多元统计量配合来进行监控. 通过使用过程故障检测 Hotelling-T^2 的多变量统计监测图来实现，以及利用平方预测误差(SPE)统计量进行监测. 首先介绍基于主元的 Hotelling-T^2 多元统计值计算方式：

$$T^2 = \boldsymbol{t}^{\mathrm{T}}\boldsymbol{\Lambda}^{-1}\boldsymbol{t} \sim \frac{l(n^2 - l)}{n(n-l)}F(l,\ n-l) \tag{3.21}$$

式中，$\boldsymbol{\Lambda}$ 是主成分的方差阵，l 为主成分个数，$F(l,\ n-l)$ 为自由度为 l 和 $n-l$ 的 F 分布. 置信度为 α 的 T^2 统计量的上限

$$\mathrm{UCL} = \frac{l(n^2 - l)}{n(n-l)}F_{\alpha}(l,\ n-l) \tag{3.22}$$

在正常工作的情况下，T^2 统计值应位于 UCL 限下，即 $T^2 < \mathrm{UCL}$；相反则发生异常.

由于 Hotelling-T^2 统计量的检测范围主要包含在前 p 个主元平面，因此检测变量波动在上述平面的变化情况. 如果出现参考数据中没有的新类型故障，那么仅仅利用 Hotelling-T^2 值来进行故障检测，则不能达到满意的效果. 因此，通过 SPE 统计量检测进行监测[8]：令观测值 $\boldsymbol{x}$ 的平方预测误差

$$\mathrm{SPE}(\boldsymbol{x}) = \boldsymbol{e}^{\mathrm{T}}\boldsymbol{e} = \|\boldsymbol{e}\|^2 = \boldsymbol{x}^{\mathrm{T}}(\boldsymbol{I} - \boldsymbol{P}\boldsymbol{P}^{\mathrm{T}})\boldsymbol{x} \tag{3.23}$$

在正常工况下，SPE 应满足其控制限 $\mathrm{SPE} < Q_{\alpha}$，$Q_{\alpha}$ 表示置信度为 α 的 SPE 控制上限，Q_{α} 的计算方式为[9]

$$Q_{\alpha} = \theta_1\left[\frac{C_{\alpha}\,(2\theta_2 h_0{}^2)^{1/2}}{\theta_1} + 1 + \frac{\theta_2 h_0(h_0 - 1)}{\theta_1{}^2}\right]^{\frac{1}{h_0}} \tag{3.24}$$

式中，C_{α} 是一个高斯分布的$(1-\alpha)\%$的置信限，$h_0 = 1 - 2\theta_1\theta_3/3\theta_2^2$，$\theta_j = \sum\limits_{i=l+1}^{m}\lambda_i^j$，$j = 1,\ 2,\ 3$. 当 $\mathrm{SPE} > Q_{\alpha}$ 时，说明过程中出现了异常的情况.

若得到的 SPE 值很小，并且在建模过程确定的控制限内，则代表过程可控. 当发生异常情况时，将导致观测矩阵 $\boldsymbol{X}$ 的协方差结构会发生改变，使得到的 SPE 的值很大，超出了其相应的控制限，则说明异常的引入改变了观测矩阵 $\boldsymbol{X}$ 的协方差结构，说明投影模型的建立不适于新的观测值，因此发生报警. 所以，通过比较 Hotelling-T^2 和 SPE 图共同监测可以实现较好的故障检测效果.

3.3 多变量指数加权平均(MEWMA)

Roberts S W[10] 提出的指数加权移动平均(EWMA)控制图方法在工业监测等领域得到了大量的应用. 它可以处理工业过程的动态行为，通过给过去数据加入小权重、近期数据加入大权重的方法，达到预测以后时段观察值的目的，针对工业过程中变量的变化作出灵敏的反应，对系统的动态特性十分敏感，对小的故障具有很好的检测效果. 同时，它还可以应用到具有非正态分布和自相关数据特性的过程中. 为了扩展其在多变量过程中的应用，一些学者提出了多变量指数加权移动平均(MEWMA)，将单变量问题扩展为多变量问题[11-12]，此后，又出现了很多改进的方法[13-15].

工业过程往往具有较强的动态性，但是很多故障检测算法都缺乏处理动态问题的能力，例如典型的主元分析方法等，建立的过程模型在含有动态工业过程进行故障检测时往往检测效果不佳. MEWMA 可以在一定程度上获取过程的动态性能，将其用于故障检测算法中，可以有效地改善传统方法对动态性的检测效果. MEWMA 控制图对历史数据进行加权操作，因此，当前时刻受到过去数据的影响，将过去数据加以小的权值、近期数据加入较大的权值，其表达式为

$$z_k = \zeta \boldsymbol{x}_k + (1-\zeta) z_{k-1} \tag{3.25}$$

式中，$\boldsymbol{x}_k$ 为 k 时刻变量的值($k=1, 2, \cdots$)，EWMA 统计量初值为$z_0=\boldsymbol{0}$，$0<\zeta\leqslant 1$ 是一个加权常数. 当数据距离此刻数据越远时，权重将以指数形式减小.

将式(3.25)扩展为 MEWMA，可以得到相应的表达式：

$$\boldsymbol{Z}_k = \boldsymbol{L}\boldsymbol{X}_k + (\boldsymbol{I}-\boldsymbol{L})\boldsymbol{Z}_{k-1} \quad (k=1, 2, \cdots) \tag{3.26}$$

式中，MEWMA 统计量初值为 $\boldsymbol{Z}_0=\boldsymbol{0}$；$\boldsymbol{L}=\mathrm{diag}(\zeta_1, \zeta_2, \cdots, \zeta_p)$ 为一个对角阵($0<\zeta_j\leqslant 1$，$j=1, 2, \cdots, p$)，权值 ζ_j 越大，衰减速度越快，可以对当前时刻的现状作出迅速反应，但是也可能对一些干扰过于敏感而产生误报. 若权值 ζ_j 选得较小，则 MEWMA 可以很好地监测变化趋势，不易产生误报，但反应速度将会发生延迟，因此，ζ_j 是十分重要的参数，根据计量经济学领域的应用经验，一般选取 0.2 效果较好[16].

3.4 基于提取公共特性的多模式过程监控方法

常见的多模式过程监控方法有全局建模 PCA 方法(如图 3.1 所示)和多模式分别建模 PCA 方法(如图 3.2 所示)等. 全局建模 PCA 方法即把多个模式采集到的数据集融合在一起，建立统一的模型，这种建模方法包含了各个模式的信息，可以对不同模

式进行监测，但是没有对不同的模式进行区分，因此往往无法很好地监测不同模式的数据. 多模式分别建模 PCA 方法针对不同模式分别建模监测，但是由于没有考虑到模式之间的相似性，因此难以确定新的采样所在的模式，对每种模式都建立各自的监测模型，建模和模型切换时工作量大. 同时，对于复杂的多模式数据集，单纯建立主元分析模型同样难以达到良好的监测效果. 针对上述问题，本章提出提取公共信息的多模式过程监控方法，如图 3.3 所示，通过提取各个模式的公共变化信息，将每个模式区分为公共信息部分和特殊信息部分并分别建模，这样既考虑到模式间的公共特性，又针对每个模式的特性进行监测，可以通过识别当前数据所在模式并切换相应的特殊模式的模型进行监测. 另外，可以将 MEWMA 融入算法，以改善对多模式动态性数据的故障检测能力，提高对小故障的检测效果.

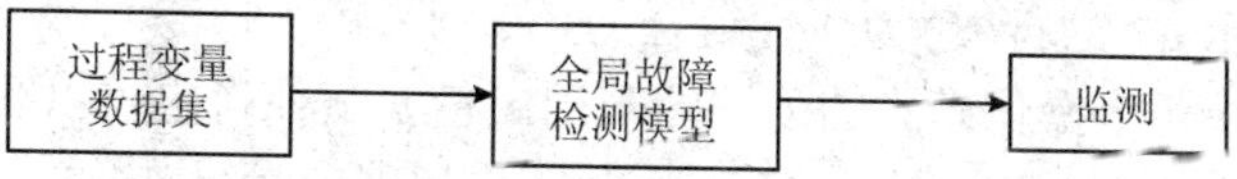

图 3.1　传统的全局建模 PCA 过程监控方法

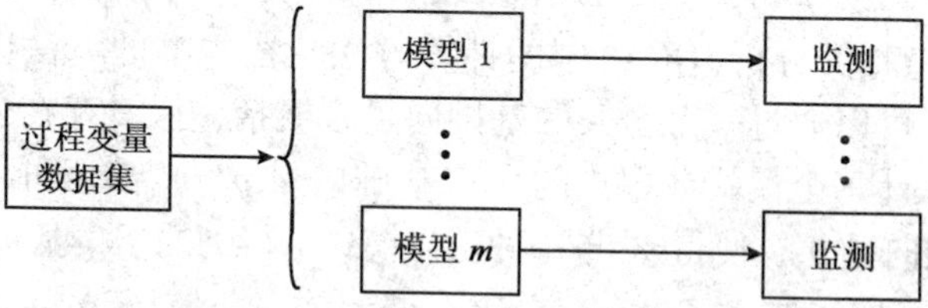

图 3.2　传统的多模式分别建模 PCA 过程监控方法

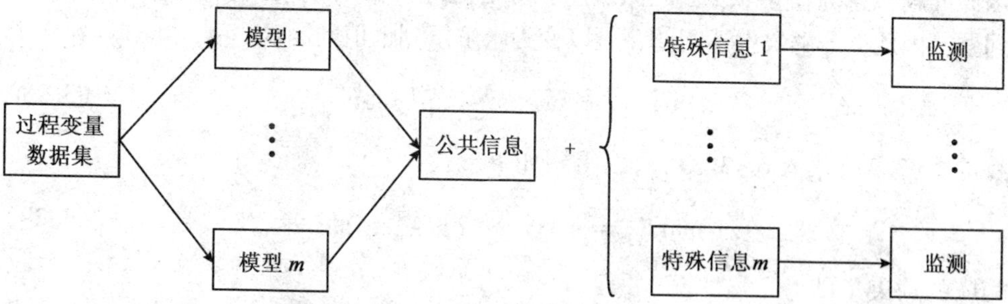

图 3.3　本章提出的提取公共信息的多模式过程监控方法

3.5　提取公共特性的多模式过程监测方法

3.5.1　提取多模式公共基础信息建立模型

设工作过程数据集为 $\boldsymbol{X}_m(N\times J)(m=1,\ 2,\ \cdots,\ M)$，其中，下标 m 代表不同的操作模式，N 代表不同模式下的数据采样数，J 代表工业过程监控变量的数目. 将各个模式数据集进行标准化处理. 模式与模式之间的相互关系中存在一些相同的变量相关性. 在每一个模式空间内，可以找出一组向量，这组向量可以代表其他样本，并可以通过它们的线性组合替代所在样本集内所有的样本组合，它们可以表示原始数据的主要特性，将这些向量称为基础向量．在每个模式样本集中，它们代表主要的变量相关信息和变化的分布差异．因此，这些基础向量可以作为评价各个模式样本间相似性和差异性的度量．

每个工作模态下得到的数据集的基础向量为 $\boldsymbol{p}_{m,j}$ ($j=1, 2, \cdots, J$；$m=1, 2$)[17]，其中，j 代表过程变量的个数，下标 m 代表不同的工作模式．同时，每个工作模态下的数据集的基础向量 $\boldsymbol{p}_{m,j}$ 与其所在数据集的空间满足以下关系：

$$\boldsymbol{p}_{m,j} = \sum_{n=1}^{N} a_{n,j}^{m} \boldsymbol{x}_{n}^{m} = \boldsymbol{X}_{m}^{\mathrm{T}} \boldsymbol{\alpha}_{j}^{m} \tag{3.27}$$

式中，N 是所有采样的总数，m 为模式的个数，$\boldsymbol{\alpha}_{j}^{m} = [a_{1,j}^{m}, a_{2,j}^{m}, \cdots, a_{n,j}^{m}]$（其中，字母 n 表示 $\boldsymbol{\alpha}_{j}^{m}$ 的行数）为线性组合的系数．

此时，引入各个操作模式的公共的基础向量 $\boldsymbol{p}_c$，使得它可以和每个操作模式下得到的样本集的主要因素十分接近．用公共基础向量 $\boldsymbol{p}_c$ 描述各个工作模态下子集的基础向量．为了得到各个操作模式公共的基础向量 $\boldsymbol{p}_c$，这里借鉴了 Carrol[18] 在广义典型相关分析(GCA)中的计算方法．在本书的方法中，每种模式公共的变量相似性可以通过一个公共的基础向量来概括，假设存在公共基础向量 $\boldsymbol{p}_c$ 可以尽可能地估计每个模式数据集的所有基础向量 $\boldsymbol{p}_{m,j}$，甚至可以代替它们．为了得到公共基础向量 $\boldsymbol{p}_c$，使得 $\boldsymbol{p}_c$ 与每种工作模式下得到的子集基础向量 $\boldsymbol{p}_{m,j}$ 充分接近，对于每个 $\boldsymbol{p}_m$ 都能使式子 $(\boldsymbol{p}_c^{\mathrm{T}}\boldsymbol{p}_m)^2$ 达到最大值，即使 $(\boldsymbol{p}_c^{\mathrm{T}}\boldsymbol{X}_m^{\mathrm{T}}\boldsymbol{\alpha}_m)^2$ 达到最大值．因此问题转化为使多项式 $(\boldsymbol{p}_c^{\mathrm{T}}\boldsymbol{X}_1^{\mathrm{T}}\boldsymbol{\alpha}_1)^2 + (\boldsymbol{p}_c^{\mathrm{T}}\boldsymbol{X}_2^{\mathrm{T}}\boldsymbol{\alpha}_2)^2 + \cdots + (\boldsymbol{p}_c^{\mathrm{T}}\boldsymbol{X}_M^{\mathrm{T}}\boldsymbol{\alpha}_M)^2$ 达到其最大值问题．因此，为解决上述问题，可以变为求解下列最值问题：

$$\max R^2 = \max\left\{\sum_{m=1}^{M} (\boldsymbol{p}_c^{\mathrm{T}}\boldsymbol{p}_m)^2\right\} \tag{3.28}$$

将等式(3.27)代入式(3.34)可以得到如下形式：

$$\max R^2 = \max\left\{\sum_{m=1}^{M} (\boldsymbol{p}_c^{\mathrm{T}}\boldsymbol{X}_m^{\mathrm{T}}\boldsymbol{\alpha}_m)^2\right\} \tag{3.29}$$

相应的约束条件为

$$\boldsymbol{p}_c^{\mathrm{T}}\boldsymbol{p}_c = 1 \tag{3.30}$$

$$\boldsymbol{\alpha}_m^{\mathrm{T}}\boldsymbol{\alpha}_m = 1 \tag{3.31}$$

式中，$m=1, 2, \cdots, M$，线性组合的系数向量 $\boldsymbol{\alpha}_m$ 设置为单位的长度．

实际上，$\boldsymbol{p}_c^{\mathrm{T}}\boldsymbol{X}_m^{\mathrm{T}}\boldsymbol{\alpha}_m$ 反映了各个模型基础向量 $\boldsymbol{X}_m^{\mathrm{T}}\boldsymbol{\alpha}_m$ 和公共基础向量 $\boldsymbol{p}_c$ 之间的协方差信息．因此，目标函数反映的协方差信息比单纯的相关性分析要好．这里对各个模式多项式的和即多项式 $\sum_{m=1}^{M} (\boldsymbol{p}_c^{\mathrm{T}}\boldsymbol{X}_m^{\mathrm{T}}\boldsymbol{\alpha}_m)^2$ 求最大值．要获得目标结果，使用拉格朗日法最初的目标函数的定义如下，它可以作为极大值问题解决：

$$L(\boldsymbol{p}_c, \boldsymbol{\alpha}, \lambda) = \sum_{m=1}^{M} \varepsilon_m (\boldsymbol{p}_c^{\mathrm{T}}\boldsymbol{X}_m\boldsymbol{\alpha}_m)^2 - \lambda_c(\boldsymbol{p}_c^{\mathrm{T}}\boldsymbol{p}_c - 1) - \sum_{m=1}^{M} \lambda_m(\boldsymbol{\alpha}_m^{\mathrm{T}}\boldsymbol{\alpha}_m - 1) \tag{3.32}$$

式中，λ_c 和 λ_i 设为拉格朗日因子. 拉格朗日函数分别对 $\boldsymbol{p}_c$，$\boldsymbol{\alpha}_m$ 求偏导数，令其等于零，则

$$\frac{\partial\ L(\boldsymbol{p}_c,\ \boldsymbol{\alpha},\ \lambda)}{\partial\ \boldsymbol{p}_c} = 0 \tag{3.33}$$

$$\frac{\partial\ L(\boldsymbol{p}_c,\ \boldsymbol{\alpha},\ \lambda)}{\partial\ \boldsymbol{\alpha}_m} = 0 \tag{3.34}$$

通过计算式(3.33)和式(3.34)，可以分别得到

$$\sum_{m=1}^{M}(\boldsymbol{p}_c^{\mathrm{T}}\boldsymbol{X}_m^{\mathrm{T}}\boldsymbol{\alpha}_m)\boldsymbol{X}_m^{\mathrm{T}}\boldsymbol{\alpha}_m = \lambda_c\boldsymbol{p}_c \tag{3.35}$$

$$(\boldsymbol{p}_c^{\mathrm{T}}\boldsymbol{X}_m^{\mathrm{T}}\boldsymbol{\alpha}_m)\boldsymbol{X}_m\boldsymbol{p}_c = \lambda_m\boldsymbol{\alpha}_m \tag{3.36}$$

又由式(3.30)和式(3.31)，即

$$\boldsymbol{p}_c^{\mathrm{T}}\boldsymbol{p}_c = 1$$

$$\boldsymbol{\alpha}_m^{\mathrm{T}}\boldsymbol{\alpha}_m = 1$$

将式(3.35)左乘 $\boldsymbol{p}_c^{\mathrm{T}}$，并且式(3.36)左乘 $\boldsymbol{\alpha}_m^{\mathrm{T}}$，则可以整理得到

$$\sum_{m=1}^{M}(\boldsymbol{p}_c^{\mathrm{T}}\boldsymbol{X}_m^{\mathrm{T}}\boldsymbol{\alpha}_m)^2 = \lambda_c \tag{3.37}$$

$$(\boldsymbol{p}_c^{\mathrm{T}}\boldsymbol{X}_m^{\mathrm{T}}\boldsymbol{\alpha}_m)^2 = \lambda_m \tag{3.38}$$

将式(3.37)和式(3.38)分别代入式(3.35)和式(3.36)中，可以整理得到公共基础向量 $\boldsymbol{p}_c$ 满足以下关系式：

$$\sum_{m=1}^{M}(\boldsymbol{X}_m^{\mathrm{T}}\boldsymbol{X}_m)\boldsymbol{p}_c = \lambda_c\boldsymbol{p}_c \tag{3.39}$$

由式(3.39)可知，通过求解 $\sum\limits_{m=1}^{M}(\boldsymbol{X}_m^{\mathrm{T}}\boldsymbol{X}_m)$ 的特征向量即可以得到 $\boldsymbol{p}_c$ 的解，进而求解可以得到 $\sum\limits_{m=1}^{M}(\boldsymbol{p}_c^{\mathrm{T}}\boldsymbol{X}_m^{\mathrm{T}}\boldsymbol{\alpha}_m)^2$ 的极大值. 此时得到的 J 个公共基础向量 $\boldsymbol{p}_c$ 的解，通过保留其中的 R 个 $\boldsymbol{p}_c$(R 为剩余的 $\boldsymbol{p}_c$ 向量的个数，保留方法与主元分析方法一致)的解作为最终的公共基础向量，从而组成公共基础矩阵 $\boldsymbol{P}_c(J\times R)$ 作为满足假设条件的公共主要因素矩阵.

通过上述建模过程得到公共基础矩阵 $\boldsymbol{P}_c(J\times R)$. $\boldsymbol{P}_c$ 包含了各个模式公共的变量相关性，反映了公共的变化方向，也就是所要提取的公共信息. 将数据集在公共基础矩阵 $\boldsymbol{P}_c$ 上投影，得到各个模式数据集在 $\boldsymbol{P}_c$ 上的得分 $\boldsymbol{T}_m^C$，由于其反映了在公共变化方向上的投影长度，因此定义为公共部分的得分 $\boldsymbol{T}_m^C$. 每个模式下 PCA 模型的公共得分矩阵 $\boldsymbol{T}_m^C$ 包含 R 组向量，得到如下表达式：

$$\boldsymbol{T}_m^C = \boldsymbol{X}_m\boldsymbol{P}_c \tag{3.40}$$

分别得到 m 个模式下数据集在公共基础向量上的得分矩阵 $\boldsymbol{T}_1^C$，$\boldsymbol{T}_2^C$，…，$\boldsymbol{T}_M^C$，其中，$\boldsymbol{T}_m^C = [\boldsymbol{t}_{m,1}^C,\ \boldsymbol{t}_{m,2}^C,\ \cdots,\ \boldsymbol{t}_{m,R}^C]$. 为了得到包含各个模式数据集相似变化信息的

公共数据集 $\boldsymbol{X}^C$，此处通过计算得到公共的得分 $\boldsymbol{T}^C$ 来得到，通过 $\boldsymbol{X}^C=\boldsymbol{T}^C\boldsymbol{P}_c^{\mathrm{T}}$ 计算得到 $\boldsymbol{X}^C$. 下面计算公共的得分 $\boldsymbol{T}^C$. 各个模式下分别的得分矩阵展开如下：

$$\begin{gathered}\boldsymbol{T}_1^C=[\boldsymbol{t}_{1,1}^C,\ \boldsymbol{t}_{1,2}^C,\ \cdots,\ \boldsymbol{t}_{1,R}^C]\\ \boldsymbol{T}_2^C=[\boldsymbol{t}_{2,1}^C,\ \boldsymbol{t}_{2,2}^C,\ \cdots,\ \boldsymbol{t}_{2,R}^C]\\ \vdots\\ \boldsymbol{T}_M^C=[\boldsymbol{t}_{M,1}^C,\ \boldsymbol{t}_{M,2}^C,\ \cdots,\ \boldsymbol{t}_{M,R}^C]\end{gathered}$$

首先，$\boldsymbol{t}_{1,1}^C$，$\boldsymbol{t}_{2,1}^C$，$\cdots$，$\boldsymbol{t}_{M,1}^C$ 分别代表各个模式数据集在第一个公共负荷上的投影向量，因此需要找到与各模式都接近的向量作为在这个负荷向量上的近似得分向量. 本书利用马氏距离进行计算. 计算这些得分向量的平均向量为

$$\bar{\boldsymbol{t}}_1^C=\frac{1}{M}\sum_{m=1}^{M}\boldsymbol{t}_{m,1}^C \tag{3.41}$$

计算出平均向量之后，计算每个得分向量对平均向量的协方差矩阵：

$$\boldsymbol{S}_m=\frac{1}{M-1}\sum_{m=1}^{M}(\boldsymbol{t}_{m,1}^C-\bar{\boldsymbol{t}}_1^C)\cdot(\boldsymbol{t}_{m,1}^C-\bar{\boldsymbol{t}}_1^C)^{\mathrm{T}} \tag{3.42}$$

分别计算各模式下的第一个得分向量对平均向量的马氏距离的平方：

$$\mathrm{dis}_m^2=(\boldsymbol{t}_{m,1}^C-\bar{\boldsymbol{t}}_1^C)^{\mathrm{T}}\boldsymbol{S}_m^{-1}(\boldsymbol{t}_{m,1}^C-\bar{\boldsymbol{t}}_1^C) \tag{3.43}$$

计算得到各个模式在第一个得分向量对平均值的马氏距离的平方值 $\omega_{1,1}$，$\omega_{2,1}$，$\cdots$，$\omega_{M,1}$. 马氏距离值反映了各向量距离平均向量的大小，可以作为估计各向量相似性的公共得分的加权值，因此，$\boldsymbol{t}_{m,1}^C$ 的加权系数为

$$\rho_{m,1}=\frac{\dfrac{1}{\omega_{m,1}}}{\dfrac{1}{\omega_{1,1}}+\dfrac{1}{\omega_{2,1}}+\cdots+\dfrac{1}{\omega_{M,1}}} \tag{3.44}$$

马氏距离越小，得分向量的加权值越大. 第 1 个公共部分的得分可以通过加权计算估算得到：

$$\boldsymbol{t}_1^C=\sum_{m=1}^{M}\rho_{m,1}\boldsymbol{t}_{m,1}^C \tag{3.45}$$

通过同样的方法分别计算第 2 个到第 R 个公共得分 $\boldsymbol{t}_2^C$，$\boldsymbol{t}_3^C$，$\cdots$，$\boldsymbol{t}_R^C$. 将它们组合成公共得分矩阵 $\boldsymbol{T}^C=[\boldsymbol{t}_1^C,\ \boldsymbol{t}_2^C,\ \cdots,\ \boldsymbol{t}_R^C]$.

通过提取各个模式公共的负荷矩阵以及在负荷矩阵上的公共得分矩阵，可以计算得到与各个模式都具有公共信息的数据集 $\boldsymbol{X}^C$：

$$\boldsymbol{X}^C=\boldsymbol{T}^C\boldsymbol{P}_C^T \tag{3.46}$$

公共数据集 $\boldsymbol{X}^C$ 包含各个模式的公共信息，各模式下的数据集中去除公共部分数据集模型，可以得到包含每个模式特有信息的数据集模型：

$$\boldsymbol{X}_m^S=\boldsymbol{X}_m-\boldsymbol{X}^C \tag{3.47}$$

因此，在工作模式 m 下的数据集 $\boldsymbol{X}_m$ 都可以分解为包含公共信息的公共数据集 $\boldsymbol{X}^C$ 以及包含特殊信息的数据集 $\boldsymbol{X}_m^S$（命名为特殊子集）：

$$\left.\begin{aligned} \boldsymbol{X}_m &= \boldsymbol{X}^C + \boldsymbol{X}_m^S \\ \boldsymbol{X}^C &= \boldsymbol{T}^C \boldsymbol{P}_c^{\mathrm{T}} \\ \boldsymbol{X}_m^S &= \boldsymbol{X}_m - \boldsymbol{X}^C \end{aligned}\right\} \tag{3.48}$$

通过结合主元分析的方法(PCA)，在每种模式下可以分别在公共信息数据集下进行监测，同时结合每个模式特殊的数据集进行主元分析，分别进行监控. 对每个模式的特殊数据集进行主元分析，可以得到每种模式数据集的特殊部分的负荷矩阵 $\boldsymbol{P}_m^S$，从而计算出特殊部分的得分矩阵 $\boldsymbol{T}_m^S$ 以及特殊部分和算法的残差矩阵：

$$\left.\begin{aligned} \boldsymbol{T}_m^S &= \boldsymbol{X}_m^S \boldsymbol{P}_m^S \\ \hat{\boldsymbol{X}}_m^S &= \boldsymbol{T}_m^S (\boldsymbol{P}_m^S)^{\mathrm{T}} \\ \boldsymbol{E}_m^S &= \boldsymbol{X}_m^S - \hat{\boldsymbol{X}}_m^S \end{aligned}\right\} \tag{3.49}$$

式中，$\hat{\boldsymbol{X}}_m^S$ 为各个模式下 $\boldsymbol{X}_m^S$ 的估测矩阵；$\boldsymbol{P}_m^S(J \times R_m^S)$ 为模式 m 下特殊子集的 PCA 负荷矩阵，R_m^S 为子集主元的剩余个数，$\boldsymbol{P}_m^S$ 的计算过程与主元分析相同；$\boldsymbol{E}_m^S$ 为模式 m 下特殊子集的残差，也是最终模型的残差.

3.5.2　将 MEWMA 引入多模式过程监控方法

将 MEWMA 方法引入本书算法，假设公共数据集 $\boldsymbol{X}^C$，模式 m 下的特殊部分数据 $\boldsymbol{X}_m^S$，定义 k 时刻的多变量指数加权移动平均的变量值为

$$z_k = \zeta \boldsymbol{x}_j + (1-\zeta) z_{k-1} \tag{3.50}$$

首先对模式 m 下的公共数据集进行计算，经过对式(3.25)推导可以得出

$$z_k = \zeta \cdot \sum_{j=1}^{k} (1-\zeta)^{k-j} \boldsymbol{x}_j^C \tag{3.51}$$

式中，$\boldsymbol{x}_j^C$ 为公共数据集 j 时刻的采样.

计算公共数据集的协方差 $\boldsymbol{S}_x^C = \boldsymbol{P}_C \boldsymbol{\Lambda}^C \boldsymbol{P}_C^{\mathrm{T}}$，当 k 值达到很大时，MEWMA 方法对应的协方差矩阵可以表示为 $\boldsymbol{S}_z^C = [\zeta/(2-\zeta)]\, \boldsymbol{S}_x^C$，因此可以得到表达式

$$\boldsymbol{S}_z^C = [\zeta/(2-\zeta)] \cdot \boldsymbol{S}_x^C = [\zeta/(2-\zeta)] \cdot \boldsymbol{P}_C \boldsymbol{\Lambda}^C \boldsymbol{P}_C^{\mathrm{T}} \tag{3.52}$$

则新的公共得分可以表示为

$$\boldsymbol{t}_{z,k}^C = z_k \cdot \boldsymbol{P}_C^{\mathrm{T}} = \left[\zeta \cdot \sum_{j=1}^{k} (1-\zeta)^{k-j} \boldsymbol{x}_j^C\right] \cdot \boldsymbol{P}_C^{\mathrm{T}} \tag{3.53}$$

从而公共部分的 Hotelling-T^2 统计量 $T_{C,k}^2$ 计算如下：

$$\begin{aligned} T_{C,k}^2 &= z_k \cdot \boldsymbol{P}_C^{\mathrm{T}} \cdot \left(\frac{\zeta}{2-\zeta}\boldsymbol{\Lambda}^C\right)^{-1} \cdot \boldsymbol{P}_C \cdot z_k^{\mathrm{T}} \\ &= \left[\zeta \cdot \sum_{j=1}^{k} (1-\zeta)^{k-j} \boldsymbol{x}_j^C\right] \cdot \boldsymbol{P}_C^{\mathrm{T}} \cdot \left(\frac{\zeta}{2-\zeta}\boldsymbol{\Lambda}^C\right)^{-1} \cdot \boldsymbol{P}_C \cdot \left[\zeta \cdot \sum_{j=1}^{k} (1-\zeta)^{k-j} (\boldsymbol{x}_j^C)^{\mathrm{T}}\right] \end{aligned} \tag{3.54}$$

同理，模式 m 下特殊部分的得分为

$$\boldsymbol{t}_{m,z,k}^S = z'_k \cdot (\boldsymbol{P}_m^S)^{\mathrm{T}} = \left[\zeta \cdot \sum_{j=1}^{k} (1-\zeta)^{k-j} \boldsymbol{x}_{m,j}^S\right] \cdot (\boldsymbol{P}_m^S)^{\mathrm{T}} \tag{3.55}$$

式中，$\boldsymbol{x}_{m,S,j}$为模式 m 下特殊数据集 j 时刻的采样. 同样，可以计算模式 m 下特殊部分的 Hotelling-T^2统计量 $T^2_{m,S,k}$：

$$\begin{aligned} T^2_{m,S,k} &= \boldsymbol{z}'_k \cdot (\boldsymbol{P}^S_m)^{\mathrm{T}} \cdot \left(\frac{\zeta}{2-\zeta}\boldsymbol{\Lambda}^S_m\right)^{-1} \cdot \boldsymbol{P}^S_m \cdot \boldsymbol{z}'^{\mathrm{T}}_k \\ &= \left[\zeta \cdot \sum_{j=1}^{k} (1-\zeta)^{k-j}\boldsymbol{x}^S_{m,j}\right] \cdot (\boldsymbol{P}^S_m)^{\mathrm{T}} \cdot \left(\frac{\zeta}{2-\zeta}\boldsymbol{\Lambda}^S_m\right)^{-1} \cdot \boldsymbol{P}^S_m \cdot \left[\zeta \cdot \sum_{j=1}^{k} (1-\zeta)^{k-j}(\boldsymbol{x}^S_{m,j})^{\mathrm{T}}\right] \end{aligned} \tag{3.56}$$

式中，$\boldsymbol{\Lambda}^S_m$ 为模式 m 下由协方差特征值组成的对角阵. 相应地，构造出 SPE 统计量如下：

$$\begin{aligned} \mathrm{SPE}_{m,z} &= \boldsymbol{z}'_k \cdot [\boldsymbol{I} - (\boldsymbol{P}^S_m)^{\mathrm{T}}\boldsymbol{P}^S_m] \cdot \boldsymbol{z}'^{\mathrm{T}}_k \\ &= \left[\zeta \cdot \sum_{j=1}^{k} (1-\zeta)^{k-j}\boldsymbol{x}^S_{m,j}\right] \cdot (\boldsymbol{I} - (\boldsymbol{P}^S_m)^{\mathrm{T}}\boldsymbol{P}^S_m) \cdot \left[\zeta \cdot \sum_{j=1}^{k} (1-\zeta)^{k-j}(\boldsymbol{x}^S_{m,j})^{\mathrm{T}}\right] \end{aligned} \tag{3.57}$$

在每种模式下，假设测量样本数据满足高斯分布，其公共的和特殊的统计控制限服从 F 分布[19-20]，其显著性水平为 α，则

$$T^2_{\lim,C} = \frac{p(N^2-1)}{N(N-p)}F(p,\ N-p,\ \alpha) \tag{3.58}$$

$$T^2_m \frac{p(N^2_\alpha-1)}{N_m(N_m-p)}F_{p,N_m-p,\alpha} \tag{3.59}$$

相应地，在残差空间，SPE 控制限符合 χ^2 分布，即

$$\mathrm{SPE}_m \sim g_m\chi^2_{h,\alpha} \tag{3.60}$$

式中，$g_m = v_m/2l_m$，$h_m = 2\ (l_m)^2/v_m$，其中，l_m 是每种模式下 SPE 统计量的平均值，v_m 是相应的方差.

3.5.3 提取公共特性的多模式过程监控方法在线监测

对于一个新的观察值向量 $\boldsymbol{x}_{\mathrm{new}}\,(J\times 1)$，首先将其进行标准化处理相应的公共部分得分，公共数据集和特殊数据集分解以及残差可以相应地如下计算：

$$\boldsymbol{t}^C_{\mathrm{new}} = \boldsymbol{P}^{\mathrm{T}}_C\boldsymbol{x}_{\mathrm{new}} \tag{3.61}$$

$$\boldsymbol{x}^C_{\mathrm{new}} = \boldsymbol{P}^{\mathrm{T}}_C\boldsymbol{t}^c_{\mathrm{new}} \tag{3.62}$$

$$\boldsymbol{x}^s_{\mathrm{new}} = \boldsymbol{x}_{\mathrm{new}} - \boldsymbol{x}^c_{\mathrm{new}} \tag{3.63}$$

进而可以计算出相应的特殊模型得分以及残差，方法如下：

$$\boldsymbol{t}^s_{\mathrm{new}} = (\boldsymbol{P}^S_m)^{\mathrm{T}}\boldsymbol{x}_{\mathrm{new}} \tag{3.64}$$

$$\hat{\boldsymbol{x}}^s_{m,\mathrm{new}} = \boldsymbol{P}^S_m\boldsymbol{t}^S_{m,\mathrm{new}} \tag{3.65}$$

$$\boldsymbol{e}^s_{m,\mathrm{new}} = \boldsymbol{x}^S_{\mathrm{new}} - \hat{\boldsymbol{x}}^S_{m,\mathrm{new}} \tag{3.66}$$

$$\mathrm{SPE}_{m,\mathrm{new}} = (\boldsymbol{e}^s_{m,\mathrm{new}})^{\mathrm{T}}\boldsymbol{e}^s_{m,\mathrm{new}} \tag{3.67}$$

通过上述计算可以将新样本在公共数据集和特殊数据集下分别进行监测. 应

用 MEWMA 进行加权处理，得到代表当前时刻和历史时刻的数据信息，加权后的公共得分以及特殊得分分别为

$$\boldsymbol{t}_{C,\text{new},\text{mewma},k}=\zeta\boldsymbol{t}_{\text{new},k}^{C}+(1-\zeta)\boldsymbol{t}_{C,\text{new},\text{mewma},k-1} \tag{3.68}$$

$$\boldsymbol{t}_{S,\text{new},\text{mewma},k}^{m}=\zeta\boldsymbol{t}_{\text{new},k}^{S}+(1-\zeta)\boldsymbol{t}_{S,\text{new},\text{mewma},k-1}^{m} \tag{3.69}$$

式中，$0<\zeta\leqslant 1$，$\boldsymbol{t}_{C,\text{mewma},0}=0$，$k=1,2,\cdots,R$，$\text{SPE}_{m,\text{mewma},0}=0$.

因此，加入 MEWMA 模型下的公共的 $(T_{\text{new}}^{C})^2$、特殊的 $(T_{m,\text{new}}^{S})^2$ 以及 $\text{SPE}_{m,\text{new},\text{mewma}}$ 统计量可以计算如下：

$$(T_{\text{new}}^{C})^2=(\boldsymbol{t}_{C,\text{new},\text{mewma},k})^{\text{T}}(\boldsymbol{\Lambda}^{C})^{-1}\boldsymbol{t}_{C,\text{new},\text{mewma},k} \tag{3.70}$$

$$(T_{m,\text{new}}^{S})^2=(\boldsymbol{t}_{S,\text{new},\text{mewma},k}^{m})^{\text{T}}(\boldsymbol{\Lambda}_{m}^{S})^{-1}\boldsymbol{t}_{S,\text{new},\text{mewma},k}^{m} \tag{3.71}$$

$$\text{SPE}_{m,\text{new},\text{mewma},k}=\zeta\text{SPE}_{m,\text{new},k}+(1-\zeta)\text{SPE}_{m,\text{new},\text{mewma},k-1} \tag{3.72}$$

式中，$k=1,2,\cdots,R$，$\text{SPE}_{m,\text{mewma},0}=0$.

通过计算公共部分的 $(T_{\text{new}}^{C})^2$ 统计量、特殊部分的 $(T_{m,\text{new}}^{S})^2$ 统计量以及 $\text{SPE}_{m,\text{new},\text{mewma},k}$ 统计量，首先将新的正常观测采样分别在各个模式下进行检测，可以判断当前的工作模式，如果3个统计量在某一模式下均未超出控制限，而其他不匹配模式则至少有一种统计量超出控制限，则说明当前观察值与这一模式匹配. 之后用相应的工作模式下的公共部分模型与特殊部分模型组合进行故障检测，如果3种统计量出现超限的情况，则发生提示预警，说明过程中存在较大扰动或发生某种故障. 反之，整个过程正常. 本章提出的多模式过程监测分析方法离线建模与监测流程图如图3.4所示.

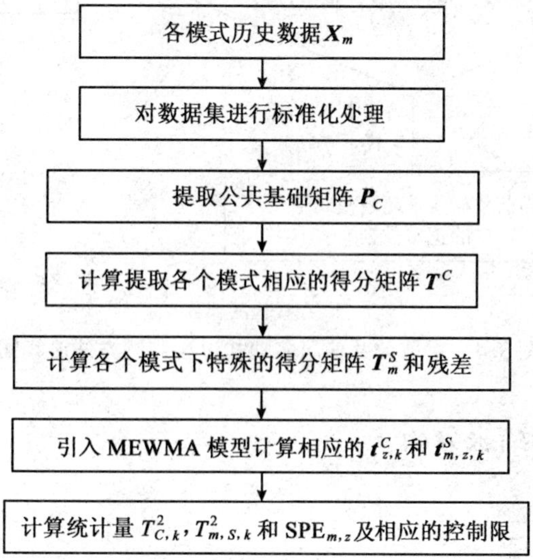

(a)建模部分

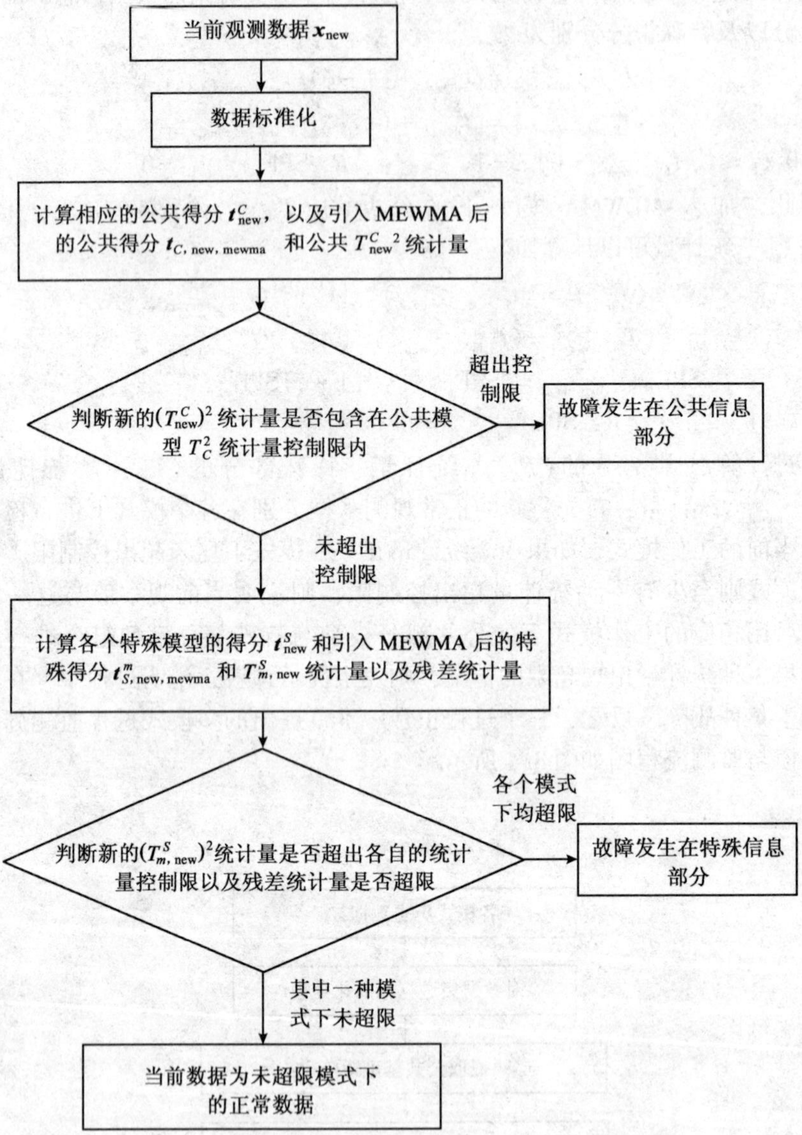

(b)在线检测部分

图 3.4 提取公共信息多模式过程监测方法流程图

3.6 仿真研究和结果分析

3.6.1 连续退火过程

连续退火过程是冷轧后高效的热处理过程．它生产的带钢具有高抗拉强度和高可成形性. 由于其高可靠性、高品质、高生产率和许多其他优点，连续退火过程已被广泛地应用到世界各地[21]. 连续退火过程将冷轧后产生加工硬化的带钢进行再结晶退火处理，以完善带钢的微观组织，提高带钢的塑性和冲压成形性. 经过冷轧后的钢卷经过开卷机开卷，进入生产线. 钢卷的头端与上一卷的尾端焊接到一起. 之后，带钢以一定的速度运行. 在生产线的出口段，带钢被切割并再次卷成钢卷.

连续退火过程的工艺流程如图 3.5 所示. 最大线速度为 880m/min，带钢宽度为 900 ~ 1230mm，厚度是 0.18 ~ 0.55mm，最大质量是 26.5t，被加热到 710℃. 钢卷首先经过开卷机(POR)开卷，然后焊接成连续的带钢，带钢依次经过 1 号张紧辊(1BR)、入口活套(ELP)、2 号张紧辊(2BR)、1 号跳动辊(1DCR)、3 号张紧辊(3BR)后进入连续退火炉，连续退火炉采用了“快速冷却—再加热—倾斜过时效”的退火工艺，依次包括加热炉(HF)、均热炉(SF)、缓冷炉(SCF)、1 号冷却炉(1C)、再加热炉(RF)、过时效炉(OA)、2 号冷却炉(2C)，带钢完成退火工艺后经过 4 号张紧辊(4BR)、出口活套(DLP)、5 号张紧辊(5BR)后进入平整机(TPM)，从平整机出来的带钢经过 6 号张紧辊(6BR)、2 号跳动辊(2DCR)、7 号张紧辊(7BR)，最终进入卷取机(TR)卷曲成钢卷. 其中，过时效炉由 1 号过时效炉(1OA)、2 号过时效炉-1(2OA-1)和 2 号过时效炉-2(2OA-2)组成.

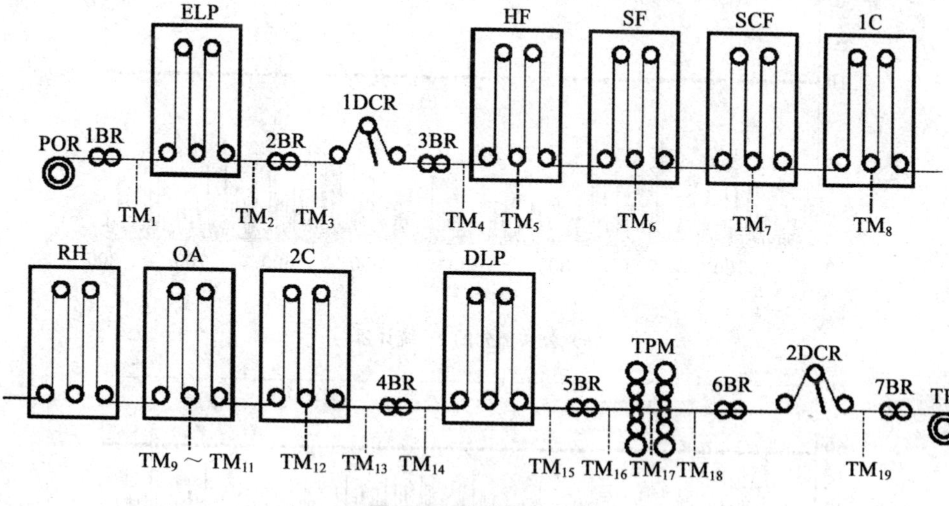

图 3.5　连续退火过程

3.6.2　仿真结果分析

连续退火过程是一项复杂的工业过程，其中，退火带钢的调质度信息是可以获得的. 由于调质度不同的退火带钢生产过程稳定工作状态存在一定的差异，属于不同的模式，因此，本书将连续退火过程中调质度为 T-3CA 和 T-4CA 两种带钢各自稳定的运行状态作为两种不同的模式. 根据退火机组具体的生产工艺状况，带钢退火炉的生产状况由退火过程各炉段共同决定，选取反映退火过程 44 个变量作为模型输入，现场采样频率为 1Hz. 为了证明所提出的多模式过程监测方法的可行性，首先，选取两种模式下各 4000 个采样作为建模数据，取其中模式一的正常的 800 个采样作为测试数据，每组样本都包含 44 个变量. 检测结果如图 3.6 所示. 图 3.6(a)为测试数据在公共部分的 T^2 统计量检测图，从图中可见，统计量未超出其控制限. 图 3.6(b)和图 3.6(c)为测试数据在模式一下特殊部分的 T^2 和 SPE 统计量检测图，从图中可见，两种控制量均未超出各自的控制限. 图 3.6(d)和图 3.6(e)为测试数据在模式二下特殊部分的 T^2 和 SPE 统计量监测图，从图中可见，测试数据在模式二下特殊部分的 T^2 和 SPE 统计量均出现一定超出控制限的现象，可见测试数据与模式二的建模数据存在较大的差别，是不匹配的，这恰好与所测试数据来自模式一相吻合. 通过上述测试，可以判断测试数据为一组属于模式一下的正常数据集. 因此，可以判断出当前的工作模式，并且可以在当前模式下进行进一步的过程监测.

可以利用本章提出的多模式过程监测方法对过程故障进行检测能力测试. 为了证明本章多模式过程监测方法对故障检测的有效性，在判断出数据所属模式之后，可以通过公共监测模型与所在模式特殊部分监测模型组合进行过程监测检测. 对从模式一下获取的 1200 个采样数据(其中存在异常数据)进行测试，已知

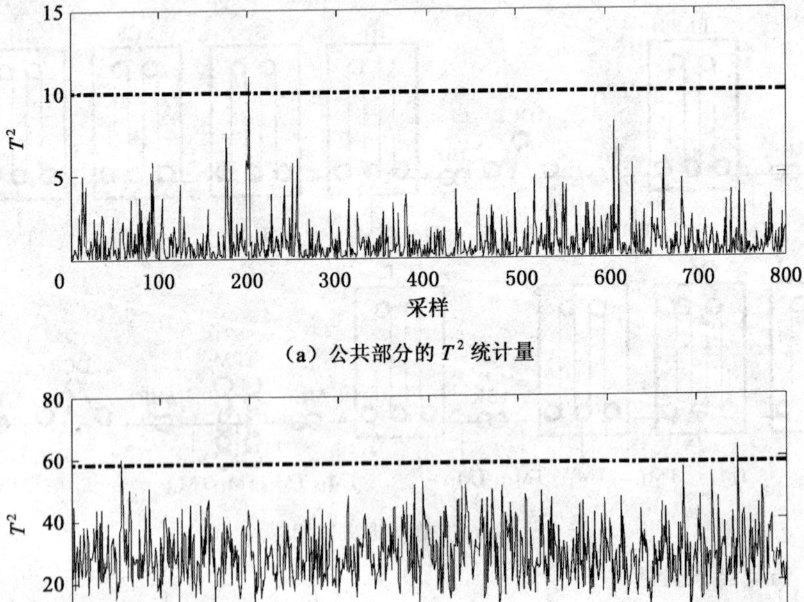

(a) 公共部分的 T^2 统计量

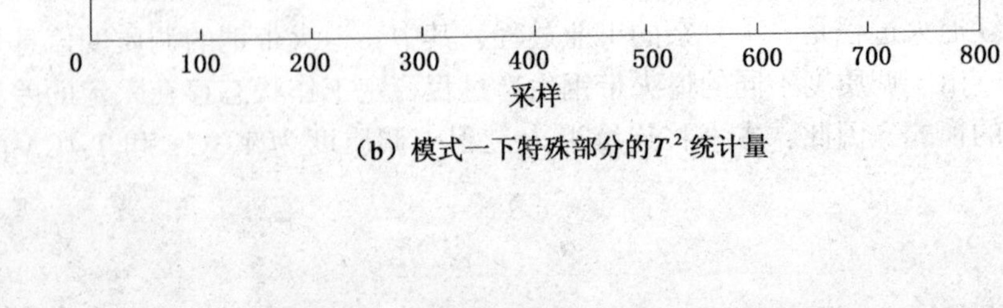

(b) 模式一下特殊部分的 T^2 统计量

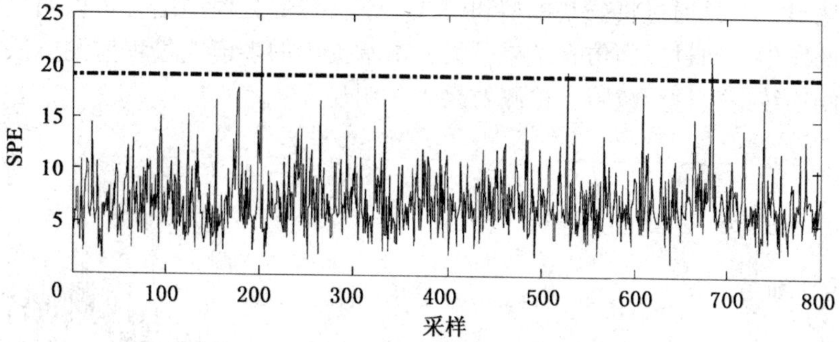

（c）模式一下特殊部分的SPE 统计量

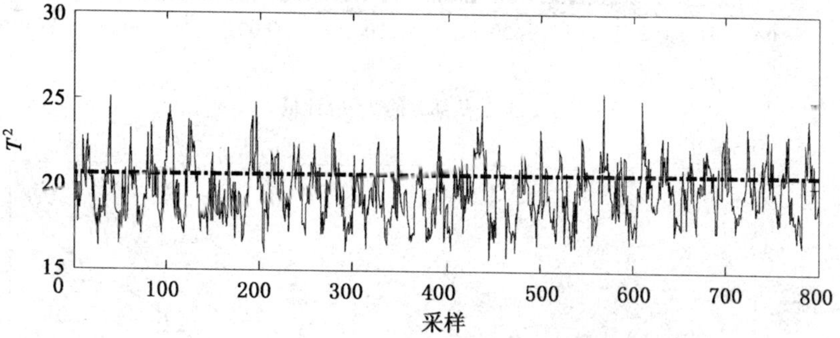

（d）模式二下特殊部分的 T^2 统计量

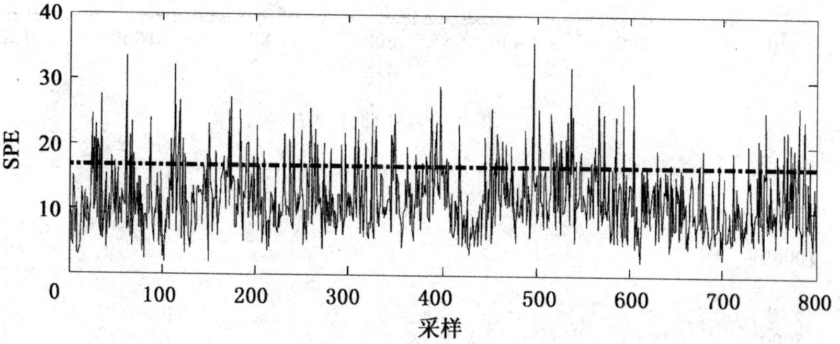

（e）模式二下特殊部分的SPE 统计量

图 3.6　本书提出的多模式过程监测方法

该数据由于出现 HF 炉拉筋故障导致其从 700 个采样附近开始发生异常，并利用公共模型与模式一的特殊部分模型进行故障检测．如图 3.7 所示为各个检测图．图 3.7(a)为公共部分的 T^2统计量图，从图中可见，公共部分的 T^2统计量在 600-800 个采样之间开始出现故障，可以判断系统在 600800 个采样之间出现异常．如图 3.7(b)和图 3.7(c)所示分别为模式一特殊部分的 T^2 和 SPE 统计量图，从图中可以明显看出，系统大约从第 700 个采样左右开始出现故障，而且故障监测效果十分明显，可见通过将公共模型和模式一下特殊部分模型结合可以明显地检测出故障的发生. 通过上面仿真结果可见，本章提出的多模式过程监测方法可以很好地检测连续退火过程故障，检测效果十分明显.

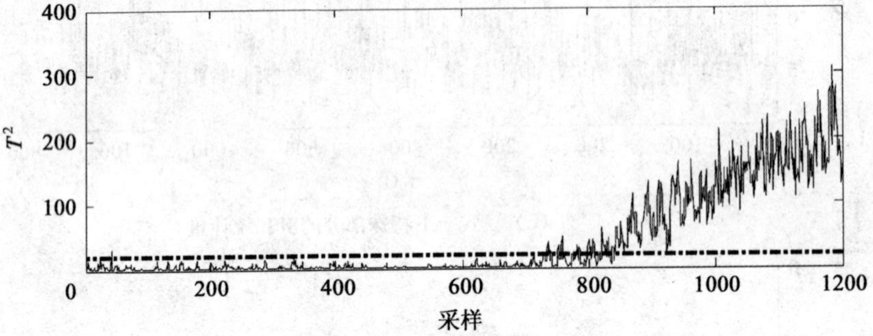

(a) 公共部分的 T^2 统计量

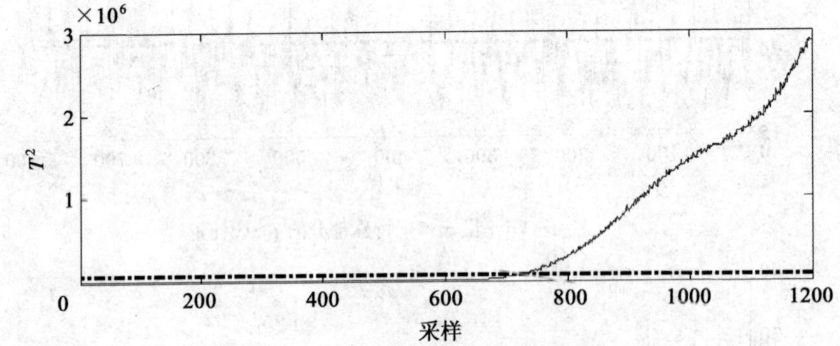

(b) 模式一特殊部分的 T^2 统计量

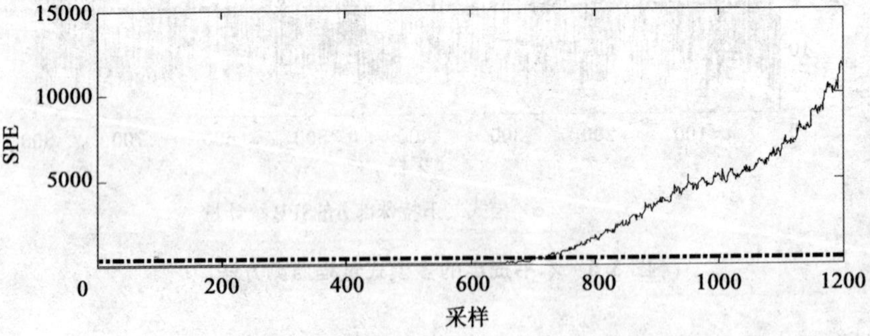

(c) 模式一特殊部分的 SPE 统计量

图 3.7　本章提出的多模式过程监测方法

为了进一步验证本书提出的多模式过程监测方法对故障的检测性能，选取模式二下的 300 组采样数据作为检测数据，从 130 个采样附近开始发生故障. 故障由于机械事故造成炉温异常. 分别应用多模式全局建模 PCA 方法和多模式分别建模 PCA 方法进行对比分析，全局建模 PCA 方法将两种模式的数据融合在一起，建立一个统一的模型；多模式分别建模 PCA 方法将每种模式分别建立模型，同时假设其准确检测数据来自模式二，并在模式二监测模型下进行故障检测；本书提出的方法将公共模型和模式二特殊部分模型结合监测，监测效果如图 3. 8 至图 3. 10 所示. 其中，图 3. 8(a) 和图 3. 8(b) 为全局建模 PCA 方法进行故障检测得到的 T^2 和 SPE 控制图，其 T^2 统计量和 SPE 均存在较多误报现象，同时，两个统计量在故障发生后，均未形成稳定的报警效果. 这是由于均值、方差和其他变化的不同，在不同的模式下，采样数据会存在一定的差别，因此，全局建模对一些模型往往不能很好地表征其变化，或者只能对部分模型有一定的故障检测能力. 上述后果导致全局建模 PCA 故障检测效果较差，故障检测效果既不明显，又存在较多误报警现象. 另一方面，使用分别建模的 PCA 模型故障检测效果和本章提出的多模式过程监测方法检测效果分别如图 3. 9 和图 3. 10 所示. 其中，图 3. 9 (a) 和图 3. 9(b) 为多模式分别建模 PCA 方法的 T^2 和 SPE 统计量检测图，从图中可见，对于模式二所建立 PCA 模型的 T^2 和 SPE 统计量虽然未出现误报，但是在 130150 个采样之间，存在一定的漏报现象，同时其 T^2 统计量未形成较稳定的报警. 如图 3. 10 为本书所提方法的公共部分 T^2 统计量及模式二的特殊部分 T^2 统计量和 SPE 统计量检测图. 从图中可见，从第 130 个采样开始，三个统计量基本上实现了稳定的报警，同时未出现明显的误报或漏报现象，明显地检测出故障的发生. 从两个图的对比可以看出，本书提出的方法由于引入了 MEWMA，因此能够迅速地对系统进行跟踪，通过加权，使本书所提算法比分别建模 PCA 方法对微小故障更加敏感，因此使得本章所提方法能够比多模式 PCA 方法更早地检测出过程中的故障，同时能很好地检测微小故障，在故障发生后，各个统计量持续超过控制限，形成连续报警. 从图中可见，本章所提方法各个控制图在 130 个采样附近均明显超出控制限，具有良好的故障检测效果.

综上所述，本章提出的多模式过程监测方法能够识别工作模式，通过对不同的模式公共部分和特殊部分的组合对多模式问题进行故障检测. 同时，本章所提方法可以获得系统的动态特性，对系统行为进行跟踪，较早地检测出故障，并且故障检测效果明显. 通过对其他方法的对比，证明本章所提方法在多模式故障检测方面，具有较高的监测性能和效果.

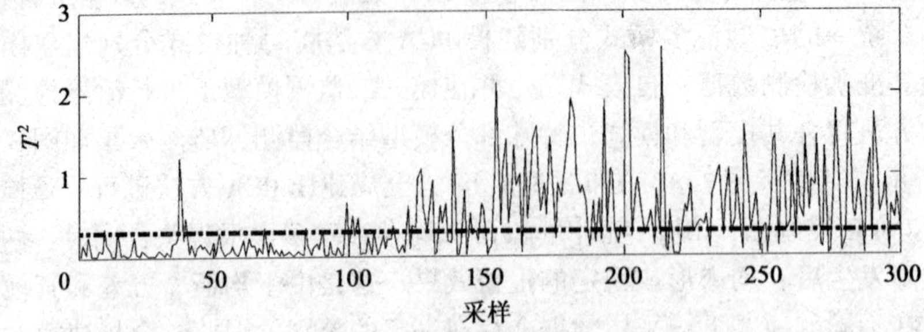

（a）T^2 控制图

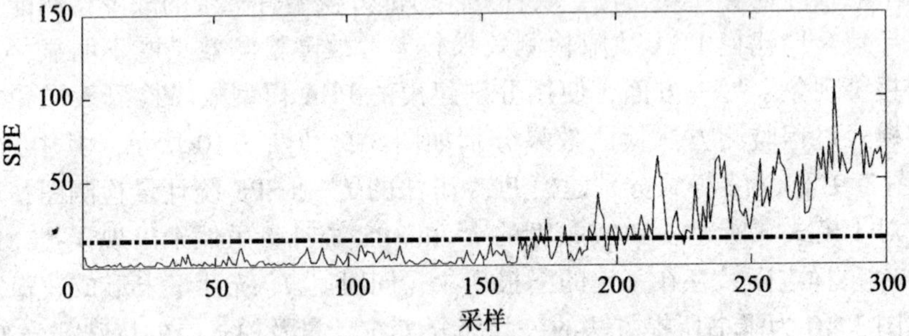

（b）SPE 控制图

图 3.8　全局建模 PCA 方法检测得到的控制图

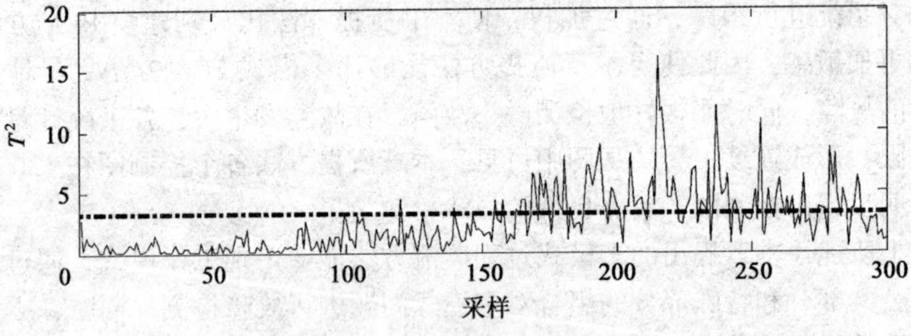

（a）T^2 统计量

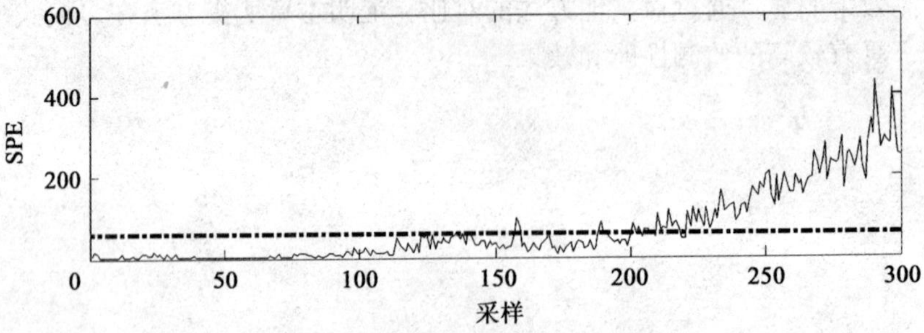

（b）SPE 统计量

图 3.9　多模式分别建模 PCA 方法得到的检测图

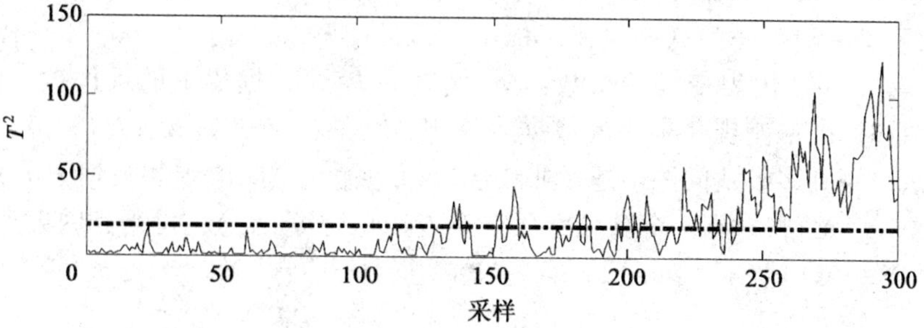

（a）公共部分的 T^2 统计量

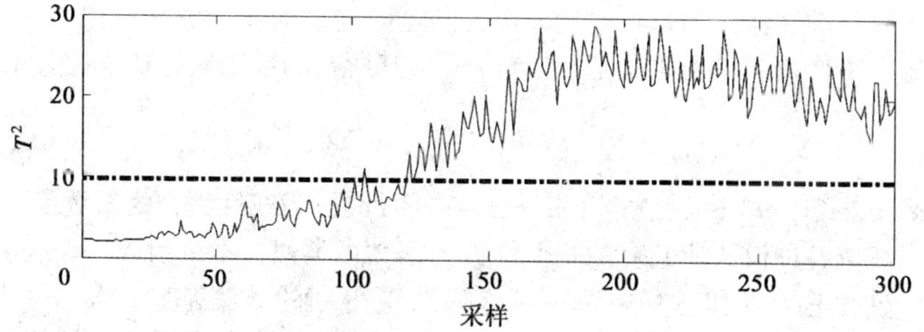

（b）模式二特殊部分的 T^2 统计量

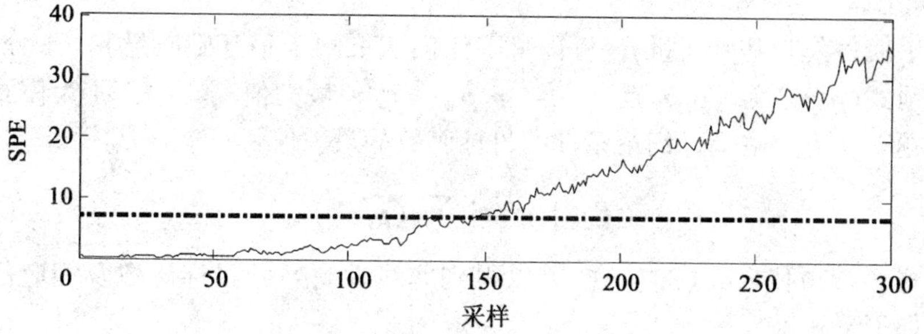

（c）模式二特殊部分的 SPE 统计量

图 3.10　本章提出的多模式过程监测方法的统计量图

3.7　非线性核多模式过程监控方法

对于多模式工业生产过程，过程数据不仅包含一定的动态性，还包含非线性特性．利用传统的线性方法往往不能达到满意的故障检测效果．本书将核函数方法引入多模式过程监测方法，通过构造从输入空间到特征空间的非线性映射，提出了非线性核多模式过程监控方法，以改善对非线性数据的故障检测能力．

3.7.1　非线性核多模式过程监控法离线建模

已知多种工作模式的工业过程数据集为

$$X'_m = [\boldsymbol{x}_{m,1}, \boldsymbol{x}_{m,2}, \cdots, \boldsymbol{x}_{m,l}, \cdots, \boldsymbol{x}_{m,N_m}]^{\mathrm{T}}(N_m \times J)$$

其中，$\boldsymbol{x}_{m,l}$是一组采样的列向量，下标中出现的字母 $m=1, 2, \cdots, M$，代表不同的工作模式；J 代表变量的个数；N_m 代表 m 模式数据集下的采样数. 同时，利用均值和标准偏差规范采集的数据得到规范化后的数据集 $\boldsymbol{X}_m(N_m \times J)$. 将核函数方法应用到多模式问题. 通过非线性映射把输入空间的观测数据 $\boldsymbol{x}_k \in \mathbf{R}^m$ ($m=1, 2, \cdots, M$) 映射到一个高维特征空间 F：$\boldsymbol{X}_m \to \boldsymbol{\Phi}(\boldsymbol{X}_m)$，可得到映射后数据集 $\boldsymbol{\Phi}(\boldsymbol{X}_m) = [\boldsymbol{\Phi}(\boldsymbol{x}_{m,1}), \boldsymbol{\Phi}(\boldsymbol{x}_{m,2}), \cdots, \boldsymbol{\Phi}(\boldsymbol{x}_{m,N_m})]^{\mathrm{T}}$[22-23].

假定 $\boldsymbol{\Phi}(\boldsymbol{X}^m)$已作了中心化处理，即满足 $\sum_{j=1}^{N_m} \boldsymbol{\Phi}(\boldsymbol{x}_{m,j}) = \boldsymbol{0}$，工业过程每个工作模式下得到的数据集的基础向量即负荷向量同样设为 $\boldsymbol{p}_{m,j}$ ($m=1, 2, \cdots, M$). 同时，每个工作模式数据集的基础向量 $\boldsymbol{p}_{m,j}$与其所在的数据集存在线性关系式：

$$\boldsymbol{p}_{m,j} = \sum_{n=1}^{N_A} a_{n,j}^m \boldsymbol{\Phi}(\boldsymbol{x}_n^m) = \boldsymbol{\Phi}(\boldsymbol{X}_m)^{\mathrm{T}} \boldsymbol{\alpha}_j^m \tag{3.73}$$

式中，$\boldsymbol{\alpha}_j^m = [a_{1,j}^m, a_{2,j}^m, \cdots, a_{n,j}^m]$ (n 表示 $\boldsymbol{\alpha}_j^m$ 的行数) 为线性组合的系数.

为了获取各种模式所共有的相似性，与第 2 章类似，本章引入一个公共基础向量 $\boldsymbol{p}_c$，使得它可以和过程中每个工作模式下得到的子集基础向量 $\boldsymbol{p}_{m,j}$ 十分接近，并可以用公共基础向量 $\boldsymbol{p}_c$ 描述各个工作模式下子集的主要因素. 得到过程公共主要因素 $\boldsymbol{p}_c$ 的方法如下.

为了使得公共基础向量 $\boldsymbol{p}_c$ 与每个工作模式下的子集基础向量 $\boldsymbol{p}_{m,j}$ 十分接近，即使多项式 $(\boldsymbol{p}_c^{\mathrm{T}}\boldsymbol{p}_1)^2 + (\boldsymbol{p}_c^{\mathrm{T}}\boldsymbol{p}_2)^2 + \cdots + (\boldsymbol{p}_c^{\mathrm{T}}\boldsymbol{p}_M)^2$ 达到最大值，其中，m 为模式的个数，问题简化为求解满足约束条件的目标函数的最大值：

$$\max R^2 = \max\left\{ \sum_{m=1}^{M} (\boldsymbol{p}_c^{\mathrm{T}}\boldsymbol{p}_m)^2 \right\} \tag{3.74}$$

将式(3.73)代入式(3.74)，可以得到非线性映射的目标函数及相应的约束条件为如下形式：

$$\max R^2 = \max\left\{ \sum_{m=1}^{M} (\boldsymbol{p}_c^{\mathrm{T}}\boldsymbol{\Phi}(\boldsymbol{X}_m)^{\mathrm{T}}\boldsymbol{\alpha}_m)^2 \right\} \tag{3.75}$$

$$\text{s.t.} \begin{cases} \boldsymbol{p}_c^{\mathrm{T}}\boldsymbol{p}_c = 1 \\ \boldsymbol{\alpha}_m^{\mathrm{T}}\boldsymbol{\alpha}_m = 1 \end{cases} \tag{3.76}$$

式中，$m=1, 2, \cdots, M$，线性组合的系数向量 $\boldsymbol{\alpha}_m$ 设置为单位的长度.

实际上，$\boldsymbol{p}_c^{\mathrm{T}}\boldsymbol{\Phi}(\boldsymbol{X}_m)^{\mathrm{T}}\boldsymbol{\alpha}_m$ 反映了各个模型基础向量 $\boldsymbol{\Phi}(\boldsymbol{X}_m)^{\mathrm{T}}\boldsymbol{\alpha}_m$ 和公共基础向量 $\boldsymbol{p}_c$ 之间的协方差信息. 因此，目标函数反映的协方差信息比单纯的相关性分析要好. 要获得目标结果，使用拉格朗日方法最初的目标函数的定义，它可以作为极大值问题表达：

$$F(\boldsymbol{p}_c, \boldsymbol{\alpha}, \lambda) = \sum_{m=1}^{M} \varepsilon_m (\boldsymbol{p}_c^{\mathrm{T}}\boldsymbol{\Phi}(\boldsymbol{X}_m)^{\mathrm{T}}\boldsymbol{\alpha}_m)^2 - \lambda_c(\boldsymbol{p}_c^{\mathrm{T}}\boldsymbol{p}_c - 1) - \sum_{m=1}^{M} \lambda_m(\boldsymbol{\alpha}_m\boldsymbol{\alpha}_m - 1) \tag{3.77}$$

式中，λ_c，λ_m 设为拉格朗日因子. 拉格朗日函数分别对 $\boldsymbol{p}_c$，$\boldsymbol{\alpha}_m$ 求偏导数并整理

$$\frac{\partial F(\boldsymbol{p}_c, \boldsymbol{\alpha}, \lambda)}{\partial \boldsymbol{p}_c}=0 \tag{3.78}$$

$$\frac{\partial F(\boldsymbol{p}_c, \boldsymbol{\alpha}, \lambda)}{\partial \boldsymbol{\alpha}_m}=0 \tag{3.79}$$

整理得到

$$\sum_{m=1}^{M}(\boldsymbol{\Phi}(\boldsymbol{X}_m)^{\mathrm{T}}\cdot\boldsymbol{\Phi}(\boldsymbol{X}_m))\boldsymbol{p}_c=\lambda_c\boldsymbol{p}_c \tag{3.80}$$

式中，$\boldsymbol{\Phi}(\boldsymbol{X}_m)^{\mathrm{T}}\cdot\boldsymbol{\Phi}(\boldsymbol{X}_m)$ 反映了协方差信息. 将式(3.80)左端展开，改写成如下形式：

$$\left(\sum_{m=1}^{M}\left(\sum_{i=1}^{N_m}\boldsymbol{\Phi}(\boldsymbol{x}_{m,i})\cdot\boldsymbol{\Phi}(\boldsymbol{x}_{m,i})^{\mathrm{T}}\right)\right)\boldsymbol{p}_c=\lambda_c\boldsymbol{p}_c \tag{3.81}$$

式中，$\boldsymbol{\Phi}(\boldsymbol{x}_{m,i})$ 为模式 m 数据集的第 i 个采样. 将式(3.81)展开成矩阵形式，可以得到

$$[\boldsymbol{\Phi}(\boldsymbol{x}_{1,1}), \boldsymbol{\Phi}(\boldsymbol{x}_{1,2}), \cdots, \boldsymbol{\Phi}(\boldsymbol{x}_{m,N_m}), \cdots, \boldsymbol{\Phi}(\boldsymbol{x}_{M,N_M})]\cdot[\boldsymbol{\Phi}(\boldsymbol{x}_{1,1})^{\mathrm{T}}, \boldsymbol{\Phi}(\boldsymbol{x}_{1,2})^{\mathrm{T}}, \cdots, \boldsymbol{\Phi}(\boldsymbol{x}_{m,N_m})^{\mathrm{T}}, \cdots, \boldsymbol{\Phi}(\boldsymbol{x}_{M,N_M})^{\mathrm{T}}]^{\mathrm{T}}\cdot\boldsymbol{p}_c=\lambda_c\boldsymbol{p}_c \tag{3.82}$$

将式(3.82)重新整理，可以得到

$$\sum_{i=1}^{H}\boldsymbol{\Phi}(\boldsymbol{x}_i)\cdot\boldsymbol{\Phi}(\boldsymbol{x}_i)^{\mathrm{T}}\boldsymbol{p}_c=\lambda_c\boldsymbol{p}_c \tag{3.83}$$

式(3.83)中，H 为各个数据集采样点的总个数，$\boldsymbol{\Phi}(\boldsymbol{x}_i)$ 为整体数据集中任一采样得到的新的数据集. 求解公共基础向量 $\boldsymbol{p}_c$，转化为求 $\boldsymbol{\Phi}(\boldsymbol{x}_i)\cdot\boldsymbol{\Phi}(\boldsymbol{x}_i)^{\mathrm{T}}$ 的特征向量问题. 其中，特征值 $\lambda_c\geqslant 0$ 且所求的 $\boldsymbol{p}_c\in F\neq\{\boldsymbol{0}\}$ 是 λ_c 对应的特征向量. 公共基础向量 $\boldsymbol{p}_c$ 通过求解式(3.83)的特征值问题得到. 将式(3.83)两边都点乘 $\boldsymbol{\Phi}(\boldsymbol{x}_k)$，得

$$\lambda_c\langle\boldsymbol{\Phi}(\boldsymbol{x}_k),\boldsymbol{p}_c\rangle=\sum_{i=1}^{H}\langle\boldsymbol{\Phi}(\boldsymbol{x}_i),\boldsymbol{p}_c\rangle\langle\boldsymbol{\Phi}(\boldsymbol{x}_k),\boldsymbol{\Phi}(\boldsymbol{x}_i)\rangle \tag{3.84}$$

式中，$\langle\boldsymbol{\Phi}(\boldsymbol{x}_i), \boldsymbol{p}_c\rangle$ 表示 $\boldsymbol{\Phi}(\boldsymbol{x}_i)$ 和 $\boldsymbol{p}_c$ 之间的点积. 向量 $\boldsymbol{p}_c$ 可表示为特征空间内相应映射点的线性组合，且存在系数 $\beta_i(i=1, 2, \cdots, H)$，使得

$$\boldsymbol{p}_c=\sum_{i=1}^{H}\beta_i\boldsymbol{\Phi}(\boldsymbol{x}_i) \tag{3.85}$$

把式(3.85)代入式(3.84)，可以得到

$$\lambda_c\sum_{i=1}^{H}\beta_i\langle\boldsymbol{\Phi}(\boldsymbol{x}_k),\boldsymbol{\Phi}(\boldsymbol{x}_i)\rangle=\sum_{j=1}^{H}\beta_i\sum_{i=1}^{H}\langle\boldsymbol{\Phi}(\boldsymbol{x}_j),\boldsymbol{\Phi}(\boldsymbol{x}_i)\rangle\langle\boldsymbol{\Phi}(\boldsymbol{x}_k),\boldsymbol{\Phi}(\boldsymbol{x}_i)\rangle \tag{3.86}$$

求解式(3.86)中的 β_i 和 λ_c，通过引入核函数 $k(\boldsymbol{x}, \boldsymbol{y})=\langle\boldsymbol{\Phi}(\boldsymbol{x}), \boldsymbol{\Phi}(\boldsymbol{y})\rangle$ 避免了执行非线性映射以及在特征空间计算两者的点积[24]. 这里引入一个 $H\times H$ 维的核矩阵 $\boldsymbol{K}$：

$$[\boldsymbol{K}]_{ij}=K_{ij}=\langle\boldsymbol{\Phi}(\boldsymbol{x}_i), \boldsymbol{\Phi}(\boldsymbol{x}_j)\rangle=k(\boldsymbol{x}_i, \boldsymbol{x}_j) \tag{3.87}$$

式中，$i=1, 2, \cdots, H, j=1, 2, \cdots, H$. 在使用 $\boldsymbol{K}$ 之前需要对其在高维空间进行中心化. 核矩阵 $\boldsymbol{K}$ 中心化公式如下：

$$\tilde{\boldsymbol{K}} = \boldsymbol{K} - \boldsymbol{1}_H \boldsymbol{K} - \boldsymbol{K}\boldsymbol{1}_H + \boldsymbol{1}_H \boldsymbol{K}\boldsymbol{1}_H \tag{3.88}$$

式(3.88)中，$\boldsymbol{1}_H = \frac{1}{H}\boldsymbol{E} \in \mathbf{R}^{H\times H}$，$\boldsymbol{E}$ 为元素全为 1 的矩阵. 从而式(3.86)可以写成如下形式：

$$\lambda_c \tilde{\boldsymbol{K}}\boldsymbol{\beta} = \tilde{\boldsymbol{K}}^2\boldsymbol{\beta} \tag{3.89}$$

式中，$\boldsymbol{\beta} = [\beta_1, \cdots, \beta_H]^{\mathrm{T}}$. 为求解方程(3.89)，只需求解式(3.90)中非零特征值以及对应的特征向量即可：

$$\lambda_c \boldsymbol{\beta} = \tilde{\boldsymbol{K}}\boldsymbol{\beta} \tag{3.90}$$

求解式(3.90)后，可以得到特征值 $\lambda_{c,1} \geqslant \lambda_{c,2} \geqslant \cdots \geqslant \lambda_{c,H}$ 及与之对应的特征向量 $\boldsymbol{\beta}_1$，$\boldsymbol{\beta}_2$，…，$\boldsymbol{\beta}_H$. 保留前 p 个主要的特征向量来降低问题的维数，得到 $\boldsymbol{\beta}_1$，$\boldsymbol{\beta}_2$，…，$\boldsymbol{\beta}_p$，用 $\boldsymbol{\beta}_k$ 表示，其中 $k=1, 2, \cdots, p$，代入式(3.85)，可以得到公共主要因素表达式：

$$\boldsymbol{p}_{c,k} = \sum_{i=1}^{H} \beta_{i,k} \boldsymbol{\Phi}(\boldsymbol{x}_i) \tag{3.91}$$

公共基础向量 $\boldsymbol{p}_c$ 提取了各个模式公共的变化方向，因此可以将每种模式的公共部分与每种模式的特殊部分相分离. 保留的 p 个 $\boldsymbol{p}_c$ 组成公共基础向量矩阵 $\boldsymbol{P}_C (J\times p)$. 得到的公共基础矩阵 $\boldsymbol{P}_c(J\times R)$ 包含了各个模式公共的变化方向，也就是所要提取的公共信息. 由于存在非线性映射，公共基础矩阵不能直接得到结果. 通过把模式 m 的采样 $\boldsymbol{\Phi}(\boldsymbol{x}_{m,i})$ 投影到非线性公共基础向量 $\boldsymbol{p}_c$ 上，其中 $k=1, 2, \cdots, p$，得到模式 m 下的数据集 $\boldsymbol{\Phi}(\boldsymbol{X}_m)$ 的得分向量 $\boldsymbol{t}_{m,k}^C$，计算如下：

$$\boldsymbol{t}_{m,k}^C = \langle \boldsymbol{p}_{c,k}, \boldsymbol{\Phi}(\boldsymbol{x}_m) \rangle = \sum_{i=1}^{H} \beta_{i,k} \langle \boldsymbol{\Phi}(\boldsymbol{x}_i), \boldsymbol{\Phi}(\boldsymbol{x}_m) \rangle = \sum_{i=1}^{H} \beta_{i,k} \tilde{k}(\boldsymbol{x}_i, \boldsymbol{x}_m) \tag{3.92}$$

式中，$\boldsymbol{\Phi}(\boldsymbol{x}_m)$ 为模式 m 数据集的采样，$\boldsymbol{\Phi}(\boldsymbol{x}_i)$ 是训练数据中的第 i 个数据，$i=1, 2, \cdots, H$；$\tilde{k}(\boldsymbol{x}, \boldsymbol{x}_i)$ 是中心化核向量 $\tilde{\boldsymbol{k}}$ 的第 i 个值，其中

$$\tilde{\boldsymbol{k}} = \boldsymbol{k} - \boldsymbol{1}_t \boldsymbol{K} - \boldsymbol{k}\boldsymbol{1}_N + \boldsymbol{1}_t \boldsymbol{K}\boldsymbol{1}_N \tag{3.93}$$

$$\boldsymbol{k} = [k(\boldsymbol{x}, \boldsymbol{x}_1), \cdots, k(\boldsymbol{x}, \boldsymbol{x}_N)] \tag{3.94}$$

分别得到 m 个模式下个数据集在公共基础向量上的得分向量组成的得分矩阵 $\boldsymbol{T}_1^C$，$\boldsymbol{T}_2^C$，…，$\boldsymbol{T}_M^C$. 其中，$\boldsymbol{T}_m^C = [\boldsymbol{t}_{m,1}^C, \boldsymbol{t}_{m,2}^C, \cdots, \boldsymbol{t}_{m,R}^C]$ $(m=1, 2, \cdots, M)$. 下面对各个得分进行处理，进而得出公共的得分矩阵. 首先，$\boldsymbol{t}_{1,1}^C$，$\boldsymbol{t}_{2,1}^C$，…，$\boldsymbol{t}_{M,1}^C$ 分别代表各个模式数据集在第一个公共负荷上的投影，找到各个模式都接近的向量作为在这个负荷向量上的近似得分向量. 通过引入马氏距离进行计算. 计算这些得分向量的平均向量 $\bar{\boldsymbol{t}}_1^C = \frac{1}{M}\sum_{m=1}^{M} \boldsymbol{t}_{m,1}^C$，以及每个向量对平均向量的协方差阵 $\boldsymbol{S}_m = \frac{1}{M-1}\sum_{m=1}^{M} (\boldsymbol{t}_{m,1}^C - \bar{\boldsymbol{t}}_1^C)\cdot(\boldsymbol{t}_{m,1}^C - \bar{\boldsymbol{t}}_1^C)^{\mathrm{T}}$，则可分别计算各模式下的第一个得分向量对平均向量的马氏距离的平方

$$\mathrm{dis}_m^2 = (\boldsymbol{t}_{m,1}^C - \bar{\boldsymbol{t}}_1^C)^{\mathrm{T}} \boldsymbol{S}_m^{-1} (\boldsymbol{t}_{m,1}^C - \bar{\boldsymbol{t}}_1^C) \tag{3.95}$$

将第2章的处理方法应用进来，利用各个得分对平均向量的马氏距离的值用于加权估计出第一个公共部分的得分：

$$\boldsymbol{t}_1^C = \sum_{m=1}^{M} \rho_{m,1} \boldsymbol{t}_{m,1}^C \tag{3.96}$$

式中，$\rho_{m,1}$是加权系数.

以此类推，分别计算第二个直到第R个公共得分$\boldsymbol{t}_2^C$，$\boldsymbol{t}_3^C$，…，$\boldsymbol{t}_R^C$. 将它们组合成公共得分矩阵$\boldsymbol{T}^C = [\boldsymbol{t}_1^C, \boldsymbol{t}_2^C, \cdots, \boldsymbol{t}_R^C]$. 各个公共得分向量组成公共得分矩阵$\boldsymbol{T}^C$. 因此将$\boldsymbol{T}^C$命名为公共部分的得分，根据下式可以得到包含各个模式相似信息的公共部分数据集模型$\boldsymbol{\Phi}(\boldsymbol{X}^C)$：

$$\boldsymbol{\Phi}(\boldsymbol{X}^C) = \boldsymbol{T}^C \boldsymbol{P}_C^{\mathrm{T}} \tag{3.97}$$

式中，从各个模式数据集$\boldsymbol{\Phi}(\boldsymbol{X}_m)$中去除公共部分数据集可以得到特殊部分数据集模型$\boldsymbol{\Phi}(\boldsymbol{X}_m^S)$：

$$\boldsymbol{\Phi}(\boldsymbol{X}_m^S) = \boldsymbol{\Phi}(\boldsymbol{X}_m) - \boldsymbol{\Phi}(\boldsymbol{X}^C) = \boldsymbol{\Phi}(\boldsymbol{X}_m) - \boldsymbol{T}^C \boldsymbol{P}_C^{\mathrm{T}} \tag{3.98}$$

模式m公共部分数据集$\boldsymbol{\Phi}(\boldsymbol{X}^C)$反映了各个模式共有的相似特性，而特殊部分数据集$\boldsymbol{\Phi}(\boldsymbol{X}_m^S)$反映了模式$m$特有的信息. 值得注意的是，此时得到的公共和特殊部分均含有非线性映射，因此是不能得到实际的数据集的，但是在公共和特殊部分可以建立相应的检测模型，在每个模型下可以实现建模监测.

参考KPCA的方法，可以得到模式m数据集特殊部分的负荷矩阵$\boldsymbol{P}_m^S$[25-26]，从而计算出特殊部分的得分矩阵$\boldsymbol{T}_m^C$，以及特殊部分和算法的残差矩阵及SPE_m：

$$\boldsymbol{T}_m^S = \boldsymbol{\Phi}(\boldsymbol{X}_m^S)\boldsymbol{P}_m^S = (\boldsymbol{\Phi}(\boldsymbol{X}_m) - \boldsymbol{T}_m^S \boldsymbol{P}_C^{\mathrm{T}})\boldsymbol{P}_m^S \tag{3.99}$$

$$\hat{\boldsymbol{\Phi}}(\boldsymbol{X}_m^S) = \boldsymbol{T}_m^S (\boldsymbol{P}_m^S)^{\mathrm{T}} \tag{3.100}$$

$$\boldsymbol{E}_m^S = \boldsymbol{\Phi}(\boldsymbol{X}_m^S) - \hat{\boldsymbol{\Phi}}(\boldsymbol{X}_m^S) \tag{3.101}$$

$$\mathrm{SPE}_m = (\boldsymbol{e}_m^S)^{\mathrm{T}} \boldsymbol{e}_m^S = \| \boldsymbol{\Phi}(\boldsymbol{x}_m^S) - \hat{\boldsymbol{\Phi}}(\boldsymbol{x}_m^S) \|^2 \tag{3.102}$$

模式m下的映射数据集可以分解成如下形式：

$$\boldsymbol{\Phi}(\boldsymbol{X}_m) = \boldsymbol{\Phi}(\boldsymbol{X}^C) + \boldsymbol{\Phi}(\boldsymbol{X}_m^S) = \boldsymbol{T}^C \boldsymbol{P}_C^{\mathrm{T}} + \boldsymbol{T}_m^S (\boldsymbol{P}_m^S)^{\mathrm{T}} + \boldsymbol{E}_m^S \tag{3.103}$$

3.7.2　非线性核多模式方法与MEWMA结合

同样，将MEWMA模型引入对公共得分$\boldsymbol{t}_{m,k}^C$、特殊得分$\boldsymbol{t}_{m,k}^S$以及SPE进行加权，如下：

$$\boldsymbol{t}_{\mathrm{mewma},k}^C = \zeta \boldsymbol{t}_k^C + (1-\zeta)\boldsymbol{t}_{\mathrm{mewma},k-1}^C \tag{3.104}$$

$$\boldsymbol{t}_{\mathrm{mewma},m,k}^S = \zeta \boldsymbol{t}_{m,k}^S + (1-\zeta)\boldsymbol{t}_{\mathrm{mewma},m,k-1}^S \tag{3.105}$$

$$\mathrm{SPE}_{\mathrm{mewma},m,k} = \zeta \mathrm{SPE}_{m,k} + (1-\zeta)\mathrm{SPE}_{\mathrm{mewma},m,k-1} \tag{3.106}$$

式中，$0 \leqslant \zeta \leqslant 1$，$\boldsymbol{t}_{\mathrm{mewma},m,0}^C = \boldsymbol{0}$，$\boldsymbol{t}_{\mathrm{mewma},m,0}^S = \boldsymbol{0}$，$\mathrm{SPE}_{\mathrm{mewma},0} = 0$.

在统计过程监控中，通常根据假设检验的原则，判定过程有无故障的发生，利用Hotelling-T^2统计和平方预测误差(SPE)统计进行故障检测，通过控制图即可判断出是否发生故障. 经过上述 MEWMA 加权，得到公共部分得分 $\boldsymbol{t}^{C}_{\text{mewma},k}$、模式 m 的特殊部分得分 $\boldsymbol{t}^{S}_{\text{mewma},m,k}$，以及计算监测公共 T^2 统计量、特殊 T^2 统计量和 SPE 统计量，并确定各自的控制限：

$$(T^C_k)^2=(\boldsymbol{t}^C_{\text{mewma},k})^{\mathrm{T}}(\boldsymbol{\Lambda}^C)^{-1}\boldsymbol{t}^C_{\text{mewma},k} \tag{3.107}$$

$$(T^S_{m,k})^2=(\boldsymbol{t}^S_{\text{mewma},m,k})^{\mathrm{T}}(\boldsymbol{\Lambda}^S_m)^{-1}\boldsymbol{t}^S_{\text{mewma},m,k} \tag{3.108}$$

$$\text{SPE}_{\text{mewma},m,k}=\zeta\text{SPE}_{m,k}+(1-\zeta)\text{SPE}_{\text{mewma},m,k-1} \tag{3.109}$$

式中，$(\boldsymbol{\Lambda}^C)^{-1}$，$(\boldsymbol{\Lambda}^S_m)^{-1}$分别是公共部分和每个模式特殊部分与保留主元相关的特征值的对角阵的逆. 参考 KPCA 方法，可计算出相应的控制限. 原始数据服从高斯分布，则 $T^2_{\lim,C}$，T^2_m 服从显著性水平条件下的 F 分布，通过下式可估算出其控制限：

$$T^2_{\lim,C}=\frac{p(N^2-1)}{N(N-p)}F(p,\ N-p,\ \alpha) \tag{3.110}$$

$$T^2_m\sim\frac{p(N^2_m-1)}{N_m(N_m-p)}F_{p,N_m-p,\alpha} \tag{3.111}$$

与此类似，在残差空间，SPE_m 控制限服从χ^2 分布：

$$\text{SPE}_m g_m\chi^2_{h,\alpha} \tag{3.112}$$

式中，$g_m=v_m/2l_m$，$h_m=2\ (l_m)^2/v_m$，其中，l_m 是每种模式下所有 SPE_m 统计量的平均值，v_m 是相应的方差. 在显著性水平 α 条件下，通过式(3.112)可估计得出 SPE_m 统计量的控制限.

3.7.3 非线性核多模式过程监控方法在线监测

在线监测得到的新数据，首先对其进行规范化得到 $\boldsymbol{x}_{\text{new}}(J\times1)$，由$[\boldsymbol{k}_{\text{new}}]_i=[k_{\text{new}}(\boldsymbol{x}_{\text{new}},\ \boldsymbol{x}_i)]$ 计算核向量 $\boldsymbol{k}_{\text{new}}\in\mathbf{R}^{1\times H}$，其中，$\boldsymbol{x}_i$ 是被规范化的标准建模数据，$\boldsymbol{x}_i\in\mathbf{R}^J$，$i=1,\ 2,\ \cdots,\ H$. 中心化核向量计算公式如下：

$$\tilde{\boldsymbol{k}}_t=\boldsymbol{k}_t-\mathbf{1}_t\boldsymbol{K}-\boldsymbol{k}_t\mathbf{1}_N+\mathbf{1}_t\boldsymbol{K}\mathbf{1}_N \tag{3.113}$$

式中，$\mathbf{1}_t=(1/\boldsymbol{I})\ [1,\ \cdots,\ 1]\ \in\mathbf{R}^{1\times N}$；$\boldsymbol{K}$ 由式(3.88)得到. 相应的公共得分、特殊得分以及残差可以如下计算得到：

$$\boldsymbol{t}^k_{C,\text{new}}=(\boldsymbol{p}_{c,k},\tilde{\boldsymbol{\Phi}}(\boldsymbol{x}_{\text{new}}))=\sum_{i=1}^{H}\beta^k_i\tilde{k}_{\text{new}}(\boldsymbol{x}_{\text{new}},\boldsymbol{x}_i) \tag{3.114}$$

$$\boldsymbol{\Phi}(\boldsymbol{x}_{C,\text{new}})=\boldsymbol{P}_C\boldsymbol{t}_{C,\text{new}} \tag{3.115}$$

$$\boldsymbol{\Phi}(\boldsymbol{x}_{S,\text{new}})=\boldsymbol{\Phi}(\boldsymbol{x}_{\text{new}})-\boldsymbol{\Phi}(\boldsymbol{x}_{C,\text{new}}) \tag{3.116}$$

$$\boldsymbol{t}_{S,\text{new}}=(\boldsymbol{P}^m_{S,\text{new}})^{\mathrm{T}}\boldsymbol{\Phi}(\boldsymbol{x}_{\text{new}}) \tag{3.117}$$

$$\hat{\boldsymbol{\Phi}}(\boldsymbol{x}_{S,\text{new}})=\boldsymbol{P}^m_{S,\text{new}}\boldsymbol{t}_{S,\text{new}} \tag{3.118}$$

$$\boldsymbol{e}^m_{S,\text{new}}=\boldsymbol{\Phi}(\boldsymbol{x}_{\text{new}})-\hat{\boldsymbol{\Phi}}(\boldsymbol{x}_{S,\text{new}}) \tag{3.119}$$

同样引入 MEWMA 模型，新数据的公共部分得分 $\boldsymbol{t}^C_{\text{mewma},\text{new},k}$、特殊部分得分 $\boldsymbol{t}^S_{\text{mewma},\text{new},m,k}$和平方预测误差 $\text{SPE}_{\text{mewma},\text{new},m,k}$统计量的计算可以相应得到：

$$t^C_{\text{mewma,new},k} = \zeta t^C_{\text{new},k} + (1-\zeta)\, t^C_{\text{mewma,new},k-1} \tag{3.120}$$

$$t^S_{\text{mewma,new},m,k} = \zeta t^S_{\text{new},k} + (1-\zeta)\, t^S_{\text{mewma,new},m,k-1} \tag{3.121}$$

$$\text{SPE}_{\text{mewma,new},m,k} = \zeta \text{SPE}_{m,\text{new},k} + (1-\zeta)\, \text{SPE}_{\text{mewma,new},m,k-1} \tag{3.122}$$

式中，$0<\zeta\leqslant 1$，$t^C_{\text{mewma,new},0}=\mathbf{0}$，$t^S_{\text{mewma,new},m,0}=\mathbf{0}$，$k=1, 2, \cdots, R$，$\text{SPE}_{\text{mewma},m,0}=0$.

相应地，可以得到公共部分$(T^C_{\text{new}})^2$统计量、特殊部分$(T^S_{m,\text{new}})^2$统计量：

$$(T^C_{\text{new}})^2 = (t^C_{\text{mewma,new},k})^{\mathrm{T}} (\Lambda^C)^{-1} t^C_{\text{mewma,new},k} \tag{3.123}$$

$$(T^S_{m,\text{new}})^2 = (t^S_{\text{mewma,new},m,k})^{\mathrm{T}} (\Lambda^S_m)^{-1} t^S_{\text{mewma,new},m,k} \tag{3.124}$$

通过监测此时可统计量的公共部分$(T^C_{\text{new}})^2$统计量、特殊部分$(T^S_{m,\text{new}})^2$统计量和$\text{SPE}_{\text{mewma,new},m,k}$统计量是否超出各自的控制限，从而判断过程中是否出现了故障.

通过上述多模式分析，将核函数引入算法，以改进多模式过程监测方法对非线性数据的故障检测能力，由于多工作模式工业过程往往具有较强的非线性特征，而传统主元分析等方法建立的模型是线性的，因此，在非线性多模式工业过程中的故障检测效果不理想. 为解决上述问题，适当地引入非线性核函数，提出了非线性核多模式过程监测方法来改善多模式过程监测对非线性多模式工业过程的监测能力.

非线性核多模式过程监测方法，从各个模式建模数据中提取非线性的公共变化信息，从而将各个模式分解为公共映射部分和特殊映射部分，并分别建立不同部分的监测模型. 同样，非线性核多模式方法可以通过每个模式下监测的三种统计量来辨别被监测数据与哪种模式匹配，在相匹配模式下检测故障时，通过对公共映射部分和特殊映射部分分别建立监测模型，可以更有效地检测故障的发生. 同时，核函数方法可以有效地处理数据非线性问题，改善故障检测效果. 而将MEWMA加入算法中，可以改善监测模型对动态特性的跟踪，提高小故障的检测能力. 改进的非线性核多模式过程监测方法的离线建模与在线监测示意图如图3.11所示.

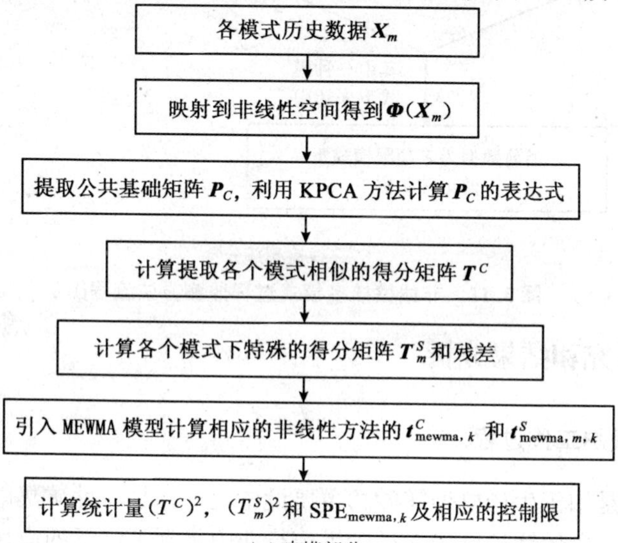

(a)建模部分

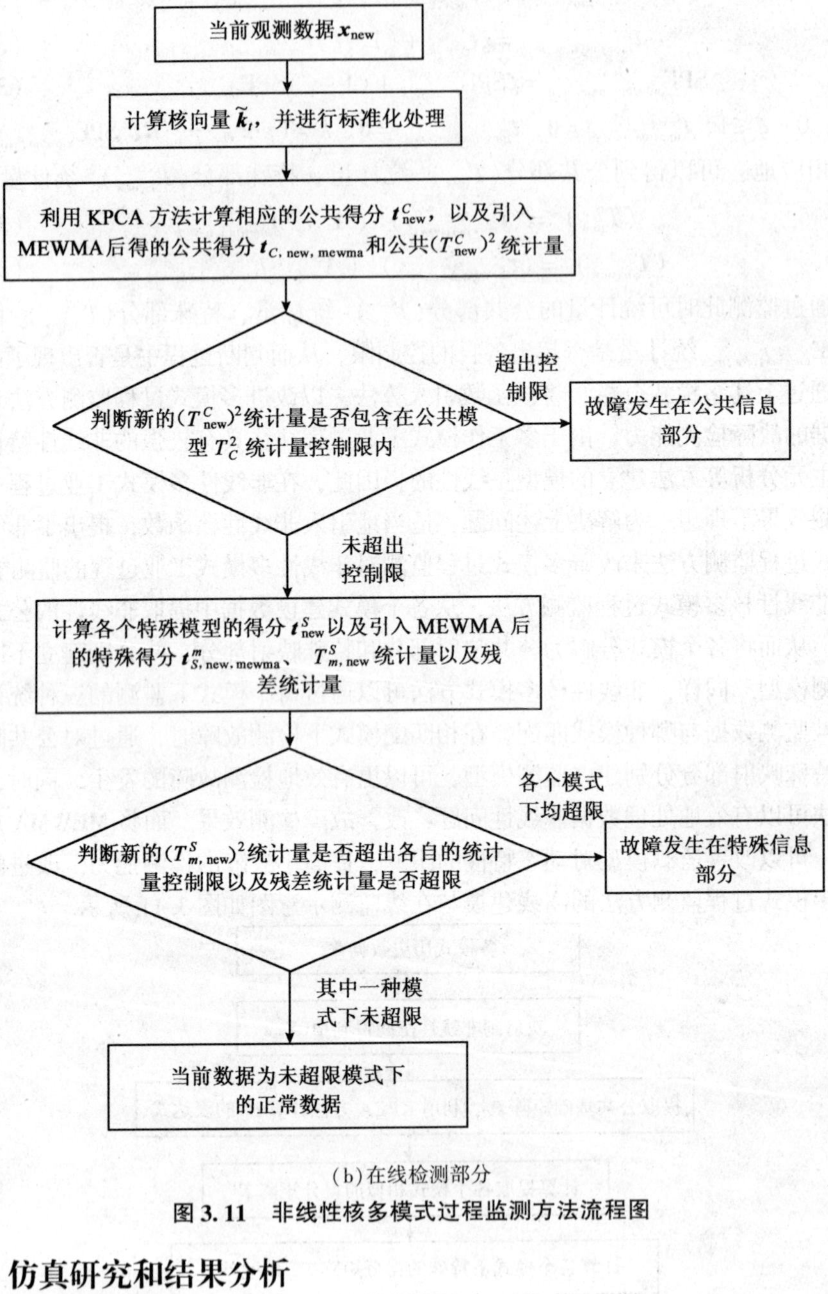

(b) 在线检测部分

图 3.11　非线性核多模式过程监测方法流程图

3.8　仿真研究和结果分析

3.8.1　电熔镁炉工作过程

电熔镁炉是用于生产电熔镁砂的主要设备之一，是一种矿热电弧炉．随着熔炼技术的发展，电熔镁炉已经在镁砂生产行业中得到了广泛的应用．电熔镁炉是一种以电弧为热源的熔炼炉，它的热量集中，可以很好地熔炼镁砂．电熔镁炉整体设备组成一般包括变压器、电路短网、电极升降装置、电极、炉体等．炉子边设有控制室，控制电极升降．炉壳一般为圆形，稍有锥形，为便于熔砣脱壳，在炉壳壁上焊有吊环，炉下设有移动小车，作用是使熔化完成的熔块移到固定工位，冷却出炉．电熔镁炉的基本工作原理如图 3. 12 所示．

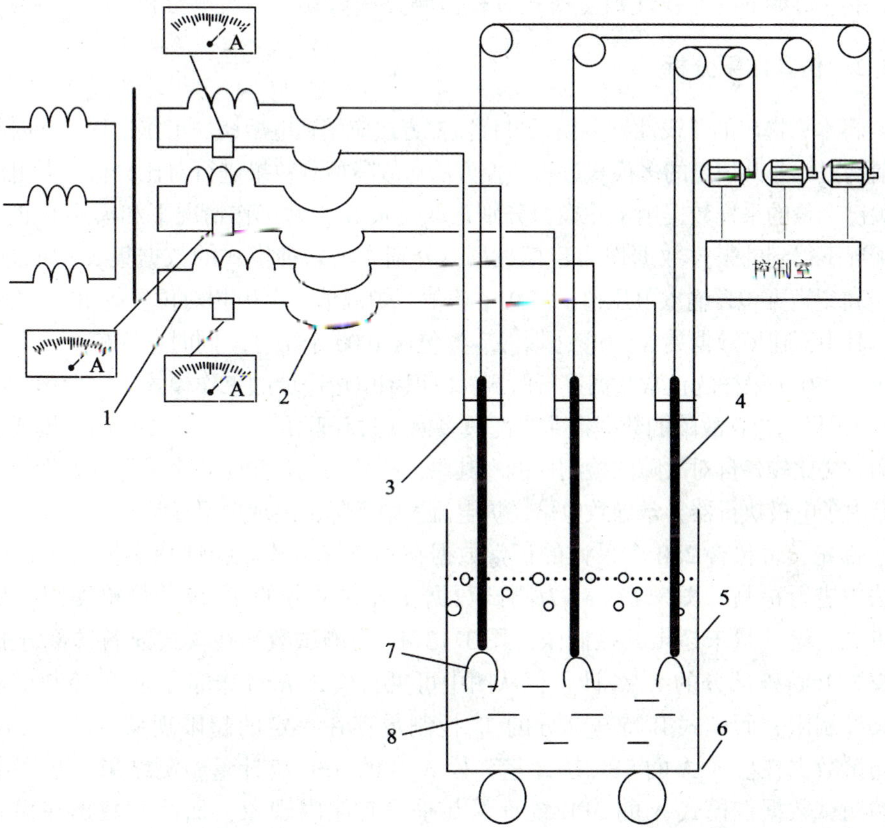

图 3. 12　电熔镁炉设备示意图

1—变压器；2—短网；3—电极夹器；4—电极；5—炉壳；6—车体；7—电弧；8—炉料

电熔镁炉通过电极引入大电流形成弧光产生高温来完成熔炼过程．目前，我国多数电熔镁炉冶炼过程自动化程度还比较低，往往导致故障频繁和异常情况时有发生，其中，由于电极执行器故障等原因导致电极距离电熔镁炉的炉壁过近，使得炉温异常，导致电熔镁炉的炉体熔化，故障一旦发生，将会导致大量的财产损失和危害人身安全．这就需要及时地检测过程中的异常和故障，因此，对电熔镁炉的工作过程进行过程监测，是十分必要和有意义的．

我国电熔镁炉熔炼原料主要是菱镁矿石，原料的主要成分为氧化镁．电熔镁炉熔炼过程经历熔融、排析、提纯、结晶等过程阶段．由于矿石中含有杂质的多少不同，导致熔块理化特性的不同．菱镁矿石原料的不同对应的熔炼过程特性也有所变化. 对于原料分别为矿石块和矿石粉末得到的过程数据作为两种不同模式数据，同时过程数据有较强的非线性，为了对电熔镁炉工作过程进行监测，达到良好的故障检测效果，应用本书的非线性核多模式过程监测方法. 本书选取原料为矿石块和原料为矿石粉两种情况下得到的过程数据作为两种不同的工作模式进行建模，原料为矿石块的模式定义为模式 A，原料为矿石粉的模式定义为模式 B，并应用本书的非线性核多模式过程监测方法对其进行监测分析.

3.8.2 仿真结果分析

将本章提出的非线性核多模式过程监控方法应用到电熔镁炉工作过程，同时与改进前的提取公共信息的多模式过程监控方法对故障检测效果进行对比分析. 对电熔镁炉关键变量的采样数据用于建模，分别选取模式 A 正常工作情况下和模式 B 正常工作情况下得到的采样数据作为建模数据，分别作为两种模式的数据集 $\boldsymbol{X}_{\mathrm{A}}$ 和数据集 $\boldsymbol{X}_{\mathrm{B}}$. 每组数据包含输入电压值、三相电流值、炉温值、电极相对位置等 10 个关键变量. 其中，建模数据集 $\boldsymbol{X}_{\mathrm{A}}$ 和数据集 $\boldsymbol{X}_{\mathrm{B}}$ 各包含 1000 个采样. 同时选取模式一下的一组包含 250 个采样的正常数据进行监测，以识别电熔镁炉的工作模式. 之后用一组有 272 个采样的包含故障的数据在非线性核多模式过程监测方法与第 2 章的多模式过程监测方法比较各自对故障的检测性能. 其中，故障大约从第 130 个采样开始发生，故障是由于电极执行器异常导致电熔镁炉电流大幅下降，出现炉温异常.

首先，将包含 250 个采样的正常数据在本章提出的非线性核多模式过程监控方法中进行检测. 图 3.13(a)为测试数据在公共部分的 T^2 统计量检测图，从图中可见，统计量未超出其控制限. 图 3.13(b)为测试数据在模式 A 特殊部分的 T^2 和模式 B 特殊部分的 T^2 统计量，从图中可见，模式 A 特殊部分的 T^2 控制量未超出其控制限，而模式 B 特殊部分的 T^2 控制量存在一定的超限现象. 图 3.13(c)为测试数据在模式 A 的 SPE 统计量和模式 B 的 SPE 统计量检测结果，从图中可见，测试数据在模式 A 的 SPE 统计量几乎没有超限现象，而测试数据在模式 B 的 SPE 统计量出现一定超出控制限的现象，可见测试数据与模式 B 的建模数据存在较大差别是不匹配的，因此，可以判断测试数据为一组属于模式 A 的正常数据集，从而判断出电熔镁炉当前的工作模式.

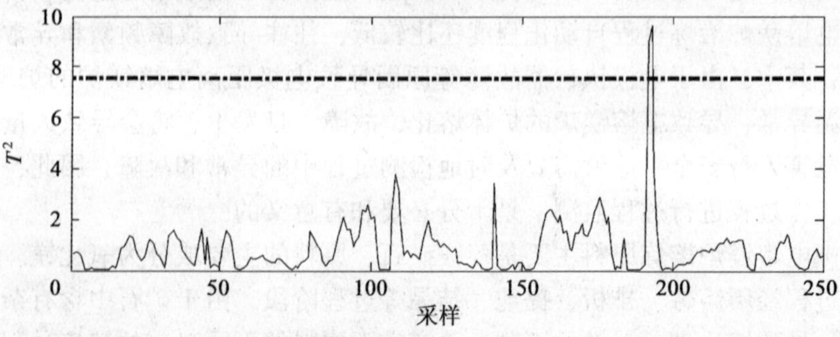

(a) 公共部分的 T^2 统计量

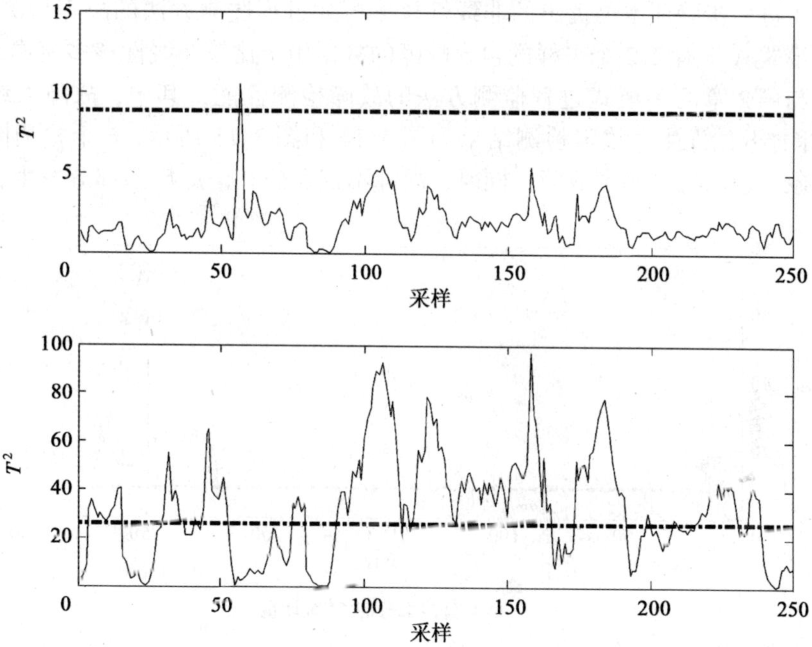

（b）两种模式各自特殊部分的 T^2 统计量

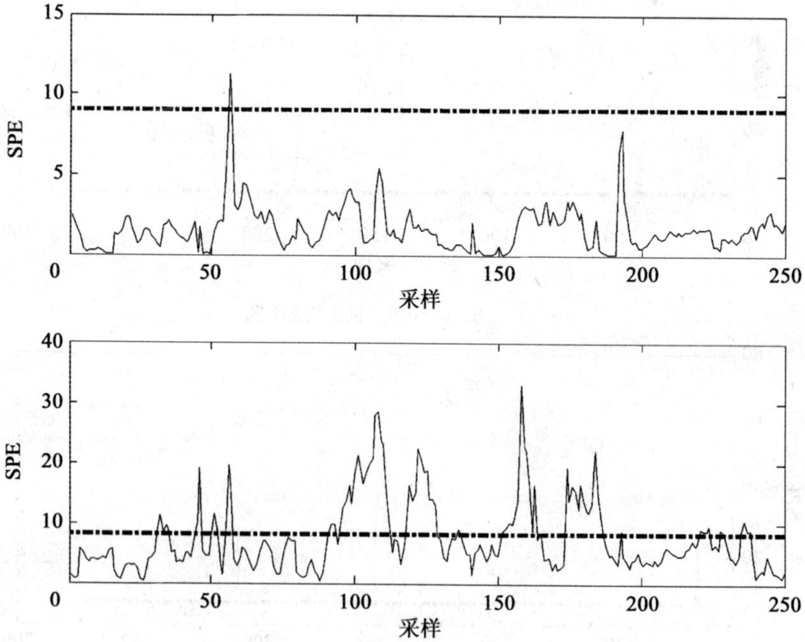

（c）两种模式各自残差统计量

图 3.13　本章所提方法在两种不同模式下的检测结果

为了进一步验证本书提出的非线性核多模式过程监测方法的故障检测性能，将一组模式 A 下有 272 个采样的包含故障的数据用于比较非线性核多模式过程监测方法与第 2 章的多模式过程监测方法的故障检测性能，其中，故障大约从第 130 个采样开始发生．故障检测结果如图 3.14 和图 3.15 所示，6 个检测图均有超限现象，说明检测到了故障，同时，故障不仅在公共信息模型部分发生，而且

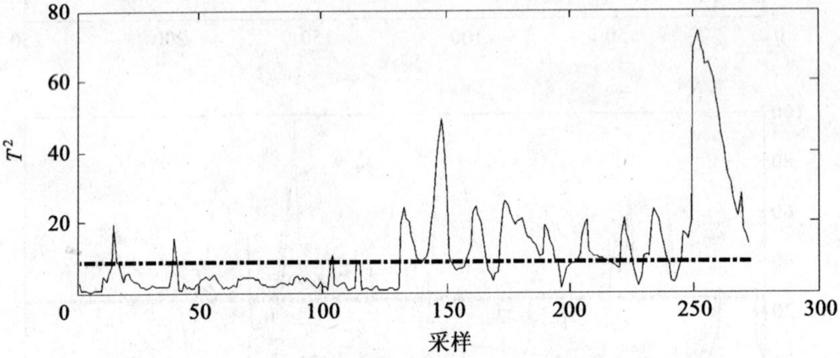

（a）公共部分的 T^2 统计量

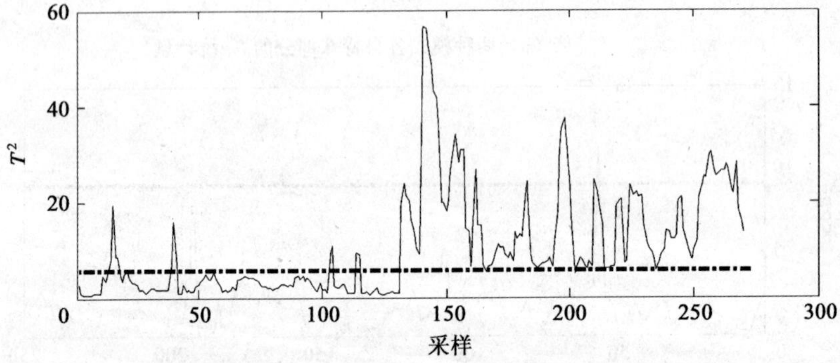

（b）特殊部分的 T^2 统计量

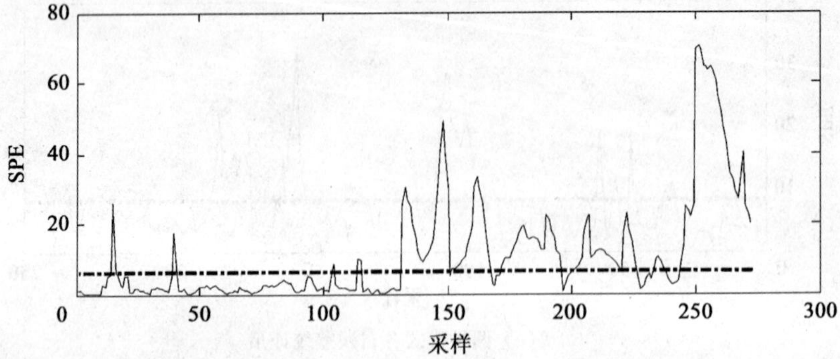

（c）残差统计

图 3.14　提取公共信息的多模式故障检测分析方法在模式 A 下的检测结果

发生在特殊信息模型部分中. 图 3. 14 所示为线性的提取公共信息的多模式故障检测方法分析图，从图中可见，故障从第 130 个采样附近开始发生，但是在未发生故障前的某几个时刻存在一定的超限现象，而实际上这些时刻并没有发生故障，故障发生后监测到了故障，并基本上形成了稳定的报警，但是线性方法存在一定的误报警的情况. 图 3. 15 所示为非线性核多模式过程监测方法的监测结果，与图 3. 14 形成了对比，非线性多模式过程监测方法在故障发生后产生稳定的报警，并且未出现误报现象，故障检测效果明显，通过对比验证了非线性核多模式过程监测方法的有效性和适用性.

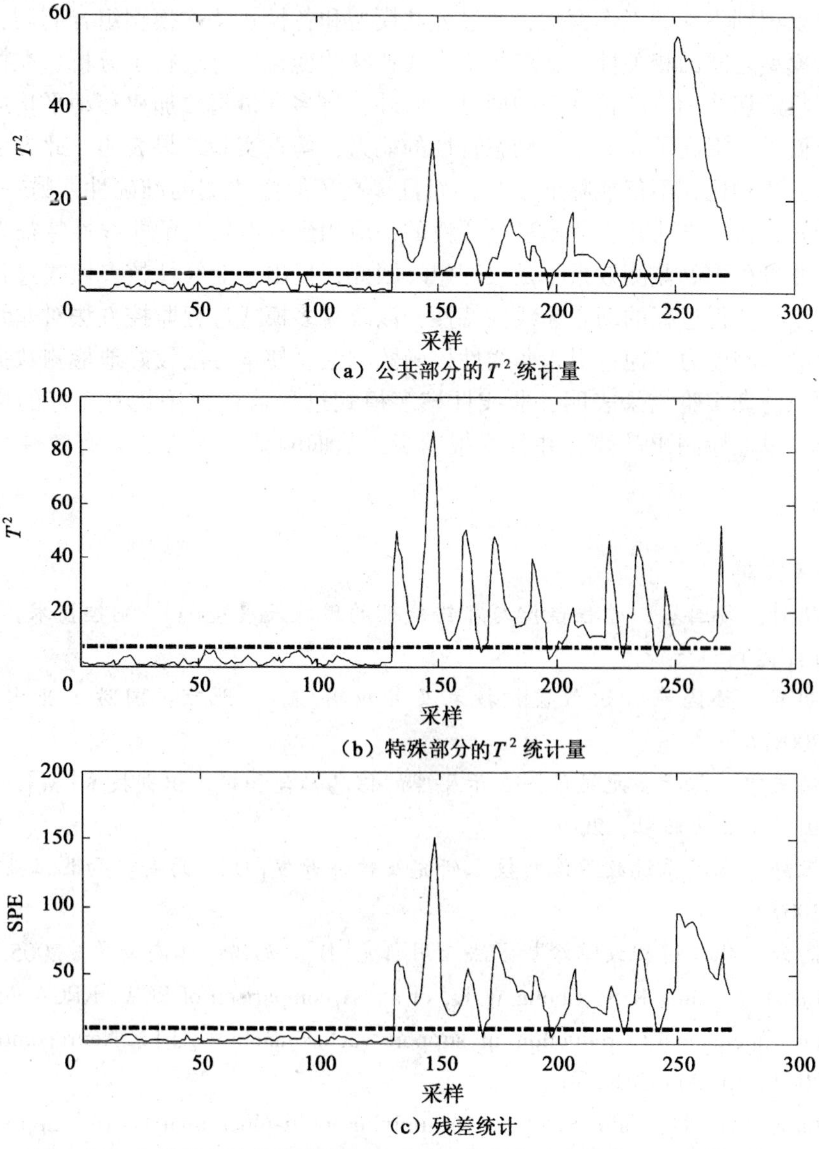

(a) 公共部分的 T^2 统计量

(b) 特殊部分的 T^2 统计量

(c) 残差统计

图 3. 15　本章提出的非线性核多模式故障检测方法在模式 A 下的检测结果

3.9 本章小结

针对多模式工业过程监控问题，分析了传统方法存在的问题，提出了一种多模式过程监控分析方法并用于多模式工业过程监测. 首先分析了不同模式之间公共的变量相关性，通过提取各个模式公共的变化信息，将每个模式区分为公共信息部分和每种模式特殊信息部分并分别进行建模监测. 同时，将多变量指数加权移动平均(MEWMA)方法应用到方法中进行结合. 提取公共特性多模式故障检测方法可以识别不同的工作模式，通过公共模型和各模式特殊模型组合监测，既考虑到了模型之间的相关性，又对每个模式特殊的变化信息进行了分析. 在模型改变时，只需切换相应的特殊模型即可. 此外，将多变量指数加权移动平均应用到监控建模中，提高了模型跟踪动态特性的能力，仿真实验结果表明，此方法与其他传统方法相比，不仅能降低误报，而且提高了故障检测的准确性. 另一方面，传统主元分析等方法建立的模型是线性的，应用到具有较强的非线性特征多工作模式工业过程中的监测效果不是很理想. 因此，提出了非线性核多模式过程监控方法，用于获得过程的动态非线性特性，以改善多模式过程监控方法对非线性数据的故障检测能力. 通过引入非线性核函数方法，使本方法较好地检测数据非线性问题. 仿真实验结果表明，非线性核多模式过程监控方法具有良好的检测效果，能较早地检测出故障，并且误报较少，从而验证了本方法的有效性与可行性.

本章参考文献

[1] 胡封，孙国基. 过程监控与容错处理的现状及展望[J]. 测控技术，1999，18(12)：1-5.

[2] 胡封，孙国基. 过程监控技术及其应用[M]. 北京：国防工业出版社，2001.

[3] 洪文学. 基于多元统计图表示原理的信息融合和模式识别技术[M]. 北京：国防工业出版社，2008.

[4] 王静. 飞控系统故障诊断技术研究及软件开发[D]. 西安：西北工业大学，2007.

[5] 高岩. 化工过程故障诊断方法应用研究[D]. 无锡：江南大学，2005.

[6] Cao L J, Chua K S, Chong W K, et al. A comparison of PCA, KPCA and ICA for dimensionality reduction in support vector machine[J]. Neurocompution, 2003, 55(8): 321-336.

[7] Li W, Yue H, Valle S, et al. On unifying multi-block analysis with applications to decentralized process monitoring[J]. Chemometrics, 2001, 15(8): 715-742.

[8] Kresta J, MacGregor J F, Marlin T E. Multivariate SPC charts for monitoring batch processes[J]. Technometrics, 1995, 37(1).

[9] Jackson J E, Mudholkar G S. Control procedures for residuals associated with principal component analysis[J]. Technometrics, 1979, 21(3): 341-349.

[10] Roberts S W. Control chart tests based on geometric moving averages[J]. Technometrics, 1959, 1(1): 239-250.

[11] Pignatiello J R, Runger G C. Comparisions of multivariate CUSUM charts[J]. Journal of Quality and Technology, 1990, 22(3): 173-186.

[12] Lowry C A, Woodall W H, Champ C W, et al. A multivariate exponentially weighted moving average control chart[J]. Technometrics, 1992, 34(1): 46-53.

[13] MacGregor J F, Kourti T. Statistical process control of multivariate processes [J]. Control Engineering Practice, 1995, 3(3): 403-414.

[14] Tracy N D, Young J C. Multivariate control charts for individual observations [J]. Journal of Quality Technology, 1992, 24(2): 88-95.

[15] Bersimis S, Psarakis J. Multivariate statistical process control charts: An networks inputs[J]. AICHE Journal, 1995, 41(6): 1471-1480.

[16] Carson P K, Yeh A B. Exponentially weighted moving average control charts for monitoring an analytical process [J]. Industrial and Engineering, 2004, 46 (4): 707-724.

[17] Zhao C, Gao F. Statistical analysis and online monitoring for multimode processes with between-mode transitions[J]. Chemical Engineering Science, 2010, 65(22): 5961-5975.

[18] Carrol J D. Generalization of canonical correlation analysis to three or more sets of variables[C]. Proceeding of the 76th convention of the American Psychological Association, 1968: 227-228.

[19] Liu J L. Process monitoring using bayesian classification on PCA subspace[J]. Ind. Eng. Chem. Res., 2004, 43(24): 7815-7825.

[20] Lowry C A, D C. Montgomery. A review of multivariate control charts[J]. IIE Tran, 1995, 27(6): 800-810.

[21] Wang Z J, Wu Q D, Chai T Y. Optimal-setting control for complicated industrial processes and its application study[J]. Control Engineering Practice, 2004, 12 (1): 65-74.

[22] Ji H C, Jong M L. Fault identification for process monitoring using kernel principal component analysis[J]. Chemical Engineering Science, 2005, 60(7): 279-288.

[23] 李巍华，廖广兰，史铁林．核函数主元分析及其在齿轮故障诊断中的应用[J]．机械工程学报，2003，39(8)：65-70.

[24] Zhang Y W, Qin S J. Improved nonlinear fault detection technique and statistical analysis[J]. AIChE J., 2008, 54(7): 3207-3220.

[25] Zhang Y W. Enhanced statistical analysis of nonlinear processes using KPCA, KICA and SVM[J]. Chemical Engineering Science, 2009, 64(5): 801-811.

[26] Ge Z Q, Yang C J, Song Z H. Improved kernel PCA based monitoring approach for nonlinear processes[J]. Chemical Engineering Science, 2009, 64(9): 2245-2255.

第 4 章　非高斯过程的过程监测方法

ICA 算法已经发展了几十年，在理论上日趋成熟，对仿真信号的分离也非常成功，但是，独立分量分析理论的若干假设及其对源信号的潜在要求，使得其实际应用却仅限于某些领域. 将 ICA 应用于大型机械设备中进行故障诊断，具有很重要的意义. 同时，要使其全面应用于诊断实践，以下一些问题值得注意. 首先，盲源分离的假设条件和近似求解，一旦所用的假设不成立，则需改进算法；其次，源信号为非稳态的情况，许多情况下是将混合矩阵 $\boldsymbol{A}$ 当做一个常量，而在诊断实际中，混合矩阵 $\boldsymbol{A}$ 有可能是不断变化的，现有的方法对这种情况的解决还不是很理想；再次，在实际中所考察的许多监测变量由于受到噪声等因素的影响，并不能满足线性的条件，所以，改进算法使其满足数据非线性的情况也是迫在眉睫的. 此外，在大型的工业过程中，观测的变量数可能有很多，应用传统的 ICA 方法的计算量将会很大，而且会浪费很多时间，所以仍需对 ICA 算法进行改进. 总之，当前 ICA 还在不断发展，新的优化算法不断涌现，跟踪这方面的新成果并创造性地应用到故障诊断中来，将会不断出现一些有意义的结果. 随着 ICA 研究的深入及其相关基础理论的发展，已经出现了越来越多有效的算法，同时，其机理也得到了深刻的阐述. 本章在前人所研究的改进算法的基础上，提出多块核独立元分析(Multiblock Kernel Independent Component Analysis)算法来解决大型工业过程的复杂性、变量的非线性和变量数量多的问题. 同时，针对工业过程的多模态问题，提出了多模态核独立元分析算法.

4.1　独立元分析方法

盲源分离(Blind Source Separation，BSS) 指仅从若干观测到的混合信号中恢复出无法直接观测的各个原始信号的过程，这里的“盲”意味着对混合矩阵的先验知识已知非常有限或者根本全无. 由于盲源分离技术对环境和目标的信息要求比较少，有着广泛的应用前景，因此得到了众多研究者的广泛关注，而其最有效的方法之一是基于统计独立性的独立分量分析方法.

独立分量分析(Independent Component Analysis，ICA)[1-2] 是信号处理领域在 20 世纪 90 年代后期发展起来的一种新的信号处理方法. 它是一种比较新的盲源 BSS 技术，即在只知道混合信号的情况下，分离出混合前的源信号，图 4.1 所示是 ICA 最简单的框图说明. 其基本思想是将多维观察信号按照统计独立的原则建立目标函数，通过优化算法将观测信号分解为若干独立成分，从而帮助实现对信号的分析.

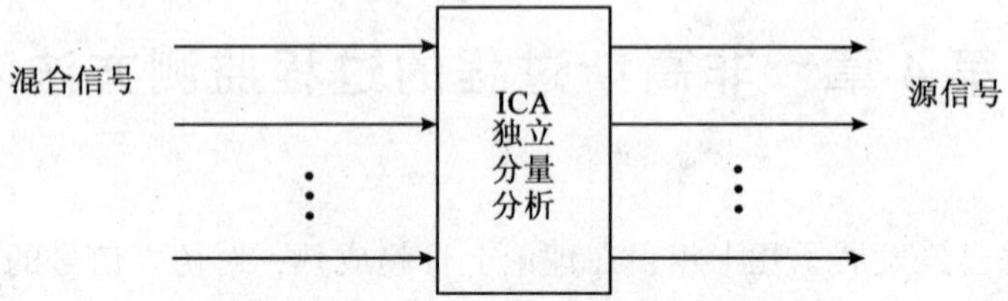

图 4.1　ICA 基本原理框图

与传统的统计控制方法相比，一方面，ICA 方法不需要变换后的独立成分满足正交条件；另一方面，ICA 不仅去除了变量之间的相关性，而且包含了高阶统计特性. 此外，ICA 方法得到的独立成分分量满足统计意义上的独立性特点. 因而，独立元分析比传统的统计控制方法包含了更多有用的信息.

ICA 在一定条件下能有效地从多通道观测信号中分离出源信号，其本身就是信息融合思想的体现. ICA 基于信号高阶统计特性的分析方法，将观察到的数据进行某种线性分解，使其分解成具有统计独立性的分量，其限制条件主要是源信号之间要求相互独立以及最多只能有一个高斯信号. ICA 在许多方面与传统的盲源分离方法相比有重要突破，使得其越来越成为信号处理中一种极具潜力的分析工具. ICA 在信号处理领域的非凡表现使其受到了广泛的关注. 随着近年来人们在 ICA 方面研究兴趣的增加，ICA 在其他许多领域也有了有效的应用.

4.1.1　独立元分析的定义

假设有 d 个观测变量 x_1, x_2, …, x_d，它们可以由 $m(m\leqslant d)$ 个非高斯分布的独立成分变量 s_1, s_2, …, s_m 的线性组合表示. 为了突出过程变量之间的相关关系、去除过程中存在的一些非线性特性、剔除不同测量量纲对模型的影响、简化数据模型的结构，需首先对数据进行标准化处理，即将各个变量转化为均值为 0，方差为 1 的数据. 令得到的随机变量分别为 $\boldsymbol{x}=[x_1, x_2, \cdots, x_d]^{\mathrm{T}}$ 和 $\boldsymbol{s}=[s_1, s_2, \cdots, s_m]^{\mathrm{T}}$，假设无噪声或有低的加性噪声，二者之间存在下面的关系：

$$\boldsymbol{x}=\boldsymbol{A}\boldsymbol{s} \tag{4.1}$$

式中，$\boldsymbol{A}=[\boldsymbol{a}_1, \cdots, \boldsymbol{a}_m]\in\mathbf{R}^{d\times m}$是一个未知的混合矩阵. 独立元分析算法的核心问题是仅仅通过对观测数据的考察，估计出混合矩阵 $\boldsymbol{A}$ 和独立元 $\boldsymbol{s}$. 这个问题等同于估计解混矩阵 $\boldsymbol{W}$，通过它能由观测变量 $\boldsymbol{x}$ 得到相互独立的源变量：

$$\hat{\boldsymbol{s}}=\boldsymbol{W}\boldsymbol{x} \tag{4.2}$$

式中，$\hat{\boldsymbol{s}}$为 $\boldsymbol{s}$ 的估计变量. 当解混矩阵 $\boldsymbol{W}$ 是 $\boldsymbol{A}$ 的逆时，$\hat{\boldsymbol{s}}$即是源变量 $\boldsymbol{s}$ 的最佳估计. 图 4.2 所示为 ICA 算法的核心内容.

由于 $m\leqslant d$，说明 ICA 方法是一种数据压缩、减少数据维数的方法，即能用

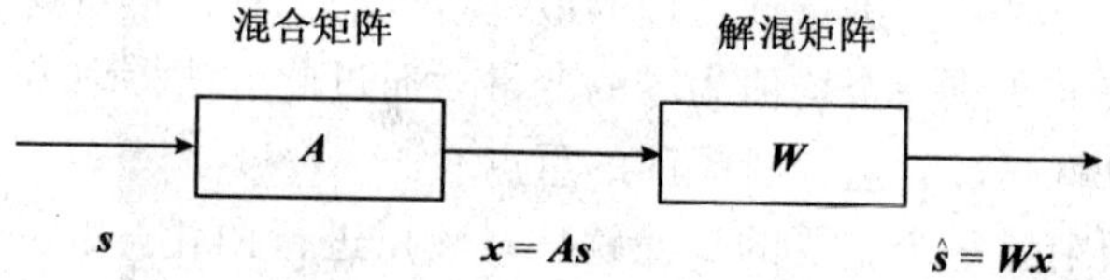

图 4.2　ICA 算法的核心内容

尽可能少的维数来表达原有的尽可能多的信息量.

为了使式(4.1)的 ICA 模型能得到独立元分量 s_i 相应的估计值，必须要求它满足如下假设条件和约束条件.

(1)独立成分分量假定是统计独立的.

这是 ICA 依赖的原则，如果这一假设不满足，那么估计的算法将不能实现. 只要满足这条假设，就可以建立 ICA 模型. 一般来说，如果随机变量 y_1，…，y_n 是独立的，则对任意 $i \neq j$ 的变量 y_i 与 y_j 之间，y_i 所包含的信息与 y_j 的值无任何关系. 从数学角度上来看，独立可以通过概率密度函数来定义. 定义 $p(y_1, \cdots, y_n)$ 为联合概率密度函数，$p_i(y_i)$ 为 y_i 的边缘概率密度函数. 如果随机变量 y_1，…，y_n 满足独立条件，则联合概率密度函数等于各边缘概率密度函数的乘积，即

$$p(y_1, \cdots, y_n) = p_1(y_1)p_2(y_2)\cdots p_n(y_n) \tag{4.3}$$

(2)独立成分分量服从非高斯分布，或者 $\boldsymbol{s}$ 中至多有一个高斯变量.

一般均假设随机变量服从高斯分布，这种分布的高斯变量的高阶统计量为零，且高斯变量的线性组合仍服从高斯分布. 因为混合前后的高阶信息没有区别，所以无法从混合信号中分离出统计独立的源信号. 但在 ICA 算法中要用到高阶统计量，所以，观测变量应服从非高斯分布，这样才能利用 ICA 算法进行估计.

(3)观测变量 $\boldsymbol{x}$ 的维数大于或等于源信号 $\boldsymbol{s}$ 的维数.

当观测信号的数目多于源信号的数目时，能够获得包含全部源信号的信息. 当分离统计独立的源信号时，就能够得到较准确的结果.

这样，在以上假设条件和约束条件下，至少在满足(1)(2)的基础上，式(4.1)是可解的. 说明混合矩阵和独立元可以从模型中估计出来.

式(4.1)与式(4.2)是没有区别的，式(4.1)求解混合矩阵 $\boldsymbol{A}$，式(4.2)求解的是解混矩阵 $\boldsymbol{W}$ ($\boldsymbol{A}$ 的逆矩阵). ICA 所要解决的问题是，当且仅当独立元分量 s_i 满足非高斯分布，且满足统计独立特性，式(4.1)一定能求得其估计值. 这是 ICA 与其他统计监控方法的主要区别.

4.1.2　数据预处理

在进行独立分量分析时，需要对原始数据进行一些预处理. 因此，在介绍 ICA 算法前，首先介绍一些数据的预处理工作，这样可以使 ICA 的工作量大大减少.

中心化是对观测数据进行预处理的最基本方法，它是把每一个观测数据 $\boldsymbol{x}$ 减去其均值从而使 $\boldsymbol{x}$ 变成一个均值为零的变量. 通过此方法提取变量之间的相对变化信息，此信息就是过程监控所关注的重点.

数据预处理中另一个重要的步骤就是对数据进行白化(whiten)处理. 所谓白化，即对观测数据 $\boldsymbol{x}$ 施加一个线性变换，使得到的新向量 z 的各个分量互不相关，去除采集到的观测数据之间的相关性，从而简化独立元的提取过程. 若零均值向量 z 的协方差矩阵为单位阵，即满足 $E\{zz^{\mathrm{T}}\}=\boldsymbol{I}$，则 z 为白化向量.

白化向量的求解是通过对观测数据的协方差矩阵进行奇异值分解来实现的. 首先，令 z 为观测数据 $\boldsymbol{x}$ 的白化向量，对 $\boldsymbol{x}$ 的协方差矩阵进行奇异值分解：

$$E\{\boldsymbol{xx}^{\mathrm{T}}\}=\boldsymbol{U\Lambda U}^{\mathrm{T}} \tag{4.4}$$

式中，$\boldsymbol{\Lambda}$ 为协方差矩阵 $E\{\boldsymbol{xx}^{\mathrm{T}}\}$ 的特征值的对角矩阵，$\boldsymbol{U}$ 为与 $\boldsymbol{\Lambda}$ 对应的特征向量按列组合而成的矩阵. 白化变换表达式为

$$\boldsymbol{z}=\boldsymbol{\Lambda}^{-1/2}\boldsymbol{U}^{\mathrm{T}}\boldsymbol{x}=\boldsymbol{Qx} \tag{4.5}$$

式中，$\boldsymbol{Q}=\boldsymbol{\Lambda}^{-1/2}\boldsymbol{U}^{\mathrm{T}}$ 为白化矩阵. 通过上面的变换，可以得到

$$\boldsymbol{z}=\boldsymbol{Qx}=\boldsymbol{QAs}=\boldsymbol{Bs} \tag{4.6}$$

因为 $E(zz^{\mathrm{T}})=\boldsymbol{B}E(ss^{\mathrm{T}})\boldsymbol{B}^{\mathrm{T}}=\boldsymbol{BB}^{\mathrm{T}}=\boldsymbol{I}$，所以 $\boldsymbol{B}=\boldsymbol{QA}$ 为一个正交矩阵. 此时，源信号估计的表达式为

$$\hat{\boldsymbol{s}}=\boldsymbol{B}^{\mathrm{T}}\boldsymbol{z}=\boldsymbol{B}^{\mathrm{T}}\boldsymbol{Qx} \tag{4.7}$$

这意味着能将混合矩阵限制在正交空间内，原先需要估计 $\boldsymbol{A}$ 中的 m^2 个参数，现在仅需要估计正交混合矩阵 $\boldsymbol{B}$. 由于正交矩阵仅包含 $\frac{m(m-1)}{2}$ 个自由度，因此当维数增大时，正交矩阵仅包含原来矩阵一半的参数.

所以，利用白化使 ICA 问题得到了简化，它使未知数据的估计量减少了一半，从而减少了问题的复杂度. 尤其当数据维数较高时，这一点尤为重要.

4.1.3 独立元分析算法

独立元分析算法的主要任务是寻找正交混合矩阵 $\boldsymbol{B}$，使得变换后的信号为源信号的估计. 寻找正交混合矩阵 $\boldsymbol{B}$ 一般采用优化方法，大部分优化方法都采用梯度算法，常用的梯度算法包括一般的梯度下降算法、自然梯度学习算法、随机梯度学习算法以及定点算法. 本书主要对定点算法进行介绍.

定点 ICA 算法是由芬兰学者 Hyvärinen 提出的一类算法，也称 FastICA 算法[3-5]. 为了计算 $\boldsymbol{B}$，将 $\boldsymbol{B}$ 的每一个列向量随机地初始化，然后不断地更新并校正，以使第 i 个独立的源信号($\hat{s}_i=\boldsymbol{b}_i^{\mathrm{T}}\boldsymbol{z}$)有最大的非高斯性. 它们的非高斯性反映了$\hat{\boldsymbol{s}}$各成分统计独立的目标函数. 负熵是一种通用的非高斯性的测量法，它基于信息理论上的熵的概念. Hyvärinen 提出了一种灵活可靠的负熵的近似方法，表示为

$$J(\boldsymbol{y})\approx[E\{G(\boldsymbol{y})\}-E\{G(\boldsymbol{v})\}]^2 \tag{4.8}$$

这里假定 $\boldsymbol{y}$ 是具有零均值和单位方差的随机变量，$\boldsymbol{v}$ 是满足零均值和单位方差条件的高斯变量，G 为任意的非二次函数．这些假定可以使计算更加准确．适当地选择 G 可以使负熵得到更好的近似．下面是几种不同形式的函数 G：

$$G_1(u)=\frac{1}{a_1}\mathrm{logcosh}(a_1u) \tag{4.9}$$

$$G_2(u)=\exp(-a_2u^2/2) \tag{4.10}$$

$$G_3(u)=u^4 \tag{4.11}$$

这里，需满足 $1\leqslant a_1\leqslant 2$，$a_2\approx 1$.

求解矩阵 $\boldsymbol{B}$ 的列向量的具体方法如下：

① 选择估计独立元的个数 m，设迭代次数 $i\leftarrow 1$；

② 以单位模向量给随机向量 $\boldsymbol{b}_i$ 赋初值；

③ 令 $\boldsymbol{b}_i\leftarrow E\{\boldsymbol{z}g(\boldsymbol{b}_i^{\mathrm{T}}\boldsymbol{z})\}-E\{g'(\boldsymbol{b}_i^{\mathrm{T}}\boldsymbol{z})\}\boldsymbol{b}_i$，其中，$g$ 和 g' 分别为 G 的一阶导数和二阶导数；

④ 通过正交化来去除相关性，$\boldsymbol{b}_i\leftarrow\boldsymbol{b}_i-\sum_{j=1}^{i-1}(\boldsymbol{b}_i^{\mathrm{T}}\boldsymbol{b}_j)\boldsymbol{b}_j$；

⑤ 归一化，$\boldsymbol{b}_i\leftarrow\dfrac{\boldsymbol{b}_i}{\|\boldsymbol{b}_i\|}$；

⑥ 假如 $\boldsymbol{b}_i$ 没有收敛，返回步骤③；

⑦ 如果 $\boldsymbol{b}_i$ 收敛，输出向量 $\boldsymbol{b}_i$；

⑧ 若 $i\leqslant m$，则设定 $i\leftarrow i+1$ 且返回步骤②.

得到混合系数矩阵 $\boldsymbol{B}$ 后，可以计算出 $\hat{\boldsymbol{s}}$，这样就从观测信号中分离出了源信号.

4.2　核独立元分析算法

目前，核理论已经被广泛地应用到非线性工业过程中．对于非线性过程检测和故障诊断，已经提出了核主元分析(KPCA)和核独立元分析(KICA)．Lee 和 Qin 等人首次提出了 KICA 算法．它是一种 KPCA 和 ICA 结合的新的非线性过程监测方法．用 KPCA 方法在一个高维特征空间中计算主元，这个高维空间与输入空间是非线性相关的．ICA 提取高阶统计量和分解观测数据．因此，独立元(ICs)比主元 (PCs)从观测数据中展露了更多的动态信息[6-10]．目前 KICA 已经在人脸识别和人类步法识别等方面得到了应用[11-12]．同其他方法相比，KICA 结合了 KPCA 和 ICA 的优点，可以成为一种在线检测故障的非线性方法.

KICA 的基本思想是把观测数据非线性地映射到数据有更好线性结构的特征空间里，然后在特征空间利用 ICA 提取非线性独立元.

考虑到一个非线性的映射为

$$\boldsymbol{\Phi}: \mathbf{R}^m \to F(\text{特征空间})$$

首先，通过非线性映射将输入空间的数据映射到高维特征空间中，然后使映射的数据的协方差矩阵变为单位矩阵，这样有助于解决 ICA 估计的问题．此算法的目标是在特征空间 F 中找到一个线性算子 $\boldsymbol{W}^F$ 来获得独立元，且满足下面的线性关系：

$$\boldsymbol{s} = \boldsymbol{W}^F \cdot \boldsymbol{\Phi}(\boldsymbol{x}) \tag{4.12}$$

式中，$E\{\boldsymbol{\Phi}(\boldsymbol{x}) \cdot \boldsymbol{\Phi}(\boldsymbol{x})^{\mathrm{T}}\} = \boldsymbol{I}$．现在的问题转化为如何在高维的特征空间中确定线性变换 $\boldsymbol{s} = \boldsymbol{W}^F \cdot \boldsymbol{\Phi}(\boldsymbol{x})$，同时求得独立元 $\boldsymbol{s}$．

由前面的介绍可知，在对数据进行 ICA 算法之前，需要对数据进行预处理．同样，对于 KICA，在特征空间执行 PCA 进行数据的白化．在特征空间执行 PCA 能够通过“核技巧”在输入空间实现，即为基于观测数据执行 KPCA．

4.2.1　在特征空间中白化数据

对于观测数据

$$\boldsymbol{x}_k \in \mathbf{R}^m (k = 1, 2, \cdots, N)$$

其中，N 是观测数据的个数．通过非线性映射 $\boldsymbol{\Phi}: \mathbf{R}^m \to F$，被观测的数据从原始的空间转移到高维的特征空间中，$\boldsymbol{\Phi}(\boldsymbol{x}_k) \in F$．在特征空间内的协方差矩阵为[13]

$$\boldsymbol{C}^F = \frac{1}{N} \sum_{k=1}^{N} \boldsymbol{\Phi}(\boldsymbol{x}_k) \boldsymbol{\Phi}(\boldsymbol{x}_k)^{\mathrm{T}} \tag{4.13}$$

此特征空间的协方差矩阵是一个单位矩阵．这里假定 $\boldsymbol{\Phi}(\boldsymbol{x}_k)(k = 1, 2, \cdots, N)$ 具有零均值和单位方差．令 $\boldsymbol{\Theta} = [\boldsymbol{\Phi}(\boldsymbol{x}_1), \cdots, \boldsymbol{\Phi}(\boldsymbol{x}_N)]$，则 $\boldsymbol{C}^F$ 可以表示为 $\boldsymbol{C}^F = (1/N)\boldsymbol{\Theta} \cdot \boldsymbol{\Theta}^{\mathrm{T}}$．在特征空间中，通过对 $\boldsymbol{C}^F$ 的特征向量的计算，可以获得特征空间中的主元．代替 $\boldsymbol{C}^F$ 的特征值分解，这里用“核技巧”来计算主元．定义 $N \times N$ 维的 Gram 核矩阵 $\boldsymbol{K}$ 为

$$[\boldsymbol{K}]_{ij} = K_{ij} = \langle \boldsymbol{\Phi}(\boldsymbol{x}_i), \boldsymbol{\Phi}(\boldsymbol{x}_j) \rangle = k(\boldsymbol{x}_i, \boldsymbol{x}_j) \tag{4.14}$$

式中，$\boldsymbol{K} = \boldsymbol{\Theta}^{\mathrm{T}} \cdot \boldsymbol{\Theta}$．核函数 $k(\boldsymbol{x}_i, \boldsymbol{x}_j)$ 的应用可以在不执行非线性映射的情况下在 F 中计算内积．在特征空间中，用核函数 $k(\boldsymbol{x}, \boldsymbol{y}) = \langle \boldsymbol{\Phi}(\boldsymbol{x}), \boldsymbol{\Phi}(\boldsymbol{y}) \rangle$ 来计算内积．广泛使用的核函数有如下几种：

$$k(\boldsymbol{x}, \boldsymbol{y}) = \exp\left[-\frac{\|\boldsymbol{x} - \boldsymbol{y}\|^2}{c}\right] \tag{4.15}$$

$$k(\boldsymbol{x}, \boldsymbol{y}) = \langle \boldsymbol{x}, \boldsymbol{y} \rangle^r \tag{4.16}$$

$$k(\boldsymbol{x}, \boldsymbol{y}) = \tanh(\beta_0 \langle \boldsymbol{x}, \boldsymbol{y} \rangle + \beta_1) \tag{4.17}$$

这里的 c，r，β_0 和 β_1 必须为指定的数．核函数的特定选择决定着映射 $\boldsymbol{\Phi}$ 和特征空间 F．在高维特征空间中，对核矩阵 $\boldsymbol{K}$ 进行中心化，中心化后得到 $\tilde{\boldsymbol{K}}$．$\tilde{\boldsymbol{K}}$ 由下面的公式得出：

$$\tilde{\boldsymbol{K}} = \boldsymbol{K} - \boldsymbol{1}_N \cdot \boldsymbol{K} - \boldsymbol{K} \cdot \boldsymbol{1}_N + \boldsymbol{1}_N \cdot \boldsymbol{K} \cdot \boldsymbol{1}_N \tag{4.18}$$

式中，$\mathbf{1}_N = \frac{1}{N}\begin{bmatrix} 1 & \cdots & 1 \\ \vdots & & \vdots \\ 1 & \cdots & 1 \end{bmatrix} \in \mathbf{R}^{N\times N}$. 对核矩阵进行标准化为

$$\tilde{\boldsymbol{K}}_{\mathrm{scl}} = \frac{\tilde{\boldsymbol{K}}}{\mathrm{trace}(\tilde{\boldsymbol{K}})/N} \tag{4.19}$$

对$\tilde{\boldsymbol{K}}_{\mathrm{scl}}$进行特征值分解：

$$\lambda\boldsymbol{\alpha} = \tilde{\boldsymbol{K}}_{\mathrm{scl}} \cdot \boldsymbol{\alpha} \tag{4.20}$$

式中，λ 为$\tilde{\boldsymbol{K}}_{\mathrm{scl}}$的特征值，$\boldsymbol{\alpha}$ 为 λ 对应的特征向量. 由式(4.20)可以得到$\tilde{\boldsymbol{K}}_{\mathrm{scl}}$的特征向量$\boldsymbol{\alpha}_1$，$\boldsymbol{\alpha}_2$，…，$\boldsymbol{\alpha}_d$，其中，$d$ 为最大的正特征值数，且正特征值的排序为$\lambda_1 \geqslant \lambda_2 \geqslant \cdots \geqslant \lambda_d$. 理论上，非零特征值的数目等于最高的维数，在这里，定义最高的维数为特征值的个数，且满足

$$\frac{\lambda_i}{\mathrm{sum}(\lambda_i)} > 0.001$$

所以，$\boldsymbol{C}^F$ 的 d 个正特征值分别为 λ_1/N，λ_2/N，…，λ_d/N，相应的特征向量分别为$\boldsymbol{v}_1$，$\boldsymbol{v}_2$，…，$\boldsymbol{v}_d$，且有如下关系：

$$\boldsymbol{v}_j = \frac{1}{\sqrt{\lambda_j}}\boldsymbol{\Theta} \cdot \boldsymbol{\alpha}_j \quad (j=1,\ 2,\ \cdots,\ d) \tag{4.21}$$

特征向量矩阵 $\boldsymbol{V} = [\boldsymbol{v}_1,\ \boldsymbol{v}_2,\ \cdots,\ \boldsymbol{v}_d]$ 可以简单地表示为

$$\boldsymbol{V} = \boldsymbol{\Theta} \cdot \boldsymbol{H} \cdot \boldsymbol{\Lambda}^{-1/2} \tag{4.22}$$

式中，$\boldsymbol{\Lambda} = \mathrm{diag}(\lambda_1,\ \lambda_2,\ \cdots,\ \lambda_d)$和$\boldsymbol{H} = [\boldsymbol{\alpha}_1,\ \boldsymbol{\alpha}_2,\ \cdots,\ \boldsymbol{\alpha}_d]$分别为$\tilde{\boldsymbol{K}}_{\mathrm{scl}}$的 d 个最大特征值的对角阵及对应的特征向量矩阵. 然后，$\boldsymbol{V}$ 使协方差矩阵$\boldsymbol{C}^F$ 变成一个对角矩阵：

$$\boldsymbol{C}^F = \boldsymbol{V}\mathrm{diag}\left(\frac{\lambda_1}{N},\ \frac{\lambda_2}{N},\ \cdots,\ \frac{\lambda_d}{N}\right)\boldsymbol{V}^{\mathrm{T}} = \frac{1}{N}\boldsymbol{V} \cdot \boldsymbol{\Lambda} \cdot \boldsymbol{V}^{\mathrm{T}} \tag{4.23}$$

令

$$\boldsymbol{P} = \boldsymbol{V}\left(\frac{1}{N}\boldsymbol{\Lambda}\right)^{-1/2} = \sqrt{N}\boldsymbol{\Theta} \cdot \boldsymbol{H} \cdot \boldsymbol{\Lambda}^{-1} \tag{4.24}$$

$$\boldsymbol{P}^{\mathrm{T}}\boldsymbol{C}^F\boldsymbol{P} = \boldsymbol{I} \tag{4.25}$$

因此，得到白化矩阵 $\boldsymbol{P}$，在特征空间中的映射数据被白化为

$$\boldsymbol{z} = \boldsymbol{P}^{\mathrm{T}} \cdot \boldsymbol{\Phi}(\boldsymbol{x}) \tag{4.26}$$

具体为

$$\begin{aligned} \boldsymbol{z} &= \boldsymbol{P}^{\mathrm{T}} \cdot \boldsymbol{\Phi}(\boldsymbol{x}) = \sqrt{N}\boldsymbol{\Lambda}^{-1} \cdot \boldsymbol{H}^{\mathrm{T}} \cdot \boldsymbol{\Theta}^{\mathrm{T}} \cdot \boldsymbol{\Phi}(\boldsymbol{x}) \\ &= \sqrt{N}\boldsymbol{\Lambda}^{-1} \cdot \boldsymbol{H}^{\mathrm{T}}[\boldsymbol{\Phi}(\boldsymbol{x}_1),\ \cdots,\ \boldsymbol{\Phi}(\boldsymbol{x}_N)]^{\mathrm{T}} \cdot \boldsymbol{\Phi}(\boldsymbol{x}) \\ &= \sqrt{N}\boldsymbol{\Lambda}^{-1} \cdot \boldsymbol{H}^{T}[\tilde{\boldsymbol{k}}_{\mathrm{scl}}(\boldsymbol{x}_1,\ \boldsymbol{x}),\ \cdots,\ \tilde{\boldsymbol{k}}_{\mathrm{scl}}(\boldsymbol{x}_N,\ \boldsymbol{x})]^{\mathrm{T}} \end{aligned} \tag{4.27}$$

式中，$\boldsymbol{x}_1$，$\boldsymbol{x}_2$，…，$\boldsymbol{x}_N$ 为采集的正常数据，$\boldsymbol{x}$ 为需要白化处理的数据. 从式(4.27)可知，只要通过训练得到对角阵 $\boldsymbol{\Lambda}$ 和特征向量矩阵 $\boldsymbol{H}$，再加上训练过程

中使用的训练数据，即可对所要白化的观测数据进行白化.

4.2.2 利用改进的 ICA 提取非线性独立元

这一步的目标是从 KPCA 的特征空间中提取独立元，应用到了改进的 ICA 方法[14]. 为了适应过程监测，这里从观测数据中提取了几个主要的独立元. 与传统的 ICA 方法进行对比，改进的 ICA 算法提取的主要元素有利于过程监测，减少了计算量，同时可以更好地解决问题.

由上面的讨论可知，$z \in \mathbf{R}^d$，通过改进的 ICA 方法，这里找到了 $p(p \leqslant d)$ 个主要的独立元 $\boldsymbol{s}$，且通过非高斯最大化，$\boldsymbol{s}$ 满足：$E\{\boldsymbol{s}\boldsymbol{s}^{\mathrm{T}}\} = \boldsymbol{D} = \mathrm{diag}\{\lambda_1, \lambda_2, \cdots, \boldsymbol{\lambda}_p\}$. 主要的计算过程为

$$\boldsymbol{s} = \boldsymbol{C}^{\mathrm{T}} \cdot z \tag{4.28}$$

式中，$\boldsymbol{C} \in \mathbf{R}^{d \times p}$，$\boldsymbol{C}^{\mathrm{T}}\boldsymbol{C} = \boldsymbol{D}$. $E\{\boldsymbol{s}\boldsymbol{s}^{\mathrm{T}}\} = \boldsymbol{D}$ 反映了 $\boldsymbol{s}$ 中每个元素的协方差与在 KPCA 的得分的方差是相同的. 与 PCA 算法相似，改进的 ICA 通过协方差对独立元进行排序. 若定义归一化后的独立元为$\boldsymbol{s}_n$，$\boldsymbol{s}_n$ 为

$$\boldsymbol{s}_n = \boldsymbol{D}^{-1/2} \cdot \boldsymbol{s} = \boldsymbol{D}^{-1/2} \cdot \boldsymbol{C}^{\mathrm{T}} \cdot z = \boldsymbol{C}_n^{\mathrm{T}} \cdot z \tag{4.29}$$

这里，$\boldsymbol{D}^{-1/2} \cdot \boldsymbol{C}^{\mathrm{T}} = \boldsymbol{C}_n^{\mathrm{T}}$，$\boldsymbol{C}_n^{\mathrm{T}} \cdot \boldsymbol{C}_n = \boldsymbol{I}$，同时，$E\{\boldsymbol{s}_n \boldsymbol{s}_n^{\mathrm{T}}\} = \boldsymbol{I}$. z 并不独立，但由于它消除了二阶（均值和方差）数据的统计相关性，所以它可以作为$\boldsymbol{s}_n$ 一个良好的初始值. 令初始矩阵

$$\boldsymbol{C}_n^{\mathrm{T}} = [\boldsymbol{I}_p \vdots \boldsymbol{O}] \tag{4.30}$$

式中，$\boldsymbol{I}_p$ 是 p 阶单位矩阵，$\boldsymbol{O}$ 是 $p \times (d-p)$ 阶零矩阵. 当$\boldsymbol{C}_n$ 确定后，解混矩阵 $\boldsymbol{W}$ 和混合矩阵 $\boldsymbol{A}$ 也可以确定：

$$\boldsymbol{W} = \boldsymbol{D}^{-1/2} \cdot \boldsymbol{C}_n^{\mathrm{T}} \cdot \boldsymbol{Q} = \boldsymbol{D}^{-1/2} \cdot \boldsymbol{C}_n^{\mathrm{T}} \cdot \boldsymbol{\Lambda}^{-1/2} \cdot \boldsymbol{V}^{\mathrm{T}} \tag{4.31}$$

$$\boldsymbol{A} = \boldsymbol{V} \cdot \boldsymbol{\Lambda}^{-1/2} \cdot \boldsymbol{C}_n \cdot \boldsymbol{D}^{-1/2} \tag{4.32}$$

式中，$\boldsymbol{W} \cdot \boldsymbol{A} = \boldsymbol{I}_m$.

为了计算$\boldsymbol{C}_n$，首先对每一个列向量$\boldsymbol{c}_{n,i}$进行初始化，定义$\boldsymbol{c}_{n,i}$为$\boldsymbol{C}_n$ 的第 i 个列向量. 然后不断地更新使得第 i 个独立元非高斯性最大化（$\boldsymbol{s}_{n,i} = \boldsymbol{c}_{n,i}^{\mathrm{T}} z$）且$\boldsymbol{s}_{n,i}$（$i = 1, 2, \cdots, p$）是统计独立的且等价于非高斯性的最大化. 这里采用的非高斯性最大化的方法是求负熵的方法：

$$J(\boldsymbol{y}) \approx [E\{G(\boldsymbol{y})\} - E\{G(\boldsymbol{v})\}]^2 \tag{4.33}$$

假设 $\boldsymbol{y}$ 具有零均值和单位方差，$\boldsymbol{v}$ 是均值为0、方差为1 的高斯变量，G 为一些非二次函数. 主要的算法过程如下：

① 选择 p，这里 p 为估计的独立元的个数，设定计数器 $i \leftarrow 1$；

② 对 $\boldsymbol{c}_{n,i}$ 选择单位标准化的随机矢量值；

③ 进行非高斯性最大化，$\boldsymbol{c}_{n,i} \leftarrow E\{zg(\boldsymbol{c}_{n,i}^{\mathrm{T}} z)\} - E\{zg'(\boldsymbol{c}_{n,i}^{\mathrm{T}} z)\}\ \boldsymbol{c}_{n,i}$，$g$ 为已经选好的二次函数，g'为 g 的二阶导函数；

④ 通过正交化来去除相关性，$c_{n,i} \leftarrow c_{n,i} - \sum_{j=1}^{i-1} (c_{n,i}^{\mathrm{T}} c_{n,j}) c_{n,j}$；

⑤ 归一化，$c_{n,i} \leftarrow c_{n,i} / \| c_{n,i} \|$；

⑥ 如果$c_{n,i}$没有收敛，则返回③；

⑦ 如果$c_{n,i}$收敛，输出$c_{n,i}$；如果 $i \leqslant p$，则 $i \leftarrow i+1$，返回②.

当得到C_n 后，可以得到主要的独立元：

$$s = D^{-1/2} \cdot C_n^{\mathrm{T}} \cdot z = D^{-1/2} \cdot C_n^{\mathrm{T}} \cdot P^{\mathrm{T}} \cdot \Phi(x) \tag{4.34}$$

通过改进的 ICA 算法可得到C_n，再利用对角阵 D，就可在 KPCA 的特征空间中提取观测数据的独立元.

4.3 基于 MBKICA 的故障检测方法

4.3.1 核矩阵分块

在输入空间中，将输入变量分块，$X = [X_1 \quad \cdots \quad X_B]$，同时块的核矩阵被描述为

$$K_b = \Phi(X_b) \Phi^{\mathrm{T}}(X_b)$$

其中，$\Phi(X_b) \in F$，K_b 的第(i, j)个元素计算公式为

$$K_{i,j}^b = \exp\left[-\frac{\| X_{b,i} - X_{b,j} \|^2}{c} \right] \tag{4.35}$$

对核矩阵 K_b 进行中心化，得到

$$\bar{K}_b = K_b - \mathbf{1}_N K_b - K_b \mathbf{1}_N + \mathbf{1}_N K_b \mathbf{1}_N \tag{4.36}$$

式中，$\mathbf{1}_N = \frac{1}{N}\begin{bmatrix} 1 & \cdots & 1 \\ \vdots & & \vdots \\ 1 & \cdots & 1 \end{bmatrix} \in \mathbf{R}^{N \times N}$. 对$\bar{K}_b$ 进行特征值分解为

$$\lambda \alpha = \bar{K}_b \alpha \tag{4.37}$$

可以得到$\bar{K}_b$ 正规化的特征向量 $\alpha_{1,b}$，$\alpha_{2,b}$，…，$\alpha_{d,b}$，同时对应 d 个正特征值为 $\lambda_{1,b} \geqslant \lambda_{2,b} \geqslant \cdots \geqslant \lambda_{d,b}$. 理论上，非零特征值数等于最高维数. 在这里，定义最高的维数为特征值的个数，且满足$\frac{\lambda_{i.b}}{\mathrm{sum}(\lambda_{i,b})} > 0.001$. 然后$C_b^F$ 的 d 个正特征值为 $\frac{\lambda_{1,b}}{N}$，$\frac{\lambda_{2,b}}{N}$，…，$\frac{\lambda_{d,b}}{N}$，同时对应的正规化的特征向量$v_{1,b}$，$v_{2,b}$，…，$v_{d,b}$被描述如下：

$$v_{j,b} = \frac{1}{\sqrt{\lambda_j}} \Theta_b \alpha_{j,b} \quad (j = 1, 2, \cdots, d) \tag{4.38}$$

式中，$\Theta_b = [\Phi(x_1), \cdots, \Phi(x_N)]$. 由特征向量组成的矩阵为$V_b = [v_{1,b}$，$v_{2,b}$，

…, $\boldsymbol{v}_{d,b}$]，并可以被下面的公式表达：

$$\boldsymbol{V}_b = \boldsymbol{\Theta}_b \boldsymbol{H}_b \boldsymbol{\Lambda}_b^{-1/2} \tag{4.39}$$

同时，$\boldsymbol{H}_b = [\boldsymbol{\alpha}_{1,b}, \boldsymbol{\alpha}_{2,b}, \cdots, \boldsymbol{\alpha}_{d,b}]$，$\boldsymbol{\Lambda}_b = \mathrm{diag}\{\lambda_{1,b}, \lambda_{2,b}, \cdots, \lambda_{d,b}\}$. 所以，$\boldsymbol{C}_b^F \left(\boldsymbol{C}_b^F = \frac{1}{N}\sum_{j=1}^{N}\boldsymbol{\Phi}(\boldsymbol{x}_{b,j})\boldsymbol{\Phi}(\boldsymbol{x}_{b,j})^{\mathrm{T}}\right)$被表示为

$$\boldsymbol{C}_b^F = \boldsymbol{V}_b \mathrm{diag}\left(\frac{\lambda_{1,b}}{N}, \frac{\lambda_{2,b}}{N}, \cdots, \frac{\lambda_{d,b}}{N}\right)\boldsymbol{V}_b^{\mathrm{T}} = \frac{1}{N}\boldsymbol{V}_b\boldsymbol{\Lambda}_b\boldsymbol{V}_b^{\mathrm{T}} \tag{4.40}$$

且$\boldsymbol{P}_b = \boldsymbol{V}_b\left(\frac{1}{N}\boldsymbol{\Lambda}_b\right)^{-1/2} = \sqrt{N}\boldsymbol{\Theta}_b \boldsymbol{H}_b \boldsymbol{\Lambda}_b^{-1}$，这样就可以得到块白化矩阵，相当于 KPCA 中的块负载向量$\boldsymbol{P}_b$.

4.3.2　利用 MBKPCA 算法求白化矩阵

利用 MBKPCA 算法求白化矩阵的步骤如下.

① 通过原始的块负载向量计算块得分向量

$$\boldsymbol{t}_b = \boldsymbol{\Phi}(\boldsymbol{x}_b)\boldsymbol{P}_b$$

② 将所有的块得分向量排列成单个的矩阵

$$\boldsymbol{T} = [\boldsymbol{t}_1 \quad \cdots \quad \boldsymbol{t}_B]$$

③ 使用$\boldsymbol{T}$和总得分$\boldsymbol{t}_T$来计算总负载向量，并且将其单位化得

$$\boldsymbol{p}_T = \boldsymbol{T}^{\mathrm{T}}\boldsymbol{t}_T / \|\boldsymbol{T}^{\mathrm{T}}\boldsymbol{t}_T\|$$

④ 用总负载向量来更新总得分向量$\boldsymbol{t}_T = \boldsymbol{T}\boldsymbol{p}_T$，重复这些步骤直至$\boldsymbol{t}_T$收敛到一个预定的精度为止. 残差被用来计算下一个主元. 残差可以使用总得分向量$\boldsymbol{t}_T$来计算

$$\boldsymbol{K}_b = (\boldsymbol{I} - \boldsymbol{t}_T\boldsymbol{t}_T^{\mathrm{T}}/\boldsymbol{t}_T^{\mathrm{T}}\boldsymbol{t}_T)\boldsymbol{K}_b(\boldsymbol{I} - \boldsymbol{t}_T\boldsymbol{t}_T^{\mathrm{T}}/\boldsymbol{t}_T^{\mathrm{T}}\boldsymbol{t}_T)$$

因此，得到新的块白化矩阵$\boldsymbol{P}_b$为

$$\boldsymbol{P}_b = \sqrt{N}\boldsymbol{\Theta}_b\boldsymbol{t}_T / \sqrt{\boldsymbol{t}_T^{\mathrm{T}}\boldsymbol{K}_b\boldsymbol{t}_T}$$

在特征空间的映射数据，通过下面的计算公式白化：

$$z_b = \boldsymbol{P}_b^{\mathrm{T}}\boldsymbol{\Phi}(\boldsymbol{x}_b)$$

$$z_b = \boldsymbol{P}_b^{\mathrm{T}}\boldsymbol{\Phi}(\boldsymbol{x}_b) = \sqrt{N}\boldsymbol{t}_T^{\mathrm{T}}\boldsymbol{\Theta}_b^{\mathrm{T}}\boldsymbol{\Phi}(\boldsymbol{x}_b) / \sqrt{\boldsymbol{t}_T^{\mathrm{T}}\boldsymbol{K}_b\boldsymbol{t}_T}$$

4.3.3　用 ICA 算法进行故障检测

对白化后的数据，用 ICA 的方法进行故障检测. 主要是在 KPCA 的转化空间中提取出分散化的独立元. 这一部分的核心步骤为

① 预处理每一块数据；

② 计算每一块数据的核矩阵$\boldsymbol{K}_b$；

③ 中心化核矩阵$\boldsymbol{K}_b$，得到$\bar{\boldsymbol{K}}_b$；

④ 计算$\bar{\boldsymbol{K}}_b$的正规化特征向量$\boldsymbol{\alpha}_{1,b}$，$\boldsymbol{\alpha}_{2,b}$，…，$\boldsymbol{\alpha}_{d,b}$，及与之对应的特征值$\lambda_{1,b}$

$\geqslant\lambda_{2,b}\geqslant\cdots\geqslant\lambda_{d,b}$；

⑤ 估计独立元的个数为 q，使 $i\leftarrow 1$；

⑥ 初始化向量 $\boldsymbol{c}_{i,b}$；

⑦ $\boldsymbol{c}_{i,b}\leftarrow E\ \{z_B G\ (\boldsymbol{c}_{i,b}^{\mathrm{T}} z_b)\}\ -E\ \{g'(\boldsymbol{c}_{i,b}^{\mathrm{T}} z_b)\}\ \boldsymbol{c}_{i,b}$，$g'$为 g 的一阶导数；

⑧ 正交化$\boldsymbol{c}_{i,b}\left(\boldsymbol{c}_{i,b}\leftarrow \boldsymbol{c}_{i,b}-\sum\limits_{j=1}^{i-1}(\boldsymbol{c}_{i,b}^{\mathrm{T}}\boldsymbol{c}_{i,b})\boldsymbol{c}_{i,b}\right)$，排除一些已知信息；

⑨ 归一化$\boldsymbol{c}_{i,b}\leftarrow\dfrac{\boldsymbol{c}_{i,b}}{\|\boldsymbol{c}_{i,b}\|}$；

⑩ 如果$\boldsymbol{c}_{i,b}$没有收敛，则返回步骤⑦；

⑪ 如果$\boldsymbol{c}_{i,b}$收敛，则输出向量$\boldsymbol{c}_{i,b}$；将 $i\leftarrow i+1$，返回步骤⑥；

⑫ 计算解混矩阵 $\boldsymbol{W}_b$ 和混合矩阵 $\boldsymbol{A}_b$：

$$\boldsymbol{W}_b=\boldsymbol{D}_b^{1/2}\boldsymbol{C}_{n,b}^{\mathrm{T}}\boldsymbol{Q}_b=\boldsymbol{D}_b^{1/2}\boldsymbol{C}_{n,b}^{\mathrm{T}}\boldsymbol{t}_T^{\mathrm{T}}\boldsymbol{\Theta}_b^{\mathrm{T}}$$

$$\boldsymbol{A}_b=\boldsymbol{t}_T\boldsymbol{\Lambda}_b\boldsymbol{C}_{n,b}\boldsymbol{D}_b^{-1/2}$$

其中，$\boldsymbol{C}_{n,b}=[\boldsymbol{c}_{1,b},\ \cdots,\ \boldsymbol{c}_{q,b}]$，$\boldsymbol{\Lambda}_b=\mathrm{diag}(\lambda_{1,b},\ \cdots,\ \lambda_{q,b})$，$\boldsymbol{D}_b=\mathrm{diag}(\lambda_{1,b},\ \cdots,\ \lambda_{d,b})$，这样就可以得到分散化的独立元$\boldsymbol{s}_b$.

为了进行过程监控，对于一个新的采样$\boldsymbol{x}_{\mathrm{new}}$，将其分为 B 块，计算监测数据（T^2_{new}和 $T^2_{b,\mathrm{new}}$，SPE 和 SPE_b）. 总 T^2 统计量计算为

$$T^2_{\mathrm{new}}=\boldsymbol{t}_{T,\mathrm{new}}(\boldsymbol{t}_{T,\mathrm{new}}^{\mathrm{T}}\boldsymbol{t}_{T,\mathrm{new}})^{-1}(\boldsymbol{t}_{T,\mathrm{new}})^{\mathrm{T}} \tag{4.41}$$

块 T_b^2 统计量计算为

$$T^2_{b,\mathrm{new}}=\boldsymbol{s}_{b,\mathrm{new}}^{T}\boldsymbol{D}_{b,\mathrm{new}}^{-1}\boldsymbol{s}_{b,\mathrm{new}} \tag{4.42}$$

$$\boldsymbol{s}_{b,\mathrm{new}}=\sqrt{N}\boldsymbol{D}_{b,\mathrm{new}}^{1/2}\boldsymbol{D}_{b,\mathrm{new}}^{\mathrm{T}}\boldsymbol{t}_{T,\mathrm{new}}^{\mathrm{T}}\boldsymbol{\Theta}_{b,\mathrm{new}}^{\mathrm{T}}\boldsymbol{\Phi}(\boldsymbol{x}_{b,\mathrm{new}})/\sqrt{\boldsymbol{t}_{T,\mathrm{new}}^{\mathrm{T}}\boldsymbol{K}_{b,\mathrm{new}}\boldsymbol{t}_{T,\mathrm{new}}} \tag{4.43}$$

下面采用核密度估计方法计算 T^2 统计量的控制限[14].

对于 ICA，从变量分离出来的独立元很难完全服从高斯分布，所以可以利用单变量核密度估计求解各统计量的控制限[15]. 单变量核密度估计函数可表示为

$$\hat{f}(y)=\frac{1}{nh}\sum_{i=1}^{n}K\left\{\frac{y-y_i}{h}\right\} \tag{4.44}$$

式中，y 为所求的控制限，y_i为正常工况下的第 i 个样本的统计量，$i=1,\ 2,\ \cdots,\ n$，n 为采样个数. h 成为光滑系数，它的选取是至关重要的，具体选取方法见参考文献[16]. $K(\cdot)$表示核函数，选取的核函数需要满足 3 个条件：$K(x)=K(-x)$；$K(x)\geqslant 0$；$\int K(x)\mathrm{d}x=1$. 常用的核函数有高斯核、多项式核、sigmoid 核等.

利用正常数据计算出 T^2 统计量，就可以根据统计量的值求解概率密度分布，再根据概率统计知识得到占据密度函数$\hat{f}(y)$99%区域的上边界，边界这一点的值即为所求的 T^2 统计量的控制限.

这里，总 SPE 统计是间接得出的，即

$$\mathrm{SPE} = \sum_{b=1}^{B} \mathrm{SPE}_b \tag{4.45}$$

$$\mathrm{SPE}_b = \boldsymbol{e}_{b,\mathrm{new}}^{\mathrm{T}} \boldsymbol{e}_{b,\mathrm{new}} = (\boldsymbol{z}_{b,\mathrm{new}} - \hat{\boldsymbol{z}}_{b,\mathrm{new}})^{\mathrm{T}} (\boldsymbol{z}_{b,\mathrm{new}} - \hat{\boldsymbol{z}}_{b,\mathrm{new}}) = \boldsymbol{z}_{b,\mathrm{new}}^{\mathrm{T}} (\boldsymbol{I} - \boldsymbol{D}_{b,\mathrm{new}} \boldsymbol{D}_{b,\mathrm{new}}^{\mathrm{T}}) \boldsymbol{z}_{b,\mathrm{new}} \tag{4.46}$$

$$\boldsymbol{z}_{b,\mathrm{new}} = \boldsymbol{P}_{b,\mathrm{new}}^{\mathrm{T}} \boldsymbol{\Phi}(\boldsymbol{x}_{b,\mathrm{new}}) \tag{4.47}$$

其中，$\boldsymbol{e}_{b,\mathrm{new}} = \boldsymbol{z}_{b,\mathrm{new}} - \hat{\boldsymbol{z}}_{b,\mathrm{new}}$，$\hat{\boldsymbol{z}}_{b,\mathrm{new}} = \boldsymbol{D}_{b,\mathrm{new}} \boldsymbol{D}_{b,\mathrm{new}}^{\mathrm{T}} \boldsymbol{z}_{b,\mathrm{new}}$.

假如选取的独立元的个数使独立元中非高斯性最大化，则剩余子空间将包含服从正态分布的随机噪声. 因此，SPE 的控制限能够采用下式求解[14]：

$$\mathrm{SPE}_\alpha = \theta_1 \left[\frac{c_\alpha h_0 \sqrt{2\theta_2}}{\theta_1} + 1 + \frac{\theta_2 h_0 (h_0 - 1)}{\theta_1{}^2} \right]^{\frac{1}{h_0}} \tag{4.48}$$

式中

$$\theta_i = \sum_{j=p+1}^{m} \lambda_j^i, i = 1,2,3$$

$$h_0 = 1 - \frac{2\theta_1 \theta_3}{3\theta_2^2}$$

λ_j 为观测数据协方差矩阵的特征值，c_α 为正态分布置信度为 α 的临界值.

MBKICA 算法的具体步骤如下：

① 对训练数据 $\boldsymbol{X}$ 进行标准化处理；

② 将数据按照变量分成 B 块，即为$\boldsymbol{X}_1$，…，$\boldsymbol{X}_B$；

③ 对于$\boldsymbol{X}_b$，应用 MBKPCA 算法求得白化矩阵$\boldsymbol{P}_b$，同时得到白化数据 $\boldsymbol{z}_b$；

④ 对白化后的数据 $\boldsymbol{z}_b$ 进行 ICA 分析，计算解混矩阵 $\boldsymbol{W}_b$ 和混合矩阵 $\boldsymbol{A}_b$，从而得到独立元$\boldsymbol{s}_b$；

⑤ 通过得到的独立元$\boldsymbol{s}_b$，计算正常操作数据的检测统计量(T^2 和 SPE)；

⑥ 确定 T^2 和 SPE 统计量的控制限；

⑦ 对于一个新样本$\boldsymbol{x}_{\mathrm{new}}$，重复步骤①到步骤⑤，计算相应的 T^2 统计量和 SPE 统计量；

⑧ 若 T^2 统计量和 SPE 统计量超出了各自控制限，则有故障发生，否则证明新样本为正常数据.

基于 MBKICA 的故障检测流程图如图 4.3 所示.

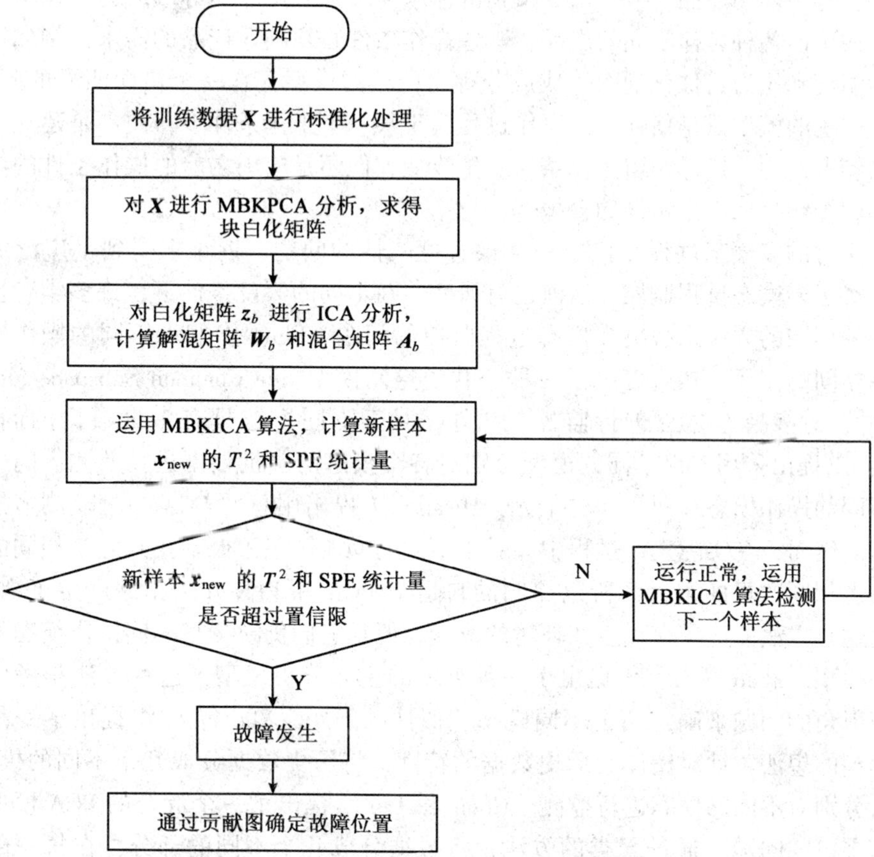

图 4.3　基于 MBKICA 的故障检测流程图

4.4　基于多模态 KICA 的故障检测方法

在过去的数十年里，多元统计分析方法被广泛地应用到工业过程的分析和监测上，比如最基本的 PCA 方法等. 这些技术能够提取监测数据的有代表性的信息，通过监测所有的训练数据，确定正常工况下的控制限. 当一个新的监测数据被引入系统中，就可以应用预定义的模型对其进行监测. 通过在线监测，能够确保工业过程顺利地进行. 若一组监测数据的监测结果超过了控制限，则可以得出结论：此数据为异常数据，且这一工业过程有故障发生. 然而，对于一个复杂的工业过程，它可能有多种工作条件，这叫做多模态的工业过程. 应用传统的多元统计分析方法，可能存在一定的保守性，因为它们没有考虑到不同模态之间的相关性，所以有可能得出错误的监测结果. 实际上，生产过程的工业模态的工作条件频繁地发生变化，比如原料和组成成分的改变，生产策略的改变，外部环境的波动，以及各种产品规格的改变等. 特别地，对于一个工业过程，需要经常生产各种各样不同的产品，或者由于市场的需求需要提升产品的等级. 为了在单一的生产线生产各种各样不同的产品，一些操作条件必须满足产品的需求，例如反应堆的温度和压力，催化剂的组成成分等. 传统的模型存在一个错误匹配的问题，因为传统的模型只是估计一个操作过程属于某一个工作条件下，而不是建立一个新的参考模型. 这样，当操作条件发生改变，但还是应用之前的操作条件的模型时，就会频繁地产生错误的警报.

实时的多模态过程监控是一个很有挑战性的问题，近年来受到了广泛的关注. 对于多模态过程监控，以前也有研究. 在不同的假设条件下，许多学者提出了各种不同的方法来解决多模态过程监控的问题. Flury[17]假设不同的操作模态存在相同的主元，然后提出了一种公共子空间模型(the Common Subspace Mode, CSM)，对多模态过程进行监控. 此外，对于不同模态具有多批数据的问题，Lane[18]提出采用多组不同的模型分别对各个模态的多批数据进行监测. 同样假设不同的操作模态存在相同的主元，Hwang[19]提出用总的PCA模型监测多模态过程. 然而，在实际生产过程中，对于不同的操作模态，很难找到完全相同的主元或者相同数目的主元，所以递归的自适应PCA和PLS方法相继产生了[20-21]. 虽然这些方法能适应在线生产环境的改变，但是它们仍缺少与不同操作模态相匹配的模型. Zhao等人[22-23]提出了一种多重的主元分析模型，这种方法是考虑到了映射角的问题来确定两个不同模态相似性的问题. Yoo等人[24]提出了一种局部建模的想法，针对整体的历史数据的特性，将历史数据分成几个不同的模态，然后分别对不同的模态进行监测. Chen和Liu[25]提出了一个混合的PCA模型来处理多模式问题. 通过聚类的方法，将数据分成几个不同的部分，在每一部分里，用最基本的PCA模型进行监控.

之前的这些方法的重点在于对多模态的过程进行数据监控，而没有给出一个综合的模态分析，从而全面地理解整个工业过程. 除此之外，这些方法忽略了模态之间的相关性. 实际上，虽然不同的模态有不同的特性，但是它们之间也有一定的相似性. 本章提出了一种全面综合分析多模态的方法. 它的基本思想是：通过跨模态的思想(考虑不同模态的相关性)，找出不同模态之间的相似性和不同性；公共部分表示的是模态之间具有相同变化规律的部分，特殊部分表示的是各个模态所特有的特性. 传统的多重模型是对每一个模态分别建模，分别用各自的模型对数据进行监控. 但是它们忽略了模态之间的相关性，这样有可能导致误报和漏报. 本章提出的方法考虑到了模型之间的相关性，把每一个模态分成两部分. 多重模型的方法与本章提出的新方法具体的表示如图4.4和图4.5所示.

由图4.4和图4.5可知，提出的新方法有以下几个好处. ①多重模型的方法对每一个模态分别建模，没有考虑模态之间的相关性，这样的监测可能对最后的结果产生影响，有可能产生误报和漏报. ②采用提出的新方法对多种模态进行整体的分析，考虑到模态之间的相关性，可以提出不同模态之间的公共信息. ③与

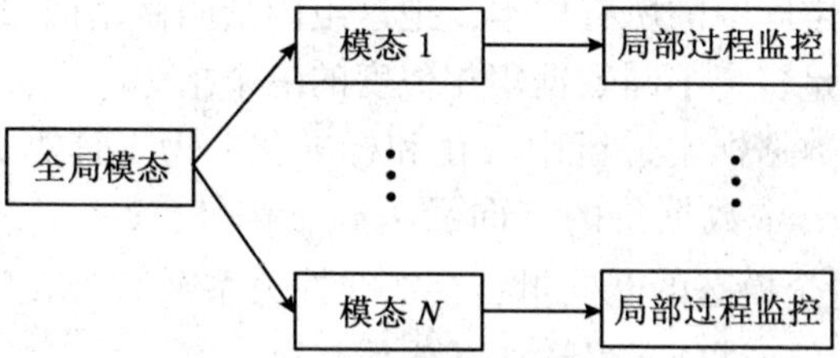

图 4.4　多重模型的方法

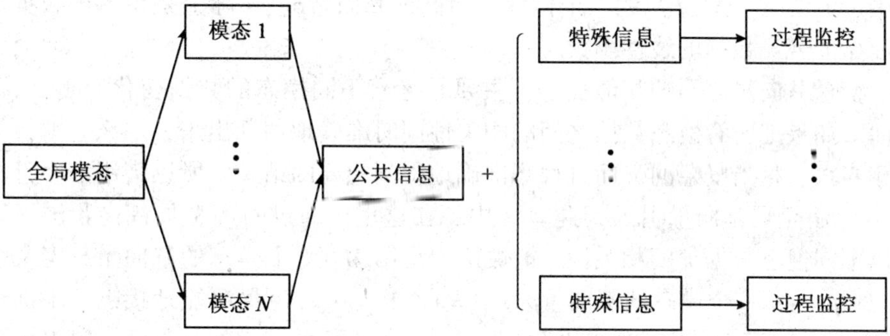

图 4.5　本章提出的新方法

其他监测方法比较，新方法可以减少计算量. 当对一个模态进行监控时，因为已经分离出了公共的信息，之后仅计算特殊的信息，所以减少了计算量，在监控过程中，节省了很多时间. ④新方法给出一个综合的模态分析，可以全面地理解整个工业生产过程.

除此之外，在复杂的工业过程中，数据往往不能满足高斯特性和线性特性. 采用 PCA 方法是假定工业过程中的变量满足高斯分布，且变量之间满足线性关系. 为了同时解决工业过程中数据的非高斯特性和非线性特性，此处在上述多模态分析的基础上，采用核独立元分析(Kernel Independent Component Analysis，KICA)算法对过程数据进行监控. 下面具体介绍多模态核独立元分析的过程监测方法.

4.4.1　提取各个模态的全局主要向量

假设多组测量数据为$\boldsymbol{X}_1(K_1\times J)$，$\boldsymbol{X}_2(K_2\times J)$，…，$\boldsymbol{X}_m(K_m\times J)$，…，$\boldsymbol{X}_M(K_M\times J)$，它们在同一生产线上，且分别属于 M 个不同的工业生产模态，下标 $m=1,2,\cdots,M$ 代表不同的模态，K 表示样本数，J 表示变量数，不同的模态具有相同的变量数，但可以具有不同的样本数. 多模态的独立元分析的基本思想是：揭示了多个数据集中的公共信息. 在每一个数据空间中，总可以找到一组向量，它们有足够的代表性，可以表示其他的样本，并且通过这组向量的线性组合可以表示这一数据空间中的所有样本，把这组向量叫做基向量. 因此，每一个基向量都可以作为衡量多个不同数据集相似度的一个指标.

首先，对这些数据样本进行中心化和标准化，为了计算 M 个工业生产模态的共同结构，设每一个数据集的基向量为$\boldsymbol{p}_{m,j}$($j=1, 2, \cdots, J$; $m=1, 2, \cdots, M$)，它代表着每一个模态的基向量，存在线性关系系数为 $\boldsymbol{\alpha}_j^m=[a_{1,j}^m, a_{2,j}^m, \cdots, a_{k,j}^m]$（$k$ 代表着 $\boldsymbol{\alpha}_j^m$ 的列数），得到如下关系：

$$\boldsymbol{p}_{m,j}=\sum_{k=1}^{K_m} a_{k,j}^m \boldsymbol{x}_k^m=\boldsymbol{X}_m^{\mathrm{T}}\boldsymbol{\alpha}_j^m \tag{4.49}$$

式中，$\boldsymbol{x}_k^m$ 是$\boldsymbol{X}_m(K_m\times J)$的一个样本. 因此，基向量$\boldsymbol{p}_{m,j}$实际上是每一个数据集中最原始的观测数据的线性函数.

衡量基向量之间的相似程度，主要是考察不同模态的数据变化有多么接近. 然而，如果把所有模态数据之间的相关性同时准确地估计出来，那么它的计算量是相当大、相当复杂的，而且很难准确地得到想要的结果. 所以借用一个计算技巧[26]，将全局基向量引入到此算法中. 在这里，通过引入全局基向量$\boldsymbol{p}_g$可以分析出不同模态数据集的相关性. $\boldsymbol{p}_g$被认为是第 $M+1$ 个模态的基向量，定义全局基向量$\boldsymbol{p}_g$与每一个模态的基向量$\boldsymbol{p}_m$($m=1, 2, \cdots, M$)尽可能地接近. 下面用优化方法来计算$\boldsymbol{p}_g$：计算多项式$(\boldsymbol{p}_g^{\mathrm{T}}\boldsymbol{p}_1)^2+(\boldsymbol{p}_g^{\mathrm{T}}\boldsymbol{p}_2)^2+\cdots+(\boldsymbol{p}_g^{\mathrm{T}}\boldsymbol{p}_M)^2$，相当于计算$(\boldsymbol{p}_g^{\mathrm{T}}\boldsymbol{X}_1^{\mathrm{T}}\boldsymbol{\alpha}_1)^2+(\boldsymbol{p}_g^{T}\boldsymbol{X}_2^{T}\boldsymbol{\alpha}_2)^2+\cdots+(\boldsymbol{p}_g^{T}\boldsymbol{X}_M^{T}\boldsymbol{\alpha}_M)^2$ 的最大值. $\boldsymbol{p}_g$和原始数据组的基向量$\boldsymbol{p}_m$ 满足下面的目标函数关系：

$$\max R^2=\max\left\{\sum_{m=1}^{M}(\boldsymbol{p}_g^{\mathrm{T}}\boldsymbol{p}_m)^2\right\} \tag{4.50}$$

将方程(4.49)代入方程(4.50)中，可以得到

$$\max R^2=\max\left\{\sum_{m=1}^{M}(\boldsymbol{p}_g^{\mathrm{T}}\boldsymbol{X}_m^{\mathrm{T}}\boldsymbol{\alpha}_m)^2\right\} \tag{4.51}$$

为了得到目标的结果，约束条件如下：

$$\text{s.t.}\begin{cases}\boldsymbol{p}_g^{\mathrm{T}}\boldsymbol{p}_g=1\\ \boldsymbol{\alpha}_m^{\mathrm{T}}\boldsymbol{\alpha}_m=1\end{cases} \tag{4.52}$$

式中，$m=1, 2, \cdots, M$ 表示 M 个模态，系数向量 $\boldsymbol{\alpha}_m$ 的长度被归一化. $(\boldsymbol{p}_g^{\mathrm{T}}\boldsymbol{X}_m^{\mathrm{T}}\boldsymbol{\alpha}_m)^2$ 表示第 m 个模态的基向量$\boldsymbol{X}_m^{\mathrm{T}}\boldsymbol{\alpha}_m$ 和全局基向量$\boldsymbol{p}_g$ 之间的协方差信息. 所以，目标函数涉及协方差信息，且优于单纯的相关性分析.

利用拉格朗日因子，原始的目标函数可以被转化为没有约束条件的优化问题：

$$F(\boldsymbol{p}_g,\boldsymbol{\alpha},\lambda)=\sum_{m=1}^{M}(\boldsymbol{p}_g^{\mathrm{T}}\boldsymbol{X}_m{}^{T}\boldsymbol{\alpha}_m)^2-\lambda_g(\boldsymbol{p}_g^{\mathrm{T}}\boldsymbol{p}_g-1)-\sum_{m=1}^{M}\lambda_m((\boldsymbol{\alpha}_m)^{\mathrm{T}}\boldsymbol{\alpha}_m-1) \tag{4.53}$$

式中，λ_g 和 λ_m 为恒定常数. 计算 $F(\boldsymbol{p}_g, \boldsymbol{\alpha}, \lambda)$的偏导数，得到下面的数学表达

式：

$$\left.\begin{aligned}&\frac{\partial F(\boldsymbol{p}_g,\boldsymbol{\alpha},\lambda)}{\partial \boldsymbol{p}_g}=2\sum_{m=1}^{M}(|\boldsymbol{p}_g^{\mathrm{T}}\boldsymbol{X}_m^{\mathrm{T}}\boldsymbol{\alpha}_m|\boldsymbol{X}_m^{\mathrm{T}}\boldsymbol{\alpha}_m)-2\lambda_g\boldsymbol{p}_g=0\\&\frac{\partial F(\boldsymbol{p}_g,\boldsymbol{\alpha},\lambda)}{\partial \boldsymbol{\alpha}_m}=2|\boldsymbol{p}_g^{\mathrm{T}}\boldsymbol{X}_m^{\mathrm{T}}\boldsymbol{\alpha}_m|\boldsymbol{X}_m\boldsymbol{p}_g-2\lambda_m\boldsymbol{\alpha}_m=0\\&\boldsymbol{p}_g^{\mathrm{T}}\boldsymbol{p}_g-1=0\\&\boldsymbol{\alpha}_m^{\mathrm{T}}\boldsymbol{\alpha}_m-1=0\end{aligned}\right\}\tag{4.54}$$

式(4.54)的第一个式子乘以$\boldsymbol{p}_g^{\mathrm{T}}$，第二个式子乘以 $\boldsymbol{\alpha}_m^{\mathrm{T}}$，可以得到

$$\left.\begin{aligned}&\sum_{m=1}^{M}(\boldsymbol{p}_g^{\mathrm{T}}\boldsymbol{X}_m^{\mathrm{T}}\boldsymbol{\alpha}_m)^2=\lambda_g\\&(\boldsymbol{p}_g^{\mathrm{T}}\boldsymbol{X}_m^{\mathrm{T}}\boldsymbol{\alpha}_m)^2=\lambda_m\end{aligned}\right\}\tag{4.55}$$

式(4.54)的前两个式子可以修改为

$$\sum_{m=1}^{M}\sqrt{\lambda_m}\,\boldsymbol{X}_m^{\mathrm{T}}\boldsymbol{\alpha}_m=\lambda_g\boldsymbol{p}_g\tag{4.56}$$

$$\frac{1}{\sqrt{\lambda_m}}\boldsymbol{X}_m\boldsymbol{p}_g=\boldsymbol{\alpha}_m\tag{4.57}$$

将式(4.57)代入式(4.56)中，得

$$\sum_{m=1}^{M}\boldsymbol{X}_m^{\mathrm{T}}\boldsymbol{X}_m\boldsymbol{p}_g=\lambda_g\boldsymbol{p}_g\tag{4.58}$$

令 $\boldsymbol{Q}=\sum_{m=1}^{M}\boldsymbol{X}_m^{\mathrm{T}}\boldsymbol{X}_m$，则求解$\boldsymbol{p}_g$ 的过程转化为求解 $\boldsymbol{Q}$ 的特征向量的过程. 对 $\boldsymbol{Q}$ 进行特征值分解，可以得到 J 个特征值. 随着特征值大小递减的排序，相应的可以得到 J 个特征向量，选择 R 个主要的特征值所对应的特征向量为 R 个全局基向量$\boldsymbol{p}_g$. R 个全局基向量$\boldsymbol{p}_g$ 构成了全局基矩阵$\boldsymbol{P}_g(J\times R)$.

4.4.2　引入核方法提取各模态全局主要向量

对于复杂工业过程，数据往往存在不同程度的非线性变化问题，而多变量统计过程监测方法，如主元分析(PCA)、偏最小二乘(PLS)和独立元分析(ICA)等主要解决线性变化问题，它们首先就假设数据满足线性变化，所以在在线监控的过程中，应用这些方法往往不能取得较好的监测效果[20,27-29]. 因此，为了解决数据的非线性问题，这里将核函数技术引入到多模态的算法中来提取全局主要向量.

假设多组观测数据集仍为$\boldsymbol{X}_1(K_1\times J)$，$\boldsymbol{X}_2(K_2\times J)$，…，$\boldsymbol{X}_m(K_m\times J)$，…，$\boldsymbol{X}_M(K_M\times J)$，下标 $m=1$，2，…，M 表示不同的模态，K 表示样本数，J 表示变量数. 对数据样本进行中心化和标准化处理，可以得到不同模态的数据集，第 m 个模态的数据集表示为$\boldsymbol{X}_m(K_m\times J)$. 提出的新算法首先是把处理后的观测数据非

线性地映射到特征空间中. 在这一特征空间中, 数据有更好的线性结构. 设一个非线性的映射为

$$\boldsymbol{\Phi}: \mathbf{R}^m \to \boldsymbol{F}\ (\text{特征空间})$$

利用上面的映射, 原始输入空间的观测数据就扩展到了一个高维特征空间 $\boldsymbol{F}$ 中, 即 $\boldsymbol{X}_m \to \boldsymbol{\Phi}(\boldsymbol{X}_m)$, 且 $\boldsymbol{\Phi}(\boldsymbol{X}_m) \in F$. 可以得到映射后的数据集 $\boldsymbol{\Phi}(\boldsymbol{X}_m) = [\boldsymbol{\Phi}(\boldsymbol{x}_1^m), \boldsymbol{\Phi}(\boldsymbol{x}_2^m), \cdots, \boldsymbol{\Phi}(\boldsymbol{x}_{K_m}^m)]^{\mathrm{T}}$.

假定 $\sum_{j=1}^{K_m} \boldsymbol{\Phi}(\boldsymbol{x}_j^m) = \mathbf{0}$, 仿照 KPCA 方法, 设每一个数据集的基向量为 $\boldsymbol{p}_{m,j}$ ($j = 1, 2, \cdots, J$; $m = 1, 2, \cdots, M$), 同时, $\boldsymbol{p}_{m,j}$ 与所在的数据集存在线性关系式:

$$\boldsymbol{p}_{m,j} = \sum_{k=1}^{K_m} a_{k,j}^m \boldsymbol{\Phi}(\boldsymbol{x}_k^m) = \boldsymbol{\Phi}(\boldsymbol{X}_m)^{\mathrm{T}} \boldsymbol{\alpha}_j^m \tag{4.59}$$

式中, $\boldsymbol{\alpha}_j^m = [a_{1,j}^m, a_{2,j}^m, \cdots, a_{k,j}^m]$ 为线性组合的系数. 为了获取不同模式所共有的相似性, 引入一个全局基向量 $\boldsymbol{p}_g$, 使得它可以和每个工作模式下得到的基向量 $\boldsymbol{p}_m$ 十分接近, 并可以用全局基向量 $\boldsymbol{p}_g$ 来描述各个工作模式下的公共信息. 得到全局基向量 $\boldsymbol{p}_g$ 的方法如下.

为了使得全局基向量 $\boldsymbol{p}_g$ 与每个工作模式下得到的基向量 $\boldsymbol{p}_m$ 十分接近, 问题转化为求解满足约束条件的目标函数的最大值:

$$\max R^2 = \max\left\{\sum_{m=1}^{M} (\boldsymbol{p}_g^{\mathrm{T}} \boldsymbol{p}_m)^2\right\} \tag{4.60}$$

将方程(4.59)代入式(4.60)中, 可以得到

$$\max R^2 = \max\left\{\sum_{m=1}^{M} (\boldsymbol{p}_g^{\mathrm{T}} \boldsymbol{\Phi}(\boldsymbol{X}_m)^{\mathrm{T}} \boldsymbol{\alpha}_m)^2\right\} \tag{4.61}$$

$$\text{s.t.} \begin{cases} \boldsymbol{p}_g^{\mathrm{T}} \boldsymbol{p}_g = 1 \\ (\boldsymbol{\alpha}_m)^{\mathrm{T}} \boldsymbol{\alpha}_m = 1 \end{cases} \tag{4.62}$$

为求解上述目标函数, 构造拉格朗日函数, 可以得到

$$F(\boldsymbol{p}_g, \boldsymbol{\alpha}, \lambda) = \sum_{m=1}^{M} (\boldsymbol{p}_g^{\mathrm{T}} \boldsymbol{\Phi}(\boldsymbol{X}_m)^{\mathrm{T}} \boldsymbol{\alpha}_m)^2 - \lambda_g(\boldsymbol{p}_g^{\mathrm{T}} \boldsymbol{p}_g - 1) - \sum_{m=1}^{M} \lambda_m (\boldsymbol{\alpha}_m^{\mathrm{T}} \boldsymbol{\alpha}_m - 1) \tag{4.63}$$

式中, λ_g, λ_m 设为常数标量. 拉格朗日函数分别对 $\boldsymbol{p}_g$, $\boldsymbol{\alpha}_m$ 求偏导数整理, 则优化问题转化为求解

$$\sum_{m=1}^{M} (\boldsymbol{\Phi}(\boldsymbol{X}_m)^{\mathrm{T}} \boldsymbol{\Phi}(\boldsymbol{X}_m)) \boldsymbol{p}_g = \lambda_g \boldsymbol{p}_g \tag{4.64}$$

式中, $\boldsymbol{\Phi}(\boldsymbol{X}_m)^{\mathrm{T}} \boldsymbol{\Phi}(\boldsymbol{X}_m)$ 反映的是 $\boldsymbol{\Phi}(\boldsymbol{X}_m)$ 的协方差信息. 将 $\sum_{m=1}^{M} (\boldsymbol{\Phi}(\boldsymbol{X}_m)^{\mathrm{T}} \boldsymbol{\Phi}(\boldsymbol{X}_m))$ 改写成

$$\boldsymbol{C} = \sum_{m=1}^{M} (\boldsymbol{\Phi}(\boldsymbol{X}_m)^{\mathrm{T}} \boldsymbol{\Phi}(\boldsymbol{X}_m)) = \sum_{m=1}^{M} \left(\sum_{i=1}^{K_m} \boldsymbol{\Phi}(\boldsymbol{x}_i^m) \boldsymbol{\Phi}(\boldsymbol{x}_i^m)^{\mathrm{T}}\right) \tag{4.65}$$

$\boldsymbol{\Phi}(\boldsymbol{x}_i^m)$ 为第 m 个模态的数据集的第 i 个采样，则式(4.64)可以变为

$$\left(\sum_{m=1}^{M}\left(\sum_{i=1}^{K_m}\boldsymbol{\Phi}(\boldsymbol{x}_i^m)\boldsymbol{\Phi}(\boldsymbol{x}_i^m)^{\mathrm{T}}\right)\right)\boldsymbol{p}_g = \lambda_g\boldsymbol{p}_g \tag{4.66}$$

将式(4.66)展开，可得到

$$[\boldsymbol{\Phi}(\boldsymbol{x}_1^1),\ \boldsymbol{\Phi}(\boldsymbol{x}_2^1),\ \cdots,\ \boldsymbol{\Phi}(\boldsymbol{x}_{K_m}^M)]\cdot[\boldsymbol{\Phi}(\boldsymbol{x}_1^1)^{\mathrm{T}},\ \boldsymbol{\Phi}(\boldsymbol{x}_2^1)^{\mathrm{T}},\ \cdots,\ \boldsymbol{\Phi}(\boldsymbol{x}_{K_m}^M)^{\mathrm{T}}]^{\mathrm{T}}\cdot\boldsymbol{p}_g=\lambda_g\boldsymbol{p}_g \tag{4.67}$$

将式(4.67)重新整理，可改写为

$$\sum_{i=1}^{H}\boldsymbol{\Phi}(\boldsymbol{x}_i)\boldsymbol{\Phi}(\boldsymbol{x}_i)^{\mathrm{T}}\boldsymbol{p}_g = \lambda_g\boldsymbol{p}_g \tag{4.68}$$

式中，H 为各个模态数据集样本的总个数，从而得到新的数据集；$\boldsymbol{\Phi}(\boldsymbol{x}_i)$ 为新数据集中的任意一个样本.

求解全局基向量 $\boldsymbol{p}_g$ 的问题转化为求 $\sum_{i=1}^{H}\boldsymbol{\Phi}(\boldsymbol{x}_i)\boldsymbol{\Phi}(\boldsymbol{x}_i)^{\mathrm{T}}$ 特征向量的问题，其中，特征值 $\lambda_g\geqslant 0$ 且所求的 $\boldsymbol{p}_g\in F\neq\{\boldsymbol{0}\}$ 是 λ_g 对应的特征向量. 全局基向量 $\boldsymbol{p}_g$ 通过下面特征值问题的求解得到：

$$\sum_{i=1}^{H}\boldsymbol{\Phi}(\boldsymbol{x}_i)\boldsymbol{\Phi}(\boldsymbol{x}_i)^{\mathrm{T}}\boldsymbol{p}_g = \sum_{i=1}^{H}\langle\boldsymbol{\Phi}(\boldsymbol{x}_i),\boldsymbol{p}_g\rangle\boldsymbol{\Phi}(\boldsymbol{x}_i) = \lambda_g\boldsymbol{p}_g \tag{4.69}$$

式中，$\langle\boldsymbol{\Phi}(\boldsymbol{x}_i),\ \boldsymbol{p}_g\rangle$ 表示 $\boldsymbol{\Phi}(\boldsymbol{x}_i)$ 和 $\boldsymbol{p}_g$ 之间的点积.

$$\sum_{i=1}^{H}\langle\boldsymbol{\Phi}(\boldsymbol{x}_i),\boldsymbol{p}_g\rangle\langle\boldsymbol{\Phi}(\boldsymbol{x}_k),\boldsymbol{\Phi}(\boldsymbol{x}_i)\rangle = \lambda_g\langle\boldsymbol{\Phi}(\boldsymbol{x}_k),\boldsymbol{p}_g\rangle \tag{4.70}$$

向量 $\boldsymbol{p}_g$ 可由高维特征空间内相应映射点的线性组合而组成，且存在系数 $\beta_j(j=1,\ 2,\ \cdots,\ H)$，使得

$$\boldsymbol{p}_g = \sum_{j=1}^{H}\beta_j\boldsymbol{\Phi}(\boldsymbol{x}_j) \tag{4.71}$$

结合方程(4.70)和方程(4.71)，可以得到

$$\sum_{i=1}^{H}\sum_{j=1}^{H}\beta_j\langle\boldsymbol{\Phi}(\boldsymbol{x}_i),\boldsymbol{\Phi}(\boldsymbol{x}_j)\rangle\langle\boldsymbol{\Phi}(\boldsymbol{x}_k),\boldsymbol{\Phi}(\boldsymbol{x}_i)\rangle = \lambda_g\sum_{j=1}^{H}\beta_j\langle\boldsymbol{\Phi}(\boldsymbol{x}_k),\boldsymbol{\Phi}(\boldsymbol{x}_j)\rangle \tag{4.72}$$

求解式(4.72)中的 β_j 和 λ_g. 由于映射向量 $\boldsymbol{\Phi}(\cdot)$ 存在，而 $\boldsymbol{\Phi}(\cdot)$ 不需要明确计算出来，只需求得高维特征空间中两个向量的点积即可. 通过引入核函数 $k(\boldsymbol{x},\ \boldsymbol{y})=\langle\boldsymbol{\Phi}(\boldsymbol{x}),\ \boldsymbol{\Phi}(\boldsymbol{y})\rangle$ 就避免了执行非线性映射和在特征空间计算向量的点积的问题[20]. 这里定义一个 $H\times H$ 维的核矩阵 $\boldsymbol{K}$：

$$[\boldsymbol{K}]_{ij}=\boldsymbol{K}_{ij}=(\boldsymbol{\Phi}(\boldsymbol{x}_i),\ \boldsymbol{\Phi}(\boldsymbol{x}_j))=k(\boldsymbol{x}_i,\ \boldsymbol{x}_j) \tag{4.73}$$

式中，$i=1,\ 2,\ \cdots,\ H$；$j=1,\ 2,\ \cdots,\ H$. 在使用核矩阵 $\boldsymbol{K}$ 之前，需要对其在高维特征空间进行中心化. 核矩阵 $\boldsymbol{K}$ 中心化公式为

$$\widetilde{\boldsymbol{K}}=\boldsymbol{K}-\boldsymbol{1}_H\boldsymbol{K}-\boldsymbol{K}\boldsymbol{1}_H+\boldsymbol{1}_H\boldsymbol{K}\boldsymbol{1}_H \tag{4.74}$$

式中，$\mathbf{1}_H = \frac{1}{H}\begin{bmatrix} 1 & \cdots & 1 \\ \vdots & & \vdots \\ 1 & \cdots & 1 \end{bmatrix} \in \mathbf{R}^{H \times H}$.

方程(4.72)的左边可表示为

$$\sum_{i=1}^{H}\sum_{j=1}^{H}\beta_j\langle \boldsymbol{\Phi}(\boldsymbol{x}_i),\boldsymbol{\Phi}(\boldsymbol{x}_j)\rangle\langle \boldsymbol{\Phi}(\boldsymbol{x}_k),\boldsymbol{\Phi}(\boldsymbol{x}_i)\rangle = \sum_{j=1}^{H}\beta_j\sum_{i=1}^{H}\boldsymbol{K}_{ij}\boldsymbol{K}_{ki} \tag{4.75}$$

方程(4.72)的右边可表示为

$$\lambda_g\sum_{j=1}^{H}\beta_j\langle \boldsymbol{\Phi}(\boldsymbol{x}_k),\boldsymbol{\Phi}(\boldsymbol{x}_j)\rangle = \lambda_g\sum_{j=1}^{H}\beta_j\boldsymbol{K}_{kj} \tag{4.76}$$

通过方程(4.75)和方程(4.76)，方程(4.72)可以转化为

$$\widetilde{\boldsymbol{K}}^2\beta = \lambda_g\widetilde{\boldsymbol{K}}\beta \tag{4.77}$$

式中，$\boldsymbol{\beta} = [\beta_1,\ \beta_2,\ \cdots,\ \beta_H]^{\mathrm{T}}$. 方程(4.77)可简化为

$$\widetilde{\boldsymbol{K}}\boldsymbol{\beta} = \lambda_g\boldsymbol{\beta} \tag{4.78}$$

对方程(4.78)中的$\widetilde{\boldsymbol{K}}$进行特征值分解，求出非零特征值以及对应的特征向量，即可相应地得到全局基向量$\boldsymbol{p}_g$.

求解方程(4.78)后，可以得到特征值 $\lambda_{g,1}$，$\lambda_{g,2}\cdots$，$\lambda_{g,H}$，且满足 $\lambda_{g,1}\geqslant\lambda_{g,2}\geqslant\cdots\geqslant\lambda_{g,H}$. 与之对应的特征向量分别为$\boldsymbol{\beta}_1$，$\boldsymbol{\beta}_2$，$\cdots\boldsymbol{\beta}_H$. 保留前 R 个特征向量来降低问题的维数，得到$\boldsymbol{\beta}_1$，$\boldsymbol{\beta}_2$，$\cdots\boldsymbol{\beta}_R$，用$\boldsymbol{\beta}_k$ 表示，其中 $k=1,\ 2,\ \cdots,\ R$，代入式(4.71)，可以得到全局主要因素表达式为

$$\boldsymbol{p}_{g,k} = \sum_{j=1}^{H}\beta_{j,k}\boldsymbol{\Phi}(\boldsymbol{x}_j) \tag{4.79}$$

因此，R 个全局基向量$\boldsymbol{p}_g$组成了全局基矩阵$\boldsymbol{P}_g(J\times R)$，它包含着不同模态的公共信息，分离出了每个模态的差异信息. 因此，通过上述方法，能够提取出各个模态的全局基矩阵$\boldsymbol{P}_g$.

4.4.3 多模态 KICA 算法的基本原理

对于每一个模态，通过把数据集映射到高维特征空间中，可以得到 $\boldsymbol{\Phi}(\boldsymbol{x}_1^m)$，$\boldsymbol{\Phi}(\boldsymbol{x}_2^m)$，$\cdots$，$\boldsymbol{\Phi}(\boldsymbol{x}_i^m)$，$\cdots$，$\boldsymbol{\Phi}(\boldsymbol{x}_{K_m}^m)$. 通过上面的计算可以得到全局基向量$\boldsymbol{p}_g$，这样可以把每一个模态的观测样本分成两部分，一部分是满足公共线性关系的部分，另一部分为每一个模态所特有的部分. 原始的数据空间 $\boldsymbol{\Phi}(\boldsymbol{X}_m)$ 被分成了两个正交的子空间，分别为 $\boldsymbol{\Phi}(\boldsymbol{X}_m^c)$ 和 $\boldsymbol{\Phi}(\boldsymbol{X}_m^s)$. $\boldsymbol{\Phi}(\boldsymbol{X}_m^c)$ 是公共部分的数据映射结果，$\boldsymbol{\Phi}(\boldsymbol{X}_m^s)$ 是特殊部分的数据映射结果.

通过把第 m 个模态的采样 $\boldsymbol{\Phi}(\boldsymbol{x}_i^m)$ 投影到全局基向量$\boldsymbol{p}_{g,k}$上，其中，$k=1,\ 2,\ \cdots,\ R$，得到第 m 个模态的数据集 $\boldsymbol{\Phi}(\boldsymbol{X}_m)$ 的主元$\boldsymbol{T}_m^c$，计算为

$$t_m^{c,k} = \langle \boldsymbol{p}_{g,k},\boldsymbol{\Phi}(\boldsymbol{x}_i^m)\rangle = \sum_{j=1}^{H}\beta_{j,k}\langle \boldsymbol{\Phi}(\boldsymbol{x}_j),\boldsymbol{\Phi}(\boldsymbol{x}_i^m)\rangle = \sum_{j=1}^{H}\beta_{j,k}\tilde{k}(\boldsymbol{x}_j,\boldsymbol{x}_i^m) \tag{4.80}$$

式中，$\boldsymbol{\Phi}(\boldsymbol{x}_i^m)$为第 m 个模态数据集的采样，H 为各个模态数据集样本的总个数，$\boldsymbol{\Phi}(\boldsymbol{x}_j)$是各个模态组成的新的数据集的第$j$ 个采样，$\tilde{k}(\boldsymbol{x}_j, \boldsymbol{x}_i^m)$是中心化的核向量$\tilde{\boldsymbol{k}}$的第$j$ 个值，其中

$$\tilde{\boldsymbol{k}} = \boldsymbol{k} - \boldsymbol{1}_t\boldsymbol{K} - \boldsymbol{k}\boldsymbol{1}_{K_m} + \boldsymbol{1}_t\boldsymbol{K}\boldsymbol{1}_{K_m} \tag{4.81}$$

$$\boldsymbol{k} = [k(\boldsymbol{x}, \boldsymbol{x}_1), \cdots, k(\boldsymbol{x}, \boldsymbol{x}_{K_m})] \tag{4.82}$$

式中，$\boldsymbol{1}_{K_m} = \dfrac{1}{K_m}\begin{bmatrix} 1 & \cdots & 1 \\ \vdots & & \vdots \\ 1 & \cdots & 1 \end{bmatrix} \in \mathbf{R}^{K_m \times K_m}$，$\boldsymbol{1}_t = \dfrac{1}{K_m}[1, 1, \cdots, 1]^{\mathrm{T}} \in \mathbf{R}^{K_m \times 1}$.

通过上面的计算，得到第 m 个模式的主元$\boldsymbol{T}_m^c$. 全局基向量$\boldsymbol{p}_{g,k}$反映了不同模态所共有的相似性，因此将$\boldsymbol{T}_m^c$ 命名为公共部分的得分. 根据式(4.83)可以得到模式 m 的公共部分数据集：

$$\boldsymbol{\Phi}(\boldsymbol{X}_m^c) = \boldsymbol{T}_m^c \boldsymbol{P}_g^{\mathrm{T}} \tag{4.83}$$

式中，$\boldsymbol{P}_g(J \times R)$由$\boldsymbol{p}_{g,k}$组成，从第 m 个模态的数据集 $\boldsymbol{\Phi}(\boldsymbol{X}_m)$中去除公共部分的数据集可以得到特殊部分数据集：

$$\boldsymbol{\Phi}(\boldsymbol{X}_m^s) = \boldsymbol{\Phi}(\boldsymbol{X}_m) - \boldsymbol{\Phi}(\boldsymbol{X}_m^c) = \boldsymbol{\Phi}(\boldsymbol{X}_m) - \boldsymbol{T}_m^c \boldsymbol{P}_g^{\mathrm{T}} \tag{4.84}$$

在高维特征空间中对公共部分 $\boldsymbol{\Phi}(\boldsymbol{X}_m^c)$和特殊部分 $\boldsymbol{\Phi}(\boldsymbol{X}_m^s)$进行白化. 应用 KPCA 算法，可以得到白化矩阵为$\boldsymbol{P}_c$ 和$\boldsymbol{P}_s$，且在高维特征空间中映射数据的白化变换为

$$\left.\begin{aligned} \boldsymbol{z}_c &= \boldsymbol{P}_c^{\mathrm{T}}\boldsymbol{\Phi}(\boldsymbol{X}_m^c) \\ \boldsymbol{z}_s &= \boldsymbol{P}_s^{\mathrm{T}}\boldsymbol{\Phi}(\boldsymbol{X}_m^s) \end{aligned}\right\} \tag{4.85}$$

下面用改进的 ICA 算法来计算独立元$\hat{\boldsymbol{s}}_c$ 和$\hat{\boldsymbol{s}}_s$. 具体的求解公式为

$$\left.\begin{aligned} \hat{\boldsymbol{s}}_c &= \boldsymbol{C}_c^{\mathrm{T}} \boldsymbol{z}_c \\ \hat{\boldsymbol{s}}_s &= \boldsymbol{C}_s^{\mathrm{T}} \boldsymbol{z}_s \end{aligned}\right\} \tag{4.86}$$

多模态 KICA 算法的具体步骤如下：

① 令$\boldsymbol{X}_1(K_1 \times J)$，$\boldsymbol{X}_2(K_2 \times J)$，…，$\boldsymbol{X}_m(K_m \times J)$，…，$\boldsymbol{X}_M(K_M \times J)$为 M 个不同模态的数据，并分别对其进行标准化处理；

② 对$\boldsymbol{X}_1(K_1 \times J)$，$\boldsymbol{X}_2(K_2 \times J)$，…，$\boldsymbol{X}_m(K_m \times J)$，…，$\boldsymbol{X}_M(K_M \times J)$引入核方法，提取 M 个不同模态的全局主要因素，即基矩阵$\boldsymbol{P}_g$；

③ 通过基矩阵$\boldsymbol{P}_g$，将每一个模态分成两部分，即公共部分的数据映射结果$\boldsymbol{\Phi}(\boldsymbol{X}_m^c)$和特殊部分的数据映射结果 $\boldsymbol{\Phi}(\boldsymbol{X}_m^s)$；

④ 对每一部分进行 KICA 分析，得到独立元$\hat{\boldsymbol{s}}_c$ 和$\hat{\boldsymbol{s}}_s$；

⑤ 对于一个新样本$\boldsymbol{x}_{\mathrm{new}}$，计算对应模态的 T^2统计量 $T_{c,\mathrm{new}}^2$，$T_{s,\mathrm{new}}^2$和 SPE 统计量 SPE_c，SPE_s；

⑥ 如果 T^2统计量和 SPE 统计量超出了各自的置信限，则有故障发生，否则证明新样本为正常数据.

基于多模态 KICA 的故障检测流程图如图 4.6 所示.

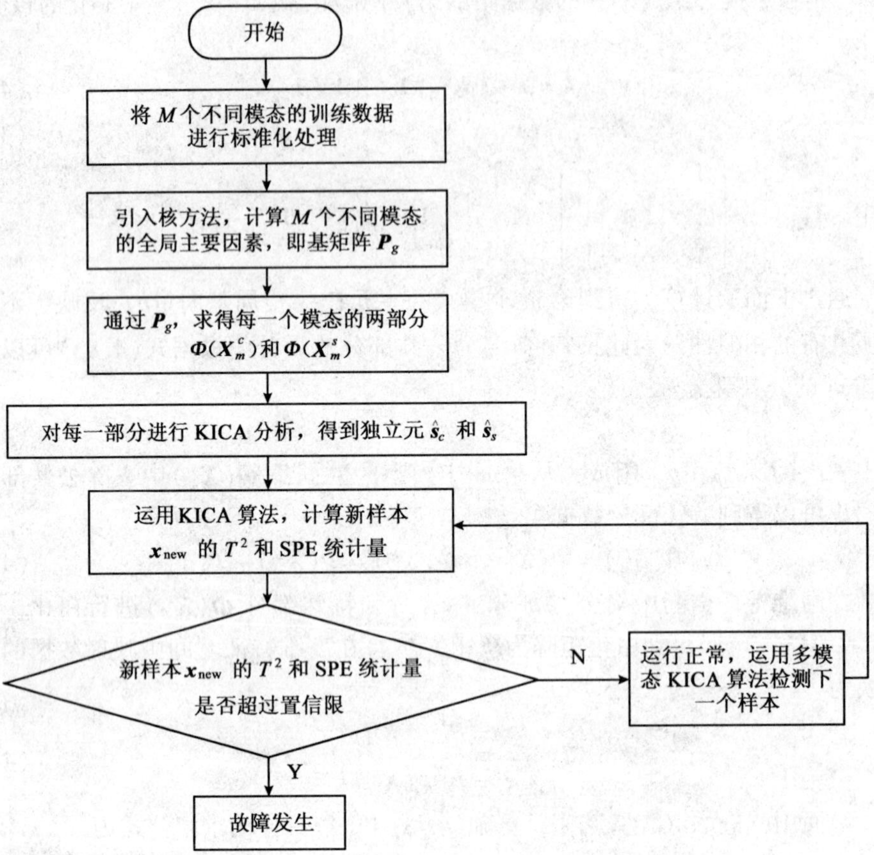

图 4.6　基于多模态 KICA 的故障检测流程图

为了实现对过程的监控，对于一个新的采样 x_{new}，通过监测数据计算监测统计量 T^2 和 SPE.

T^2 统计量定义为

$$\left.\begin{aligned}T_{c,new}^2 &= s_{c,new}^{T} D_{c,new}^{-1} s_{c,new}\\ T_{s,new}^2 &= s_{s,new}^{T} D_{s,new}^{-1} s_{s,new}\end{aligned}\right\} \tag{4.87}$$

SPE 统计量定义为

$$\text{SPE} = e_{s,new}^{T} e_{s,new} \tag{4.88}$$

式中，$e_{s,new} = z_{s,new} - \hat{z}_{s,new}$，$\hat{z}_{s,new} = D_{s,new} D_{s,new}{}^{T} z_{s,new}$.

T^2 和 SPE 的控制限的求解过程与第 3 章 MBKICA 算法中 T^2 和 SPE 的控制限的求解过程相同[14]. 利用单变量核密度估计求解 T^2 统计量的控制限.

如果 3 个统计量在某一模式下均未超出控制限，而其他不匹配模式至少有一种统计量超出控制限，那么说明当前观察值与这一模式匹配. 之后用相应的工作模式下的公共部分模型与特殊部分模型组合进行故障检测；如果 3 种统计量出现超限的情况，那么发生提示预警，说明过程中发生某种故障.

多模态 KICA 算法的具体步骤如下：

① 令$\boldsymbol{X}_1(K_1\times J)$，$\boldsymbol{X}_2(K_2\times J)$，…，$\boldsymbol{X}_m(K_m\times J)$，…，$\boldsymbol{X}_M(K_M\times J)$为 M 个不同模态的数据，并分别对其进行标准化处理；

② 对$\boldsymbol{X}_1(K_1\times J)$，$\boldsymbol{X}_2(K_2\times J)$，…，$\boldsymbol{X}_m(K_m\times J)$，…，$\boldsymbol{X}_M(K_M\times J)$引入核方法，提取 M 个不同模态的全局主要因素，即基矩阵$\boldsymbol{P}_g$；

③ 通过基矩阵$\boldsymbol{P}_g$，将每一个模态分成两部分，即公共部分的数据映射结果$\boldsymbol{\Phi}(\boldsymbol{X}_m^c)$和特殊部分的数据映射结果 $\boldsymbol{\Phi}(\boldsymbol{X}_m^s)$；

④ 对每一部分进行 KICA 分析，得到独立元$\boldsymbol{s}_c$ 和$\boldsymbol{s}_s$；

⑤ 通过独立元$\boldsymbol{s}_c$ 和$\boldsymbol{s}_s$，计算正常操作数据的监测统计量(T^2 和 SPE)；

⑥ 确定 T^2 和 SPE 统计量的控制限；

⑦ 对于一个新样本$\boldsymbol{x}_{\text{new}}$，重复步骤①⑤，计算对应模态的 T^2 统计量的 $T^2_{c,\text{new}}$，$T^2_{s,\text{new}}$和 SPE 统计量；

⑧ 如果 T^2 统计量和 SPE 统计量超出了各自的控制限，则有故障发生，否则证明新样本为正常数据.

4.5　仿真分析

4.5.1　冷轧连续退火机组的生产过程描述

在冷轧连续退火机组中，退火炉是其中的重要设备. 带钢通过各炉段，如预热、加热、均热、冷却、再加热、终冷等过程，其内部结构经历晶粒恢复、再结晶、晶粒长大、碳化物析出等几个阶段的组织变化过程，使得材料组织进行再结晶，从而提高带钢的内在质量.

连退过程是冷轧之后高效的热处理过程[15]，它使带钢具有高抗张强度和高可成形性. 由于其高可靠性、高质量、高产量和其他优点，连退过程被广泛地应用到世界各地[16]. 将冷轧后而产生加工硬化的带钢进行再结晶退火处理，完善微观组织，提高塑性和冲压成形性. 经过冷轧的钢卷经过开卷机开卷，进入生产线. 钢卷的头端与上一卷带钢的尾端焊接到一起. 之后，带钢以一定的速度运行. 在生产线的出口段，带钢被切割并再次卷成钢卷.

冷轧连续退火机组共有 21 段张力控制区域，包括 19 个测张仪区域的张力、开卷机和卷取机张力，最大线速度为 880m/min，带钢宽度为 900 ~ 1230mm，厚度是 0.18 ~ 0.55mm，最大质量为 26.5t，被加热到 710℃. 其主要工艺流程如图 4.7 所示，钢卷首先经过开卷机(POR)开卷，然后焊接成连续的带钢，带钢依次经过 1#张紧辊(1BR)、入口活套(ELP)、2#张紧辊(2BR)、1#跳动辊(1DCR)、3#

张紧辊(3BR)后进入连续退火炉，连续退火炉采用了“快速冷却—再加热—倾斜过时效”的退火工艺，依次包括加热炉(HF)、均热炉(SF)、缓冷炉(SCF)、$1^{\#}$冷却炉(1C)、再加热炉(RH)、过时效炉(OA)、$2^{\#}$冷却炉(2C)，带钢完成退火工艺后经过$4^{\#}$张紧辊(4BR)、出口活套(DLP)、$5^{\#}$张紧辊(5BR)后进入平整机(TPM)，从平整机出来的带钢经过$6^{\#}$张紧辊(6BR)、$2^{\#}$跳动辊(2DCR)、$7^{\#}$张紧辊(7BR)，最后进入卷取机(TR)卷曲成钢卷存放．其中，过时效炉由$1^{\#}$过时效(1OA)、$2^{\#}$过时效-1(2OA-1)和$2^{\#}$过时效-2(2OA-2)组成．

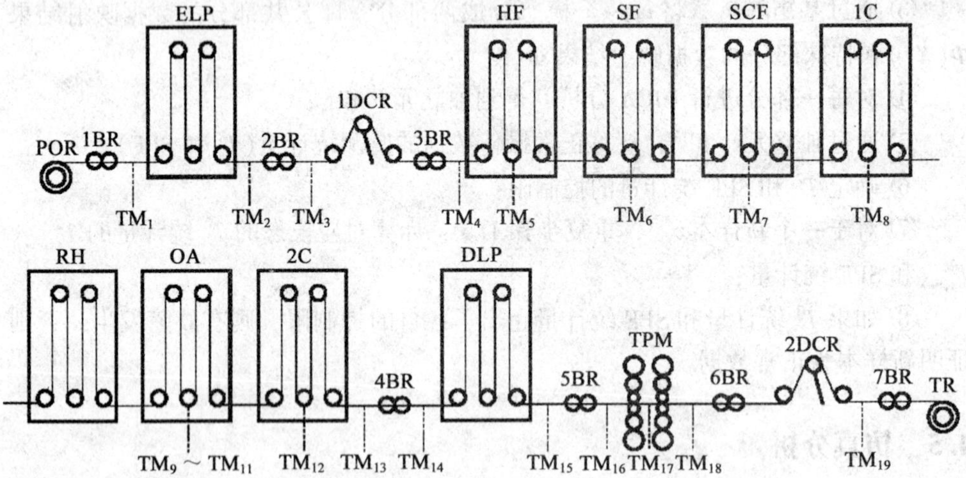

POR: payoff reel; BR: bridle roll; ELP: entrance loop; DCR: dancer roll; HF: heating furnace; SF: soaking furnace; SCF: slow cooling furnace; C: cooling furnace; RF: reheating furnace; DLP: delivery loop; TPM: temper rolling machine; TR: roll type reel; OA: overaging furnace; TM: tension model

图 4.7　连续退火过程

将整个连退工艺过程分成 4 段．

① 入口段(开卷)．入口段的设备是指从开卷机到 1BR，主要是将冷轧钢卷从开卷送入入口活套暂存．

② 连退工艺段．连退工艺段是指从炉区入口 2BR 一直到炉区出口 4BR，这段的主要设备有：张紧辊(2BR，3BR，4BR)和炉辊，主要功能为将冷轧带钢在炉区退火．

③ 出口段(平整)．平整段的设备包括平整机、剪切机、卷取机等设备，主要目的是对退火后的带钢经平整机平整，并于卷取机处卷为钢卷，送入下游镀锡或直接作为成品．

④ 速度协调设备(入口、出口活套)．入口活套保证入口段与工艺段速度协调；出口活套保证工艺段与出口段速度协调．

4.5.2　对 MBKICA 方法的仿真分析

4.5.2.1　2BR 的仿真结果分析

在冷轧连续退火机组中，张力是一个非常重要的因素，它关系着整条连续退火机组是否正确、稳定地运行．张紧辊是控制张力的重要元件．张紧辊的张力和速度直接影响着带钢的质量．在整条退火机组中共有 7 个张紧辊，从 1BR 到 7BR．下面主要介绍一下 2BR．2BR 有 5 个辊子，每一个辊子的工作状态由电流百分比和辊速 2 个变量决定，5 个辊子都包含着电流百分比和辊速的信息．表 4.1 为 2BR 的输入变量表.

表 4.1　2BR 的输入变量表

列表名称	单位	位置
2BR 1R ~ 2BR 5R 电流	A	2 号张紧辊
2BR 1R ~ 2BR 5R 辊速	m/min	2 号张紧辊

这里选用 2BR 中的 300 个正常数据做训练，100 个异常数据做实验．用其中的前 8 个变量去建模．由图 4.8 可知，用 3 种方法有效地监测故障的发生，2BR 中可能有故障发生，而且故障可能发生在第 44 个样本中，同时，这个故障变量还影响到了其他的变量.

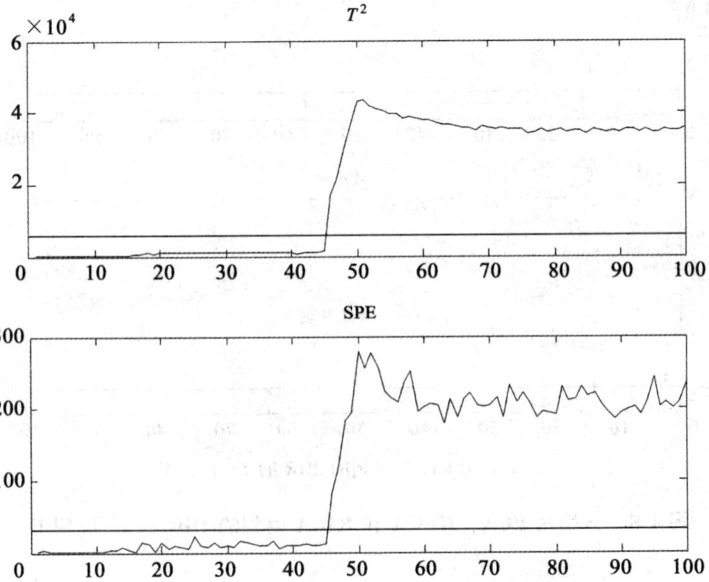

(a) 用 PCA 得到的 2BR 的 T^2 和 SPE

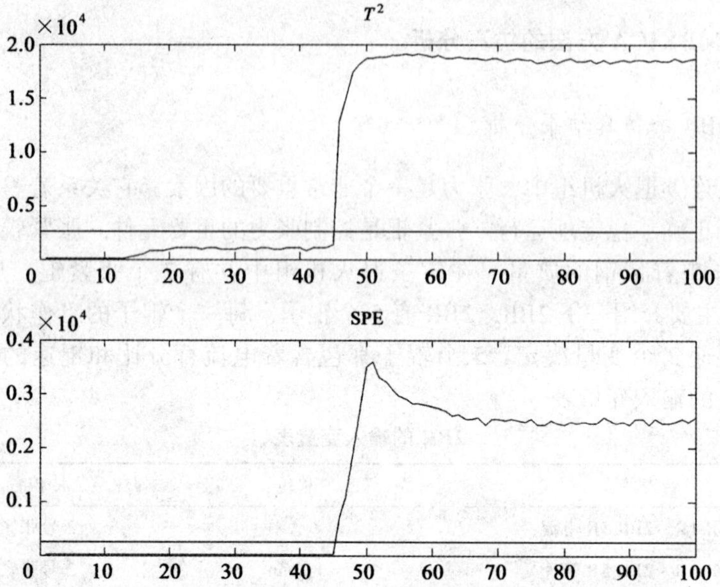

(b) 用 KPCA 得到的 2BR 的 T^2 和 SPE

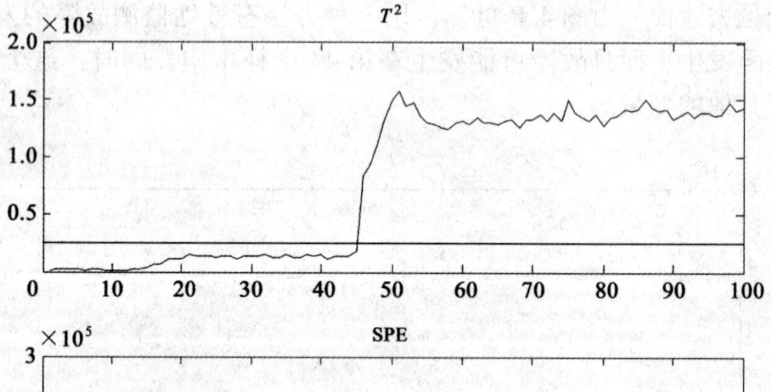

(c) 用 KICA 得到的 2BR 的 T^2 和 SPE

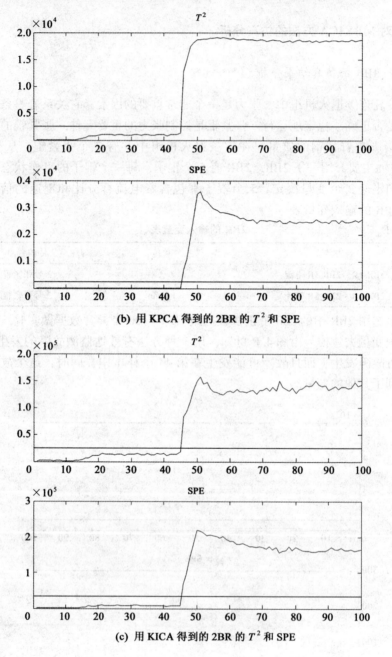

图 4.8　分别用 PCA，KPCA 和 KICA 得到的 2BR 的 T^2 和 SPE

现在将变量分成 4 块，每一块包含着一个张紧辊的两个变量信息，分别为电流百分比和辊速. 通过多块 KICA 方法，得到 2BR 的 T^2 和 SPE 的监测图，如图 4.9 所示. 图 4.9 说明了故障发生在第二块，同时第二块影响到了其他块. 从图 4.10 中的(a)和(b)可以确定，故障发生在第二块中. 所以，通过新方法 MBKI-

CA 可以确定故障发生的具体位置.

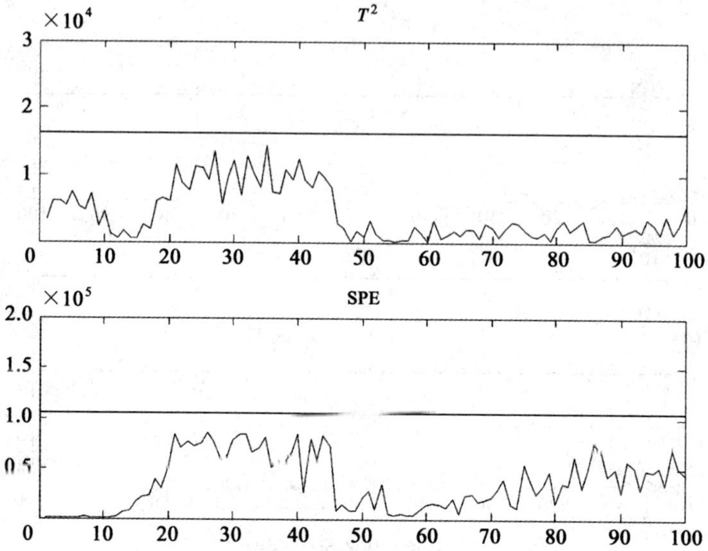

（a）第一块的 T^2 和 SPE

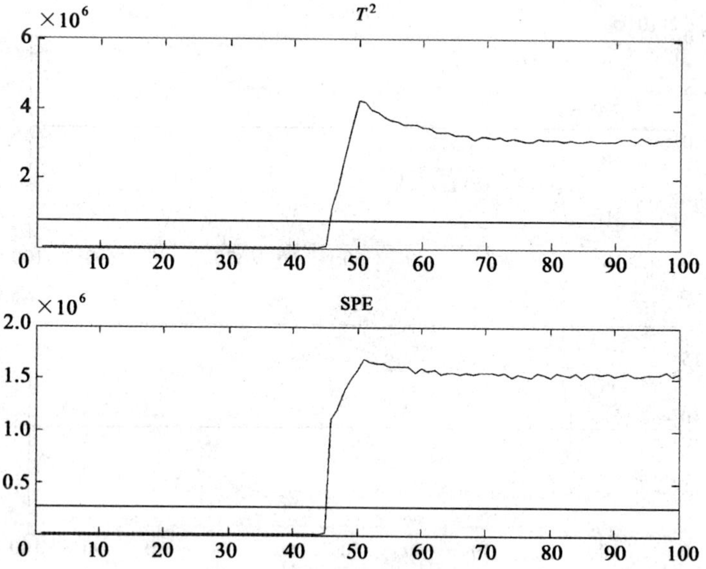

（b）第二块的 T^2 和 SPE

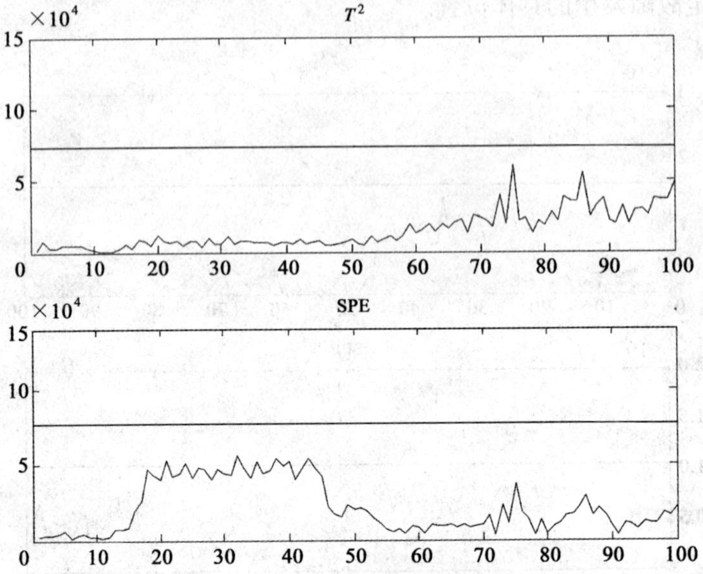

（c）第三块的 T^2 和 SPE

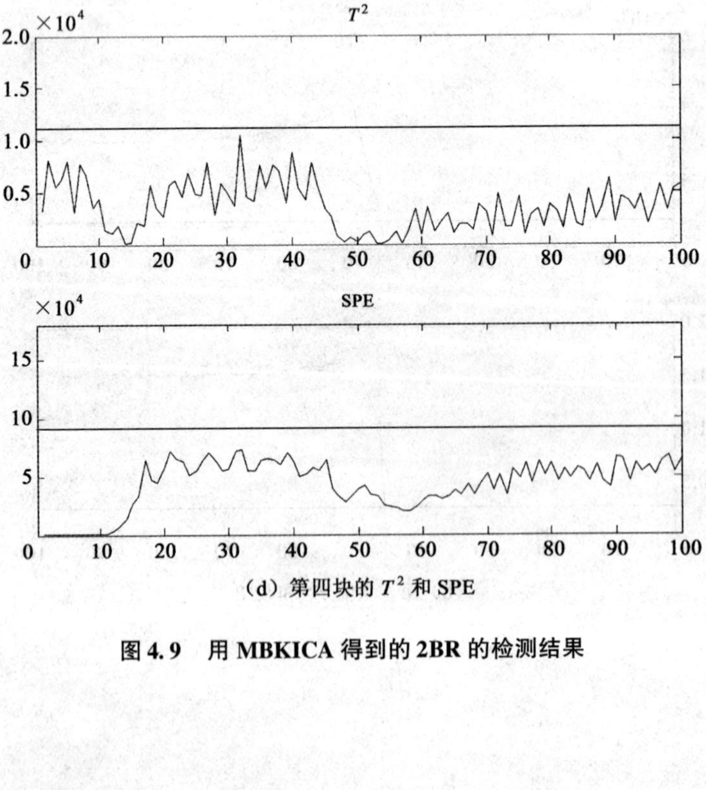

（d）第四块的 T^2 和 SPE

图 4.9　用 MBKICA 得到的 2BR 的检测结果

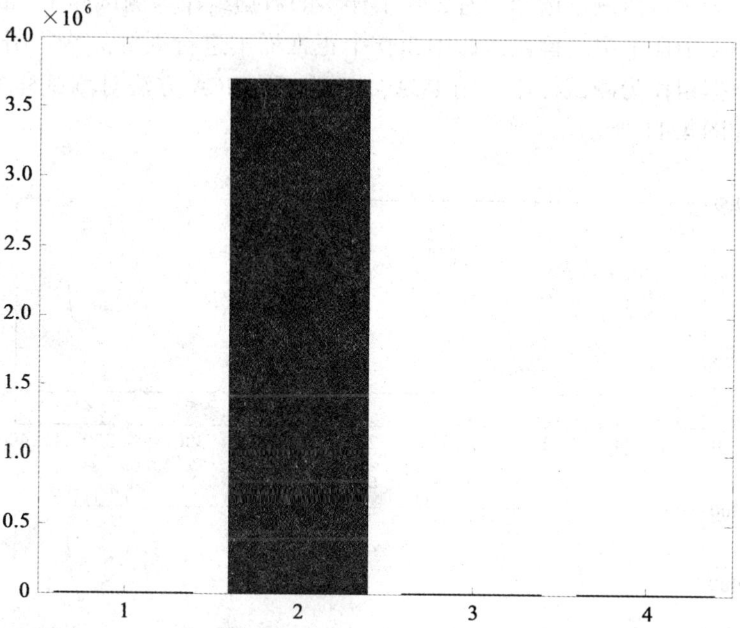

(a) T^2 的贡献图

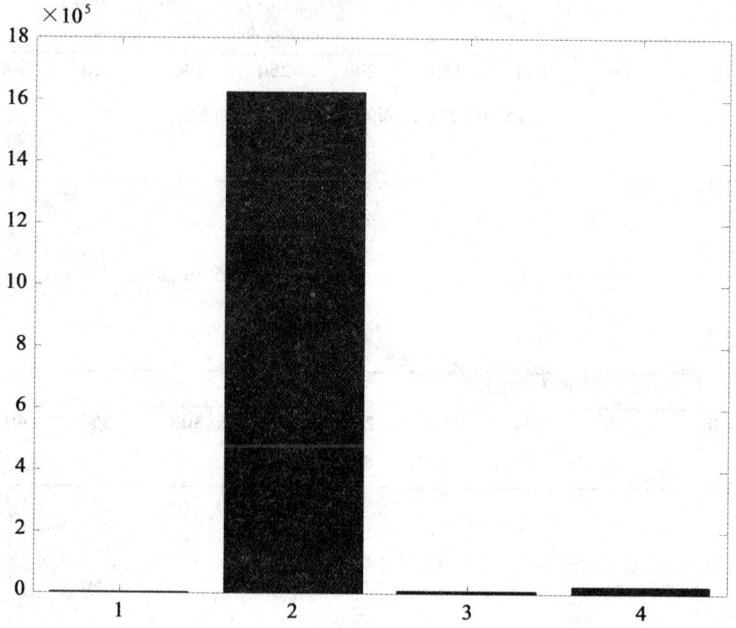

(b) SPE 的贡献图

图 4.10　用 MBKICA 方法得出 2BR 的贡献图

4.5.2.2　退火炉的仿真结果分析

下面主要研究发生在退火炉中的故障．为了对比，用 PCA，KPCA 和 KICA

方法对退火炉进行监测．选择含有 370 个样本的数据组作为测试样本，故障可能发生在第 264 个样本中．首先，选用 300 个正常样本进行训练，然后用含有 370 个样本的数据组作为测试样本，用 PCA，KPCA 和 KICA 方法对测试样本进行监测，结果如图 4. 11 所示．

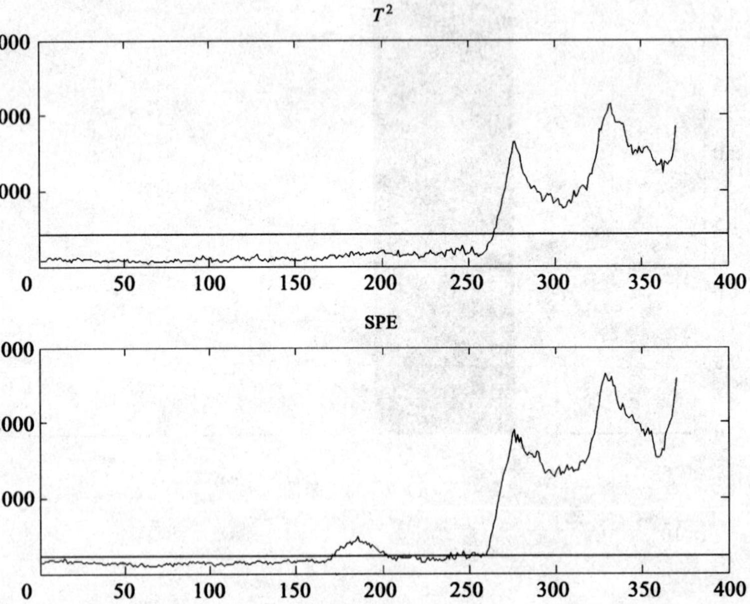

（a）由 PCA 得到的退火炉的 T^2 的 SPE

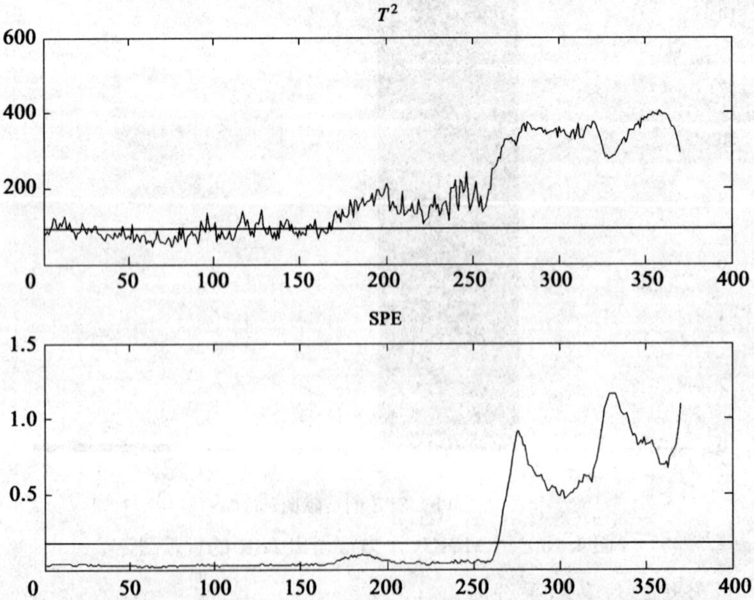

（b）由 KPCA 得到的退火炉的 T^2 和 SPE

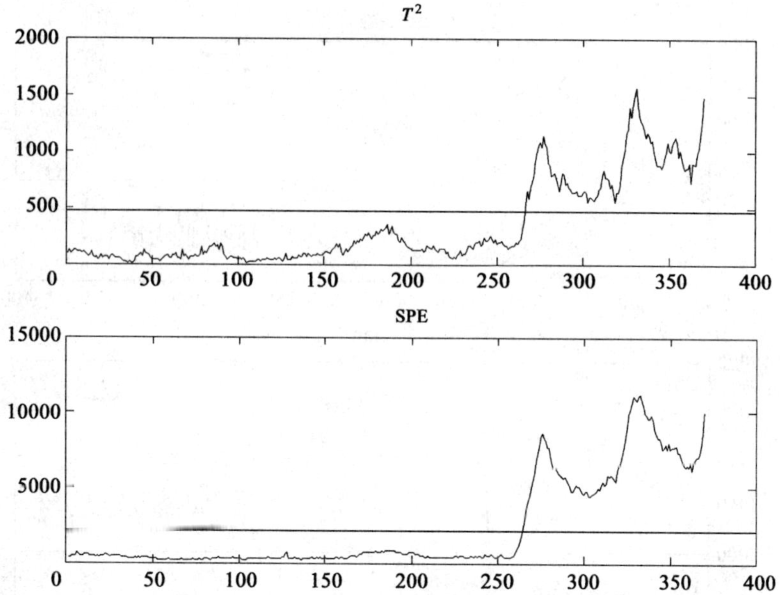

(c) 由 KICA 得到的退火炉的 T^2 和 SPE

图 4.11　用 PCA，KPCA 和 KICA 得到的退火炉的 T^2 和 SPE

由图 4.11 可知，与 KICA 方法相比，用 PCA 方法和 KPCA 方法进行故障诊断产生了更大的误报，而用 KICA 方法并没有发生误报. 通过对比，KICA 方法优于 PCA 和 KPCA 方法. 为了进一步进行故障诊断，将输入数据分为 9 块，分别为退火炉中的 9 个区域，有加热炉(HF)、均热炉(SF)、缓冷炉(SCF)、1 号冷却炉(1C)、再加热炉(RH)、1#过时效炉(1OA)、2#过时效炉-1(2OA-1)、2#过时效炉-2(2OA-2)、2 号冷却炉(2C). 图 4.12 和图 4.13 为用 MBKICA 方法对上述 9 块进行观测的结果. 从图 4.12 和图 4.13 中可以看出，故障发生在第八块和第九块，其他几块有误报，第九块的故障影响到第八块，第九块是 2 号冷却炉(2C)所在位置，所以故障发生在 2 号冷却炉(2C)中. 这一实验说明了，对于大规模且监测数据具有一定的非线性和非高斯性的冷轧连续退火过程，用 MBKICA 方法可以更好地进行故障诊断.

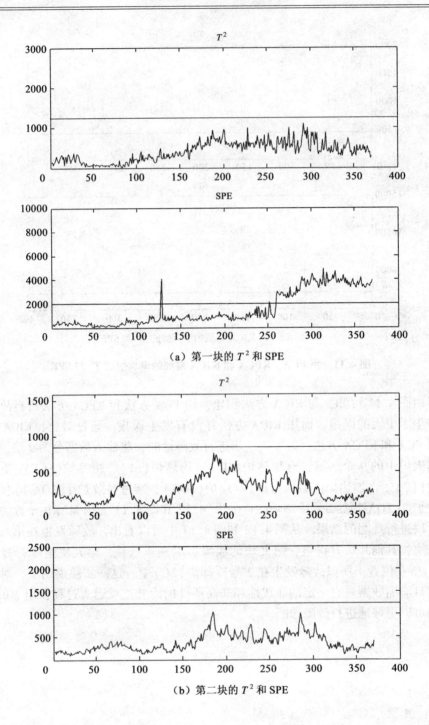

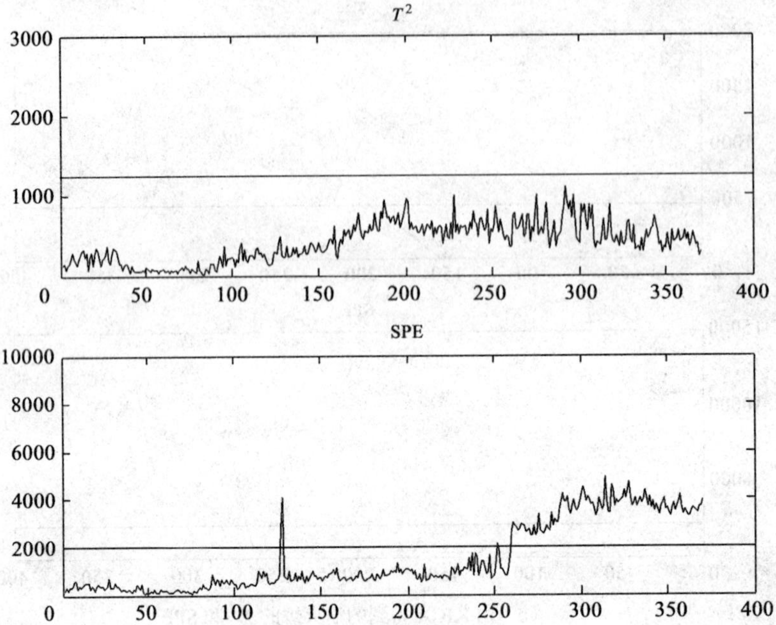

（a）第一块的 T^2 和 SPE

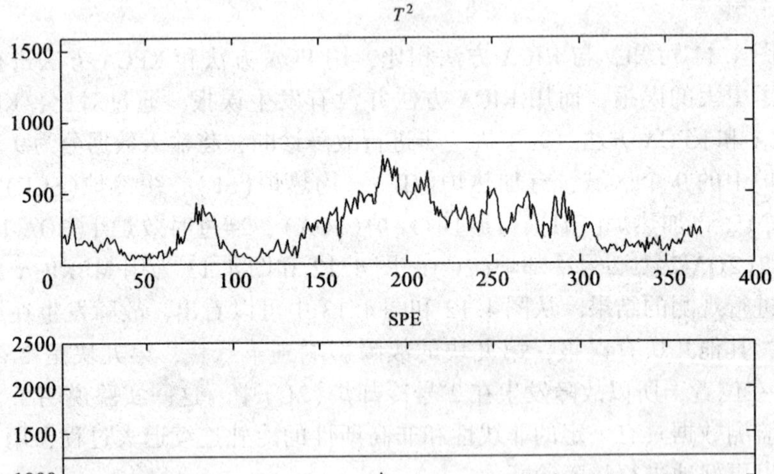

（b）第二块的 T^2 和 SPE

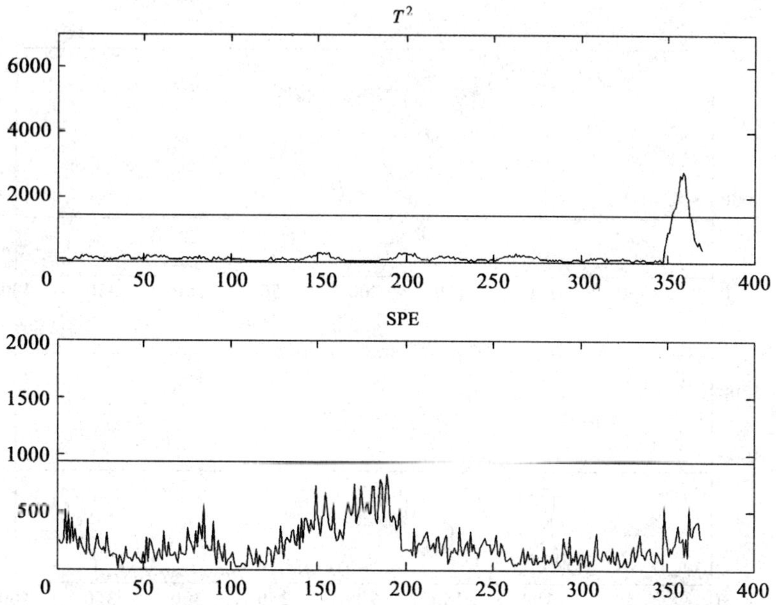

(c) 第三块的 T^2 和 SPE

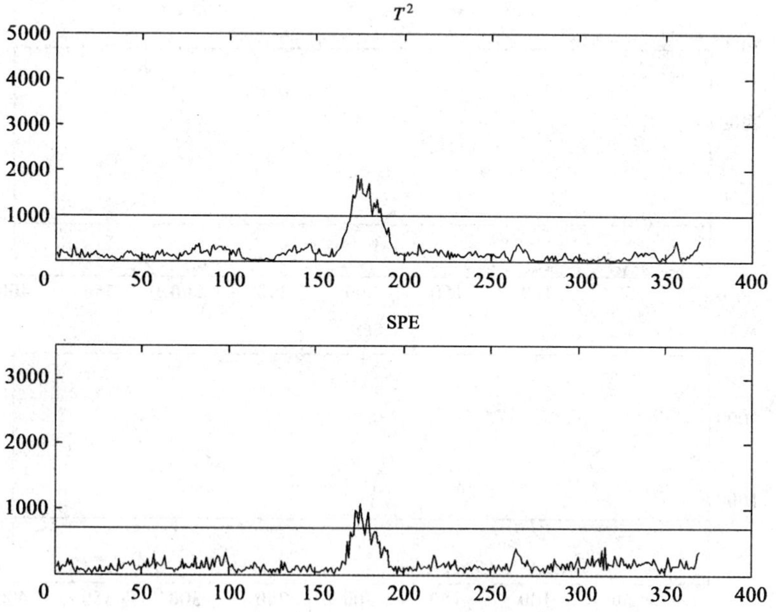

(d) 第四块的 T^2 和 SPE

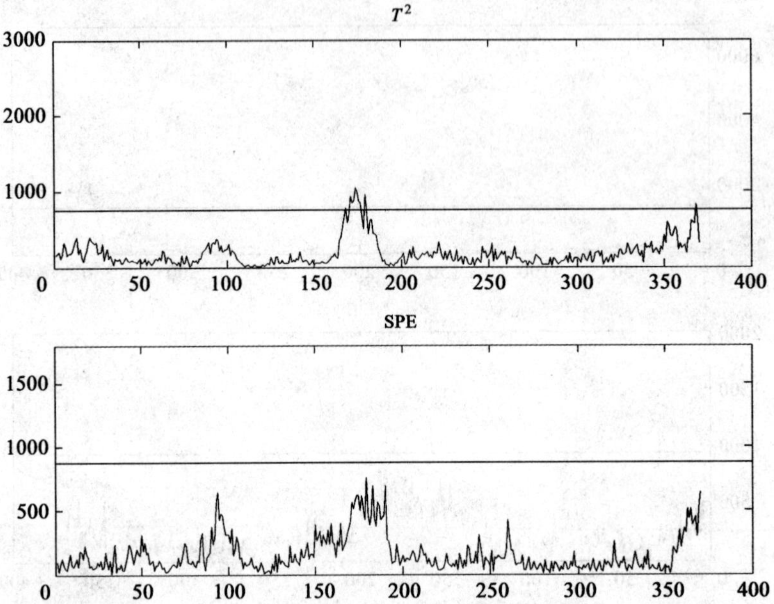

(e) 第五块的 T^2 和 SPE

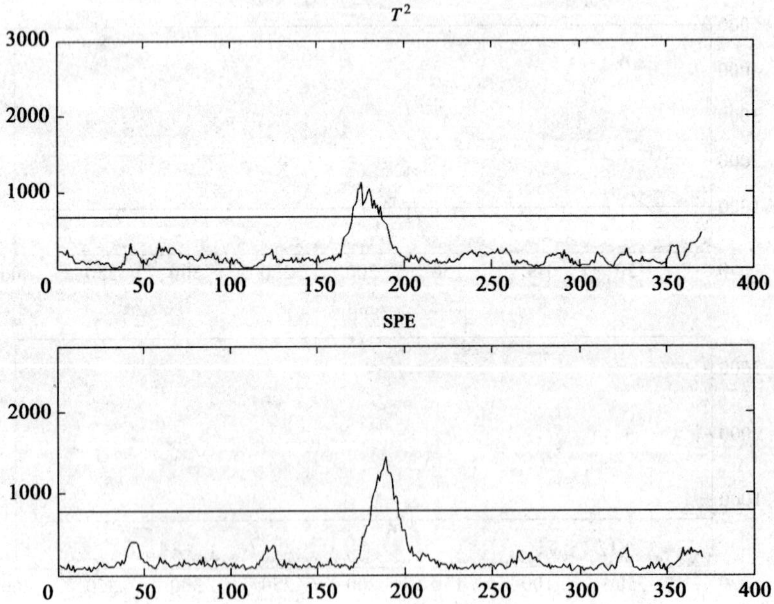

(f) 第六块的 T^2 和 SPE

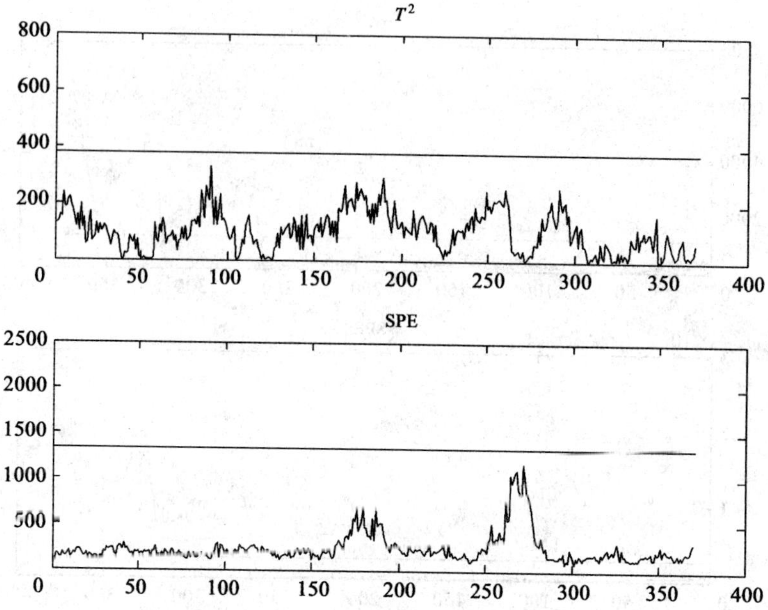

（g）第七块的 T^2 和 SPE

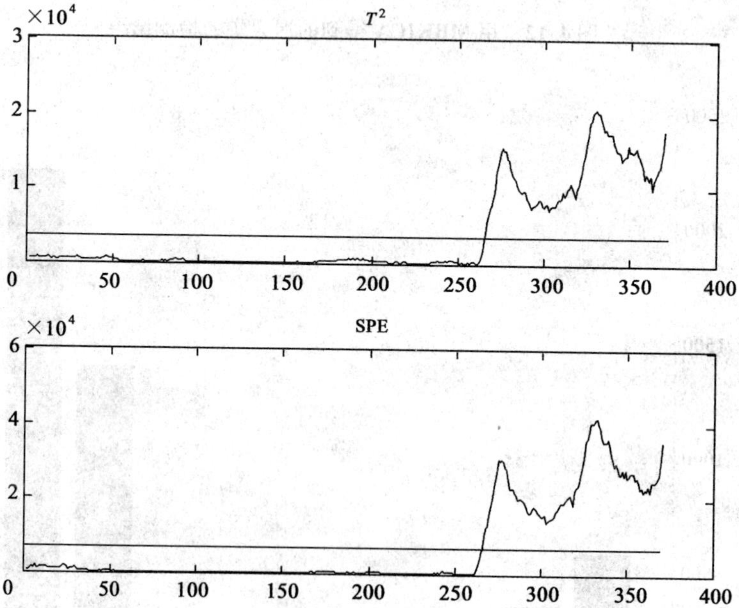

（h）第八块的 T^2 和 SPE

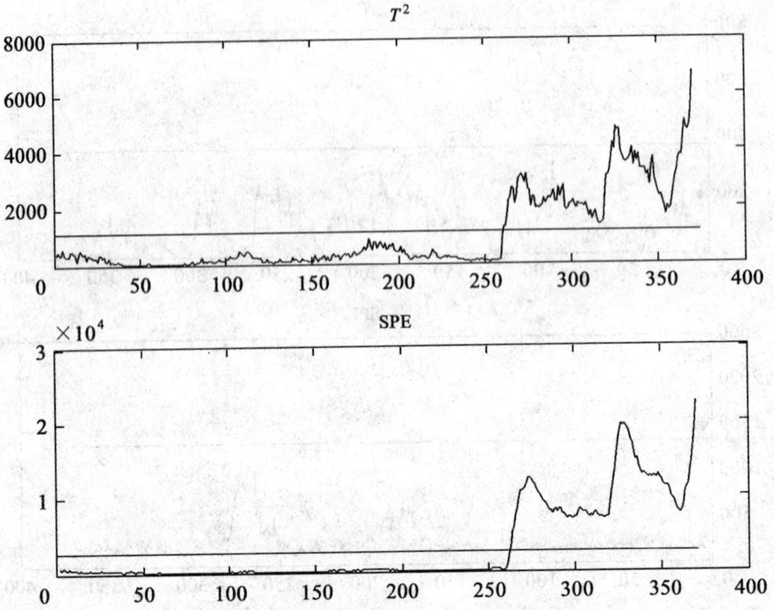

(i) 第九块的 T^2 和 SPE

图 4.12　用 MBKICA 得到的退火炉的检测结果

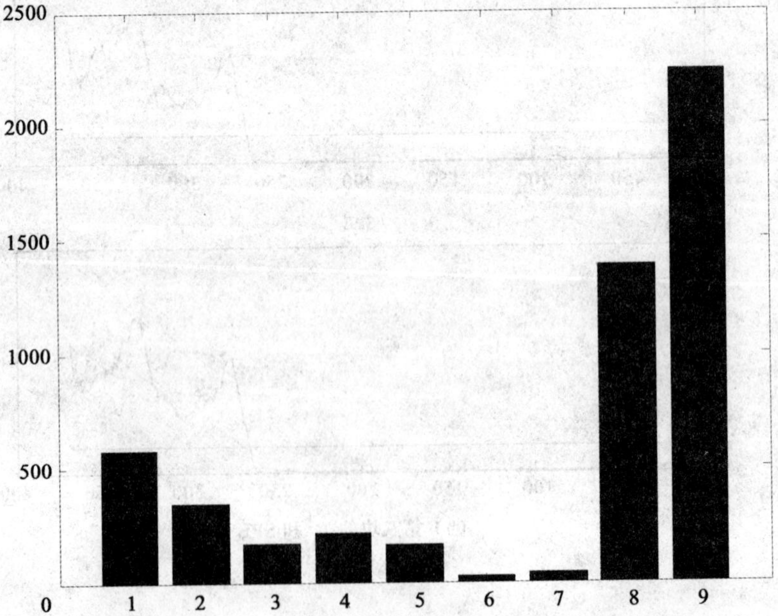

(a) T^2 贡献图

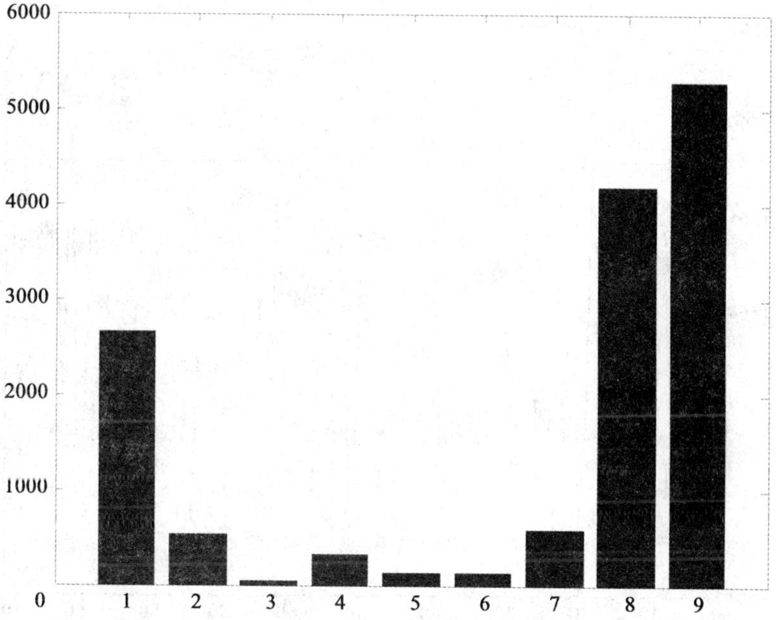

（b）SPE 贡献图

图 4.13　用 MBKICA 方法得到的退火炉的贡献图

4.5.3　对多模态 KICA 方法的仿真分析

冷轧连续退火过程是一个复杂的非线性过程. 对于同一条退火生产线上生产不同型号的带钢，可以认为是不同的模态生产不同型号的带钢. 在每一个模态中，带钢具有不同的宽度和厚度. 带钢的宽度范围在 900 ~ 1230mm，厚度范围为 0.18 ~ 0.55mm. 这里选择两种模态(模态 A 和模态 B)进行测试. 下面把多模态 KICA 算法应用于模态 A 和模态 B 中.

在 1#过时效炉(1OA)中，分别提取模态 A 和模态 B 的正常数据集 $\boldsymbol{X}_{\mathrm{A}}$ 和 $\boldsymbol{X}_{\mathrm{B}}$. 在 $\boldsymbol{X}_{\mathrm{A}}$ 中含有 200 个正常采样、40 个过程变量，$\boldsymbol{X}_{\mathrm{B}}$ 中含有 300 个正常采样、40 个过程变量. 同时在每个仿真中取 99% 的置信限. 当引入正常的新数据时，这里选择模态 A 下的 100 个正常采样，通过本书提出的方法(多模态 KICA)可以得到模态 A 和模态 B 下的 6 个监测统计图. 从图 4.14 中可以看出，模态 A 下公共部分的 T^2 统计量、特殊部分的 T^2 统计量和 SPE 均未超出控制限，这说明新数据与模态 A 的差别很小. 从图 4.15 中可以看出，模态 B 下公共部分的 T^2 统计量未超出控制限，而特殊部分的 T^2 统计量和 SPE 均超出控制限，说明新数据与模态 B 的特殊部分有很大的差异. 所以，通过以上比较可以断定新数据是模态 A 下的数据. 综上所述，通过新数据在每个模态下 3 个统计量的对比，可以判断出新数据属于哪一个模态，这样就给出了一个综合的模态分析.

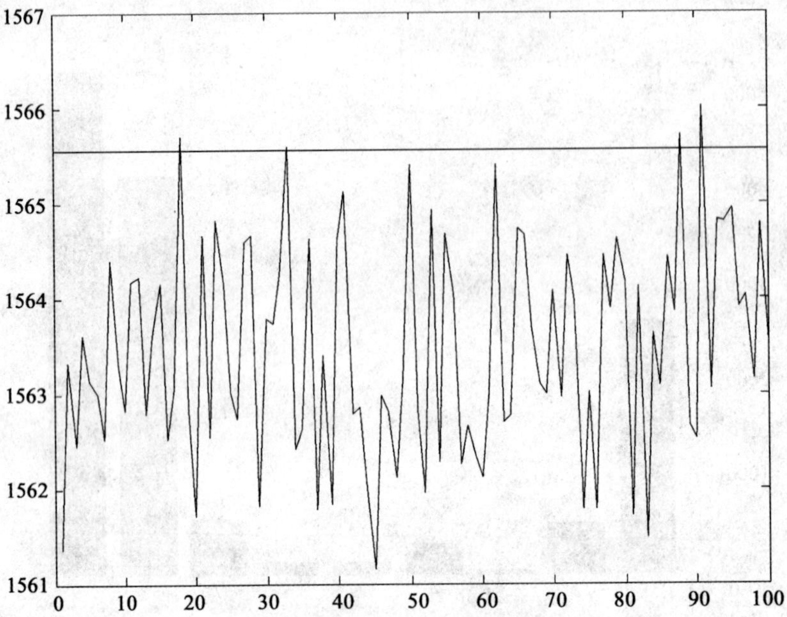

（a）模态 A 公共部分的 T^2

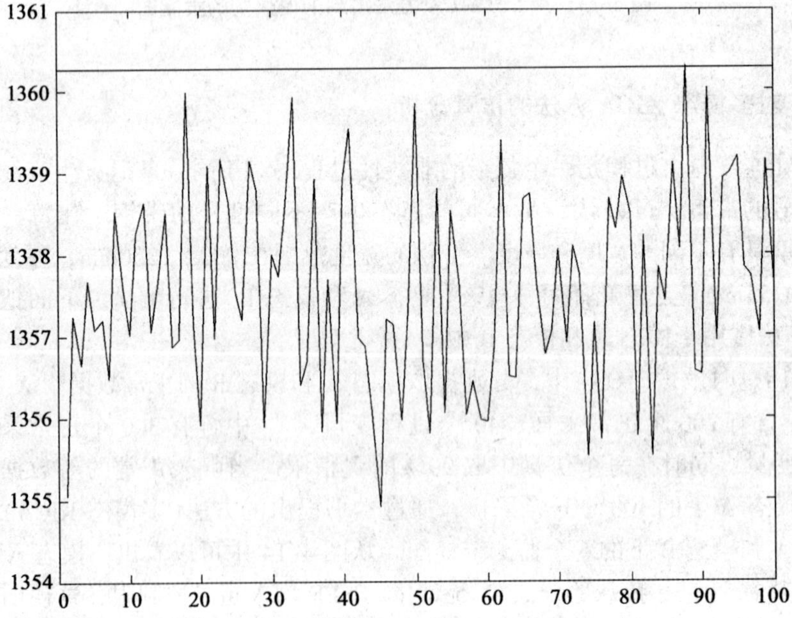

（b）模态 A 特殊部分的 T^2

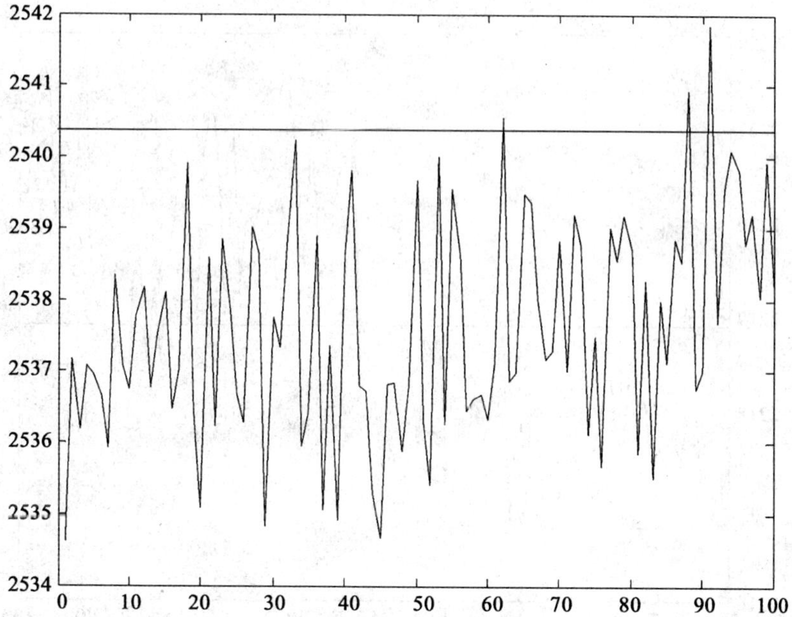

（c）模态 A 的 SPE

图 4.14　模态 A 的监测结果

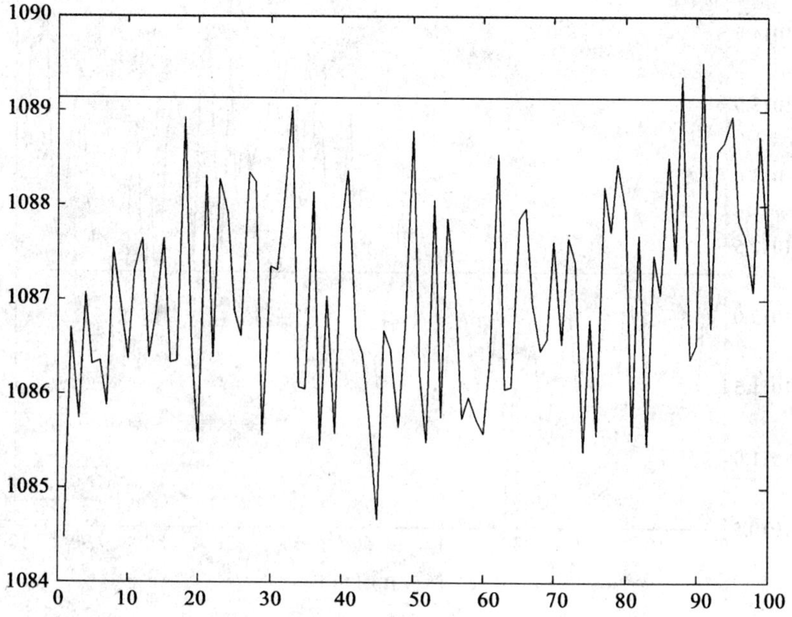

（a）模态 B 公共部分的 T^2

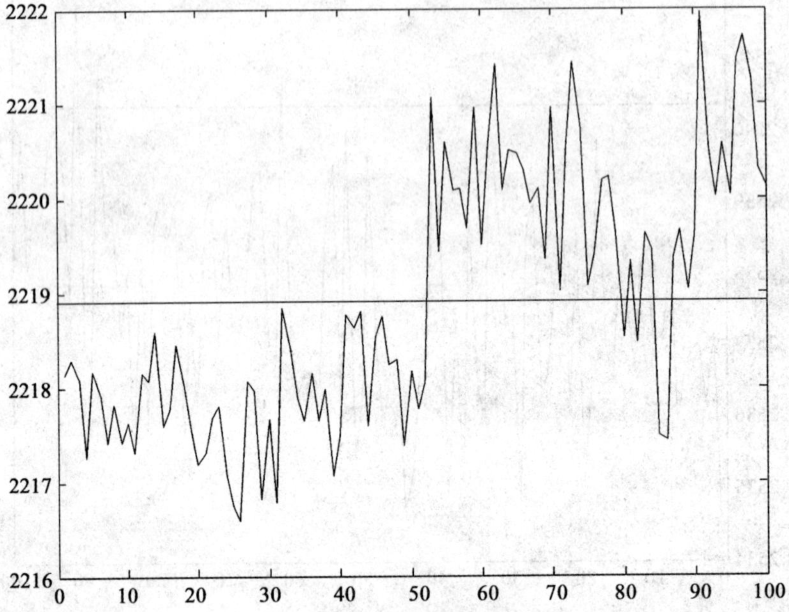

(b) 模态 B 特殊部分的 T^2

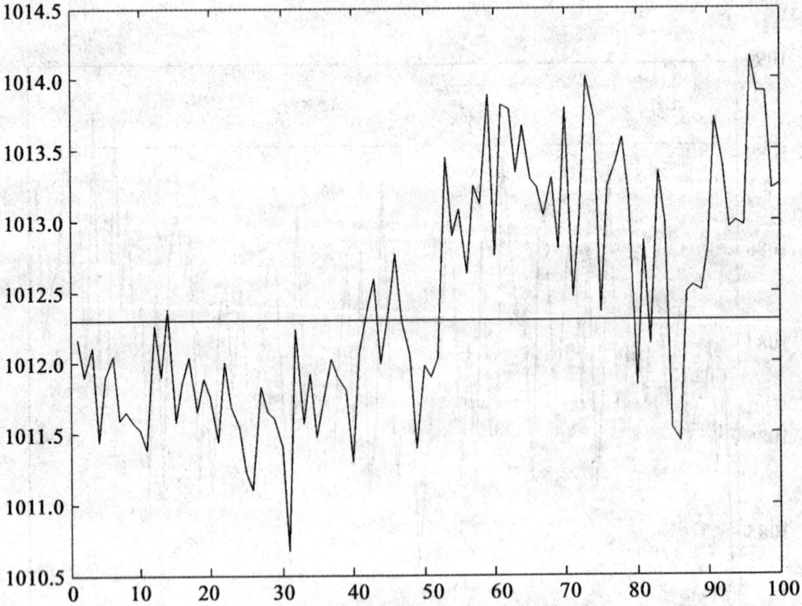

(c) 模态 B 的 SPE

图 4.15　模态 B 的监测结果

上面讨论了属于哪个工作模态的问题，接下来讨论该算法的故障监测能力．在模态 A 中，从 2C(2#冷却炉)中取出 300 个正常采样进行训练，这里包含 16 个变量．选取 200 个采样作为测试样本，同样包含 16 个变量．其中在每个仿真中取 99% 的置信限．在模式 A 下进行故障监测，故障发生在第 161 个样本处．如图 4.16(a)所示，在公共部分故障发生在第 161 个样本处，同时此故障影响到其他的样本．通过监测特殊部分，在图 4.16(b)中显然可以看到故障开始发生于第 161 个样本处．在图 4.16(c)中，SPE 统计量在第 161 个样本处也超出了控制限．所以用新方法可以有效地监测故障的发生．用 KICA 算法对上面的数据进行故障监测，可以得到如图 4.17 所示的监测结果，同样可以监测出故障发生在第 161 个样本处，可是在 T^2 监测统计图中存在误报，所以，用 KICA 算法得到的监测结果不够准确．由此可知，多模态 KICA 算法有更强的故障监测能力．

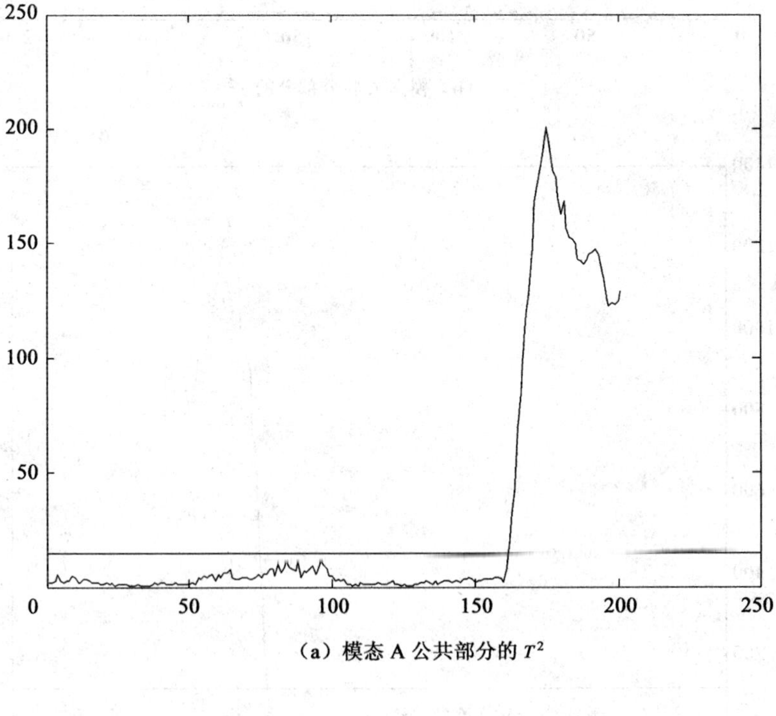

(a) 模态 A 公共部分的 T^2

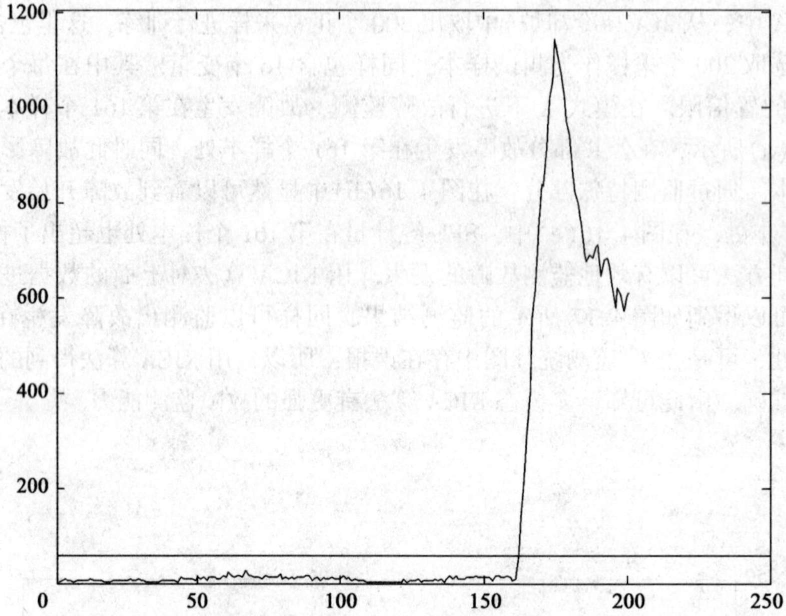

（b）模态 A 特殊部分的 T^2

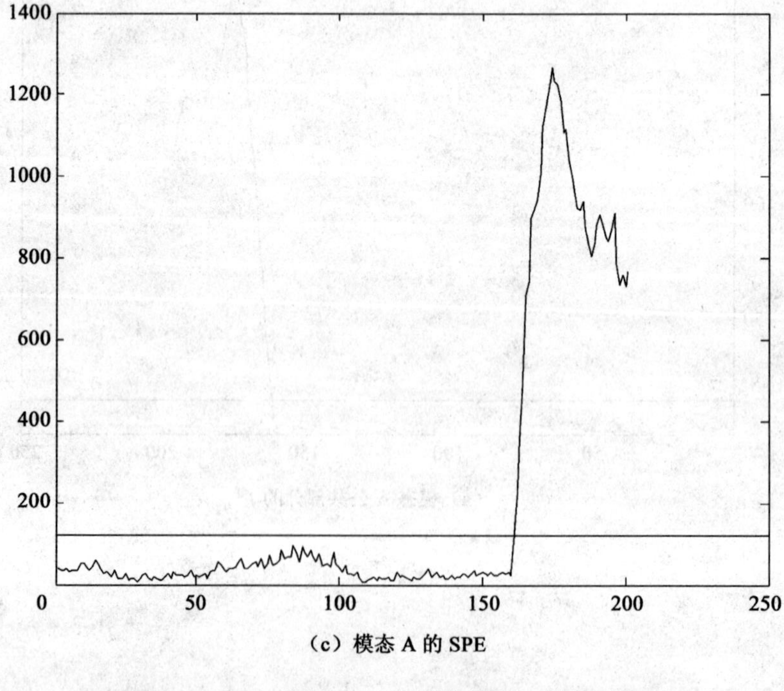

（c）模态 A 的 SPE

图 4.16　用多模态 KICA 得到的模态 A 的监测结果

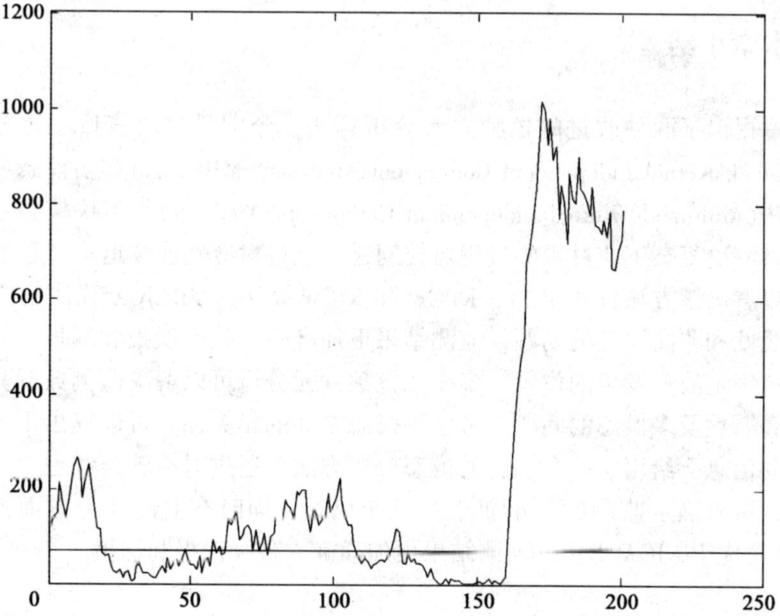

（a）T^2 统计量

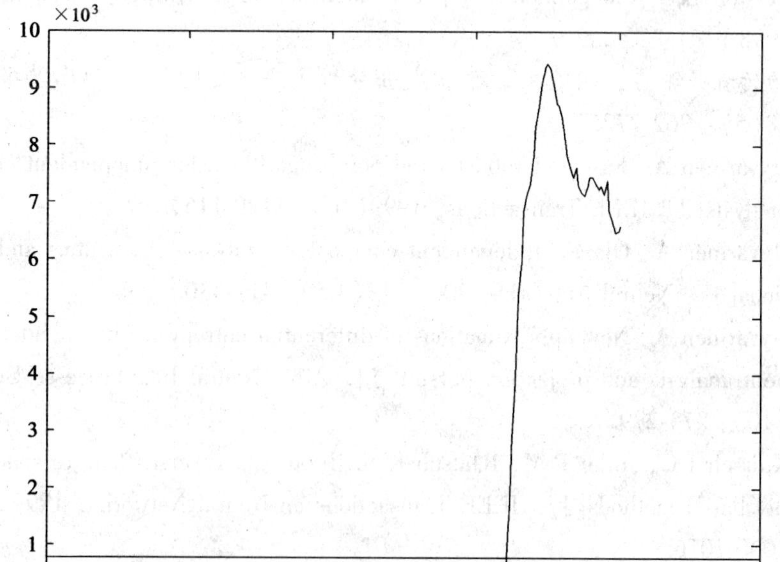

（b）SPE 统计量

图 4.17　用 KICA 得到的 T^2 和 SPE

4.6　本章小结

本章提出了两种改进的核独立元分析算法，分别是多块核独立元分析算法(Multi Block Kernel Independent Component Analysis，MBKICA)和多模态核独立元分析算法(Multimode Kernel Independent Component Analysis). 多块核独立元分析算法能够解决复杂工业过程的过程监控问题. 通过对冷轧连续退火过程的过程监控，可以看出该方法优于 PCA，KPCA 和 KICA 算法，MBKICA 算法解决了数据具有非线性和非高斯性的问题，监测结果更加准确，减少误报和漏报，同时可以进一步地确定故障发生的位置. 多模态核独立元分析可以解决监测数据具有非线性、非高斯性及多模态的问题. 考虑到模态之间的相关性和可以提出不同模态之间的公共信息，给出了一个综合的模态分析方法. 通过对冷轧连续退火过程的过程监控，可以确定监测的数据属于哪一个模态，同时在监测能力方面，多模态 KICA 算法优于 KICA 算法，监测结果更加准确，减少误报和漏报.

本章参考文献

[1]　Te-won Lee. Independent component analysis[M]. Kluwer: Academic Press, 1998.

[2]　杨竹青，李勇，胡德文. 独立成分分析方法综述[J]. 自动化学报，2002，28(5)：762-772.

[3]　Hyvärinen A. Fast and robust fixed-point algorithms for independent component analysis[J]. IEEE Transactions, 1999(10): 1129-1159.

[4]　Hyvärinen A, Oja E. Independent component analysis: Algorithms and applications[J]. Neural Networks, 2000, 13(4-5): 411-430.

[5]　Hyvärinen A. New approximations of differential entropy for independent component analysis and projection pursuit[J]. Adv. Neural Inf. Process. Syst, 1998(10): 273-279.

[6]　Knirsch J C, Juller P M, RJatsch K R. Input space versus feature space in kernel based methods[J]. IEEE Transactions on Neural Networks, 1999, 10(5): 1000-1016.

[7]　Sang, Wook, Choi. Fault detection and identification of nonlinear process based on Kernel PCA[J]. Chemometrics and Intelligent Laboratory Systems, 2005(75): 55-67.

[8]　Ji-Hoon Cho. Fault identification for process monitoring using kernel principal component analysis[J]. Chemical Engineering Science, 2005(60): 279-288.

[9]　Scholkopf B, Smola A, Muller K R. Nonlinear component analysis as a kernel ei-

genvalue problem[J]. Neural Comput, 1998, 10(5): 1299-1319.

[10] Mika S, Scholkopf B. KPCA and de-noising in feature spaces[J]. Advances in Neural Information Processing Systems, 1999(11): 536-542.

[11] 陈玉山, 席斌. 基于核独立成分分析和BP网络的人脸识别[J]. 计算机工程与应用, 2007, 43(26): 230-232.

[12] Wang W F, Liang J M. Human gait recognition based on kernel independent component[J]. Digital Image Computing Techniques and Application, 2007(9): 573-578.

[13] Yang J, Gao X M, David Zhang, et al. Kernel ICA: An alternative formulation and its application to face recognition[J]. Pattern Recognition, 2005(38): 1784-1787.

[14] Lee J M, Qin S J, Lee I B. Fault detection and diagnosis of multivariate process based on modified independent component analysis[J]. AIChE Journal, 2006(52): 3501-3514.

[15] Chuang W L, Chen C H, Yen J Y, et al. Using MPCA of spectra model for fault detection in a hot strip mill[J]. Journal of Materials Processing Technology, 2009, 209(8): 4162-4168. 47.

[16] Wang Z J, Wu Q D, Chai T Y. Optimal-setting control for complicated industrial processes and its application study[J]. Control Engineering Practice, 2004, 12(1): 65-74.

[17] Flury B K. Two generalizations of the common principal component model[J]. Biometrika, 1987, 74(1): 59-69.

[18] Lane S, Martin E B, Kooijmans R K, et al. Performance monitoring of a multiproduct semi-batch process[J]. Journal of Process Control, 2001, 11(1): 1-11.

[19] Hwang D H, Han C. Realtime monitoring for a process with multiple operating modes[J]. Control Engineering Practice, 1999, 7(7): 891-902.

[20] Qin S J. Recursive PLS algorithms for adaptive data monitoring[J]. Computer. Chem. Eng, 1998(22): 503-514.

[21] Li W, Yue H H, Valle-Cervantes S, et al. Recursive PCA for adaptive process monitoring[J]. Journal of Process Control, 2000, 10(5): 471-486.

[22] Zhao S J, Zhang J, Xu Y M. Monitoring of processes with multiple operating-modes through multiple principle component analysis models[J]. Ind. Eng. Chem. Res., 2004, 43(22): 7025-7035.

[23] Zhao S J, Zhang J, Xu Y M. Performance monitoring of processes with multiple operating modes through multiple PLS models[J]. Process Control, 2006, 16

(7): 763-772.

[24] Yoo C K, Villez K, Lee I, et al. Vanrolleghem P A, multi-model statistical process monitoring and diagnosis of a sequencing batch reactor[J]. Biotechnol. Bioen, 2007, 96(4): 687-701.

[25] Chen J, Liu J. Mixture principal component analysis models for process monitoring[J]. Ind. Eng. Chem. Res., 1999(38): 1478-1488.

[26] Carroll J D. Generalization of canonical correlation analysis to three or more sets of variables[J]. Proceeding of the 76th convention of the American Psychological Association, 1968: 227-228.

[27] Chen L H, Chang S Y. Adaptive learning algorithm for principal component analysis[J]. IEEE Transactions on Neural Networks, 1995, 6(5): 1255-1263.

[28] Kruger U, Dimitriadis G. Diagnosis of process faults in chemical systems using a local partial least squares approach[J]. AIChE J., 2008(54): 2581-2596.

[29] Kano M, Hasebe S, Hashimoto I, et al. Evolution of multivariate statistical process control: Independent component analysis and external analysis[J]. Comput. Chem. Eng., 2004(28): 1157-1166.

第 5 章　基于多尺度核偏最小二乘法的过程监测方法研究

在典型的工业过程中，由于过程内在的特性具有非线性和时变性，并受到不确定因素和噪声等的干扰，产生了异常现象，因此，提出一种精确有效率的在线的测量方法从而获得优质/合适的产品是预测稳定过程控制和最优化的关键. 本章针对非线性的工业过程提出一种双重更新策略的递推 PLS 的输出方法，并在此基础上涉及了一种新的在线软测量系统.

5.1　在线测量模型及相关算法研究

实现工业过程的有效监控最好的方法就是进行在线测量与识别. 然而，直接的测量可能无法涵盖全部的物理和化学性质，而且可能增加测量费用[1-10]. 而脱机的测量方式经常浪费时间，并且可能会影响操作者的判断[11-29]，导致改变了时间过程，更不用说在现时的工程中的控制和最优化. 由于脱机的测量不够高效，因此已被开发出各种模型或者软测量系统作为预测产品的生产道具，而且像温度、压力、供给和流量之类的可测量的第二过程变量已直接用于控制最后的产品质量.

第一模型的原理在理论上可以代表全部模型. 但由于不清楚或者太复杂的化学过程的机械装置或者难于获得的模型参数，因此在实践中出现了很多的困难. 通过对比，以实验观察为依据，数据驱动的方法，如神经网络、模糊控制和偏最小二乘法(PLS)是有前景的. 尽管广泛使用 PLS 方法有许多优质的特性，例如简单的模型结构，稳定的并且健全的算法结果，仅需少量的实验样本[30-31]，但是 PLS 模型可能仅仅表现了局部的特性，而且由于高度噪音和样本[32]的扰动随着时间的推移导致数据变坏或者由催化剂钝化、设备老龄化、传感器和过程的扰动引起的工业上时间特性的变化[33-34].

为了解决时间变异过程带来的问题，提出了动态 PLS 通过传统的 PLS 方法和时间系列模型结合的方法[35-37]，该时间系列经常被使用在快速的时间变异过程或者简短的取样频繁的应用软件中. 另外，各种不同的适应过程模型已经被用于搭配不当的模型和在现实中更新模型的过程中[33-34,38-41]. 其中，递推最小二乘法是流行的[33,38]，过程经常费时间并且潜在于变化的数据中，特别是对于复杂的模型，稳定关系带来了错误的影响[40]. 一种更加高效的方法——在线更新 PLS 模型的递推偏最小二乘法——被提出来了[39-41]. 文献[39]中，开发了基于没有矩阵尺度窗口的在线 PLS 模型更新方法. 尽管在一个足够长的活动数据窗口中这种方法能有效地处理时间的变异特性，但是在数据更新阶段所有潜在向量却被保留了[40]. Misra M 等[42]为一个模块中带有活动窗口的运算法则拓展了基本的递推 PLS 而忽略了适用于整体方案的因素. 这说明这两种递推 PLS 方法更新了模型在复杂规则中的应用. Dayal 和 MacGregor[40]提出一种快速的递推 PLS 算法、指数重量 PLS，仅仅通过更新协方差矩阵($\boldsymbol{X}^{\mathrm{T}}\boldsymbol{X}$)和($\boldsymbol{X}^{\mathrm{T}}\boldsymbol{Y}$)进行递推. 这种方法为了提高运行效率依然需要协调忽略的因素. 特别是当数据不大并且保留了残余的部分，新的样本引进最原始的样本被完全遗弃时，导致了有用信息的丢失，使得模型存在潜在的不稳定性. Li 等[34]提出了一种高效的递推的主元分析法(PCA)，通过更新的途径适用于过程监控，在存在差异和联系的样本矩阵中，通过简单的手动计算调整了忽略的因素. 为了实现递归 PLS 和 Li 的高效的 PCA 更新方法，本书通过结合这两者的优点提出了一种高效率的递归 PLS 方法. 特别地，样本的差异性更新于新样本和旧样本的差异中. 这样，尽管活动窗口的长度不可改变，但部分的过程信息却被保留了. 引进在线更新技术使得递推 PLS 数据继续更新，在数据可靠的情况下可以高效率地跟踪过程，事实上，过程数据在建模过程中的输入经常被许多因素破坏，因此可能会导致获得模型和原先的预测发生重要信息的背离[32]. 由于操作人员进行误差测量时一些典型的要素产生了不可靠的数据，随着时间的推移，器械的校准功能发生了变化，从而改变了器具的准确性. 各种运行单元的不同时间滞后尺度和时间滞后带来的时间变异尺度存在于那些单元中，同时还有实验分析中带来的非理想的时间延迟. 因此，单独使用模型更新的方法不能确保预期在实践过程的精确，所以引入在线修正的技术来解决不可靠的过程数据. 在这项工作中，通过结合前面提出的递推 PLS 模型和输出反馈的方法提出了双重更新的策略. 后者被用于解决输出和预期的误差.

因此，在过程中获得的样本被用于修正更新的模型参数和在不同阶段模型的输出. 这种双重更新策略用于预测对苯二甲酸的纯度. 实验结果表明，双重更新的方法使得操作过程实现了快速和缓慢变换的结合，并且比单种方法来得更加有效. 本书的研究更深入地体现了 3 种实验中的方法：递推 PLS、输出反馈和双重更新方法，突出表现了动态 PLS 方法在跟踪精对苯二甲酸中的变化. 双重更新方法有待拓展于其他工业应用软件中，并且将成为一种有发展潜力的软件测量系统工具.

5.2 多尺度核偏最小二乘算法(MSKPLS)的研究

5.2.1 核偏最小二乘法

一般来说，偏最小二乘法(PLS)仅在观测变量为线性的情况下才能得到比较好的效果，而在观测变量为非线性的情况下效果不理想.

近几年来，鉴于支持向量机(Support Vector Machines，SVM)在机器学习领域的巨大成功，掀起了用 SVM 中重要技术之一的核函数技术改造传统线性数据处理方法的热潮，从而形成了多种基于核函数技术的核方法. Rosipal 和 Trejo 通过将原始数据映射到高维的再生核希尔伯特空间(Reproducing Kernel Hilbert Space，RKHS)，将线性 PLS 方法推广为非线性 KPLS(Kernel Partial Least Squares)方法，为非线性回归提供了一种有效的方法.

5.2.2　核偏最小二乘法的基本思想

KPLS 的基本思想是：首先选择 Mercer 核 $K(\bullet, \bullet)$，该核隐含了非线性变换 $\boldsymbol{\varphi}$：$\boldsymbol{x} \mapsto \boldsymbol{\varphi}(\boldsymbol{x})$，将输入空间 $\boldsymbol{X}$ 变换到高维 Mercer 特征空间 $\boldsymbol{F}$，并用 $\boldsymbol{\Phi}$ 代表 $\boldsymbol{X}$ 空间的数据映射到 s 维特征空间 $\boldsymbol{F}$ 所得的 $n \times s$ 矩阵(s 可以为无穷大)；然后使用核技巧，得 $\boldsymbol{K} = \boldsymbol{\Phi}\boldsymbol{\Phi}^{\mathrm{T}}$，$\boldsymbol{K}_{ij} = K(\boldsymbol{x}_i, \boldsymbol{x}_j)$ 是 $n \times n$ 的 Gram 矩阵. 类似地，选择核 $K_1(\bullet, \bullet)$，对应于映射 $\boldsymbol{\varphi}$：$\boldsymbol{y} \mapsto \boldsymbol{\varphi}(\boldsymbol{y})$，可将输出 $\boldsymbol{Y}$ 映射到特征空间 $\boldsymbol{F}_1$，$\boldsymbol{\Psi}$ 为 $\boldsymbol{F}_1$ 空间 $n \times s_1$ 的矩阵，$\boldsymbol{K}_1 = \boldsymbol{\Psi}\boldsymbol{\Psi}^{\mathrm{T}}$ 是 $n \times n$ 的 Gram 矩阵.

KPLS 只需在原空间进行点积计算，而不需要知道 $\boldsymbol{\Phi}$ 的确切形式. 对 PLS 核化的关键是将 PLS 问题表达为数据的内积形式，再用 Gram 矩阵直接代替内积，即为非线性 KPLS 方法.

5.2.3　核偏最小二乘算法建模机理

首先，考虑将输入变量$\boldsymbol{x}_i (i=1, 2, \cdots, n)$非线性变换到特征空间 $\boldsymbol{F}$：

$$\boldsymbol{\Phi}: \boldsymbol{x}_i \in \mathbf{R}^m \rightarrow \boldsymbol{\Phi}(\boldsymbol{x}_i) \in \boldsymbol{F} \tag{5.1}$$

式中，假定 $\sum_{i=1}^{k} \boldsymbol{\Phi}(\boldsymbol{x}_i) = \boldsymbol{0}$，$\boldsymbol{\Phi}(\boldsymbol{x}_i)$是从输入空间映射到特征空间($\boldsymbol{F}$)的特征向量，并且特征空间的维数是任意大甚至无穷大，$\boldsymbol{\Phi}(\boldsymbol{x})$为 n 行 s 列的矩阵，在 s 维的特征空间中，矩阵 $\boldsymbol{\Phi}(\boldsymbol{x})$的第 i 行是向量 $\boldsymbol{\Phi}(\boldsymbol{x}_i)$. 其过程建模算法如下：

① 随机初始化反应变量空间潜变量 $\boldsymbol{u}$；

② 计算解释变量空间潜变量(矩阵 $\boldsymbol{\Phi}(\boldsymbol{X})$的得分)

$$\boldsymbol{t}_i = \boldsymbol{\Phi}(\boldsymbol{X})\boldsymbol{\Phi}^{\mathrm{T}}(\boldsymbol{X})\boldsymbol{u}_i = \boldsymbol{K}\boldsymbol{u}_i \tag{5.2}$$

③ 正则化解释潜变量

$$\boldsymbol{t}_i \leftarrow \boldsymbol{t}_i / \| \boldsymbol{t}_i \| \tag{5.3}$$

④ 计算反应变量空间潜变量的权重向量(输出变量的负载)

$$\boldsymbol{q}_i = \boldsymbol{Y}^{\mathrm{T}}\boldsymbol{t}_i \tag{5.4}$$

⑤ 计算反应变量空间潜变量(输出变量的得分)

$$\boldsymbol{u}_i = \boldsymbol{Y}\boldsymbol{q}_i \tag{5.5}$$

⑥ 正则化反应潜变量

$$\boldsymbol{u}_i \leftarrow \boldsymbol{u}_i / \| \boldsymbol{u}_i \| \tag{5.6}$$

⑦ 重复步骤②⑥，直至$\boldsymbol{u}_i$收敛；

⑧ 求能够反映矩阵 $\boldsymbol{\Phi}(\boldsymbol{X})$，$\boldsymbol{Y}$ 的残余信息

$$\boldsymbol{K} = (\boldsymbol{I} - \boldsymbol{t}_i\boldsymbol{t}_i^{\mathrm{T}})\boldsymbol{K}(\boldsymbol{I} - \boldsymbol{t}_i\boldsymbol{t}_i^{\mathrm{T}})$$
$$\boldsymbol{Y}_{i+1} = \boldsymbol{Y}_i - \boldsymbol{t}_i\boldsymbol{t}_i^{\mathrm{T}}\boldsymbol{Y}_i \tag{5.7}$$

⑨ 重复以上步骤，直至达到所需要的潜变量数.

对于新的样本数据 $\boldsymbol{x}_{\mathrm{new}}$ 和 $\boldsymbol{y}_{\mathrm{new}}$，只需用核偏最小二乘的检测算法求出新数据的得分即可，则 $\boldsymbol{\Phi}(\boldsymbol{X}_{\mathrm{new}})$ 的得分为

$$\boldsymbol{t}_{\mathrm{new},i} = \boldsymbol{\Phi}(\boldsymbol{X}_{\mathrm{new}})\boldsymbol{\Phi}^{\mathrm{T}}(\boldsymbol{X})\boldsymbol{u}_i = \boldsymbol{K}_t\boldsymbol{u}_i$$

KPLS 回归模型用矩阵形式可表示为

$$\hat{\boldsymbol{Y}} = \boldsymbol{\Phi B} = \boldsymbol{KU}(\boldsymbol{T}^{\mathrm{T}}\boldsymbol{KU})^{-1}\boldsymbol{T}^{\mathrm{T}}\boldsymbol{Y} = \boldsymbol{TT}^{\mathrm{T}}\boldsymbol{Y} \tag{5.8}$$

式中

$$\boldsymbol{B} = \boldsymbol{\Phi}^{\mathrm{T}}\boldsymbol{U}(\boldsymbol{T}^{\mathrm{T}}\boldsymbol{KU})^{-1}\boldsymbol{T}^{\mathrm{T}}\boldsymbol{Y}$$
$$\boldsymbol{T} = \boldsymbol{\Phi R},$$
$$\boldsymbol{R} = \boldsymbol{\Phi}^{\mathrm{T}}\boldsymbol{U}(\boldsymbol{T}^{\mathrm{T}}\boldsymbol{KU})^{-1}$$

5.2.4 核函数的选择

支持向量分类中，不同的内积核函数将形成不同的分类算法. 目前，常用的核函数主要有 3 类.

① 径向基函数

$$K(\boldsymbol{x}_i, \boldsymbol{x}_j) = \exp\left[-\frac{|\boldsymbol{x}_i - \boldsymbol{x}_j|^2}{\sigma^2}\right] \tag{5.9}$$

式中，σ 为标准差参数.

② 多项式核函数

$$K(\boldsymbol{x}_i, \boldsymbol{x}_j) = [\langle \boldsymbol{x}_i, \boldsymbol{x}_j \rangle + 1]^d \tag{5.10}$$

其中，d 为多项式指数参数($d \in \mathbf{R}^+$).

③ Sigmoid 函数

$$K(\boldsymbol{x}_i, \boldsymbol{x}_j) = \tanh(\beta_0 \langle \boldsymbol{x}_i, \boldsymbol{x}_j \rangle + \beta_1) \tag{5.11}$$

其他还有 Fourier 级数、样条函数、B 样条函数等都可以作核函数[42]. 以上核函数中的变量 $\boldsymbol{x}_i$，$\boldsymbol{x}_j$ 分别表示两个不同的样本向量 $\boldsymbol{X}_k$，$k=1, 2, \cdots, M$.

表 5.1 为 KPLS 算法的基本步骤.

表 5.1　KPLS 算法的基本步骤

序号	解　释	计　算
1	初始化 $\boldsymbol{u}_i$	初始化 $\boldsymbol{u}_i$
2	$\boldsymbol{w}_i = \boldsymbol{\Phi}_i^{\mathrm{T}}\boldsymbol{u}_i / \lVert \boldsymbol{\Phi}_i^{\mathrm{T}}\boldsymbol{u}_i \rVert$	$\boldsymbol{t}_i = \boldsymbol{K}_i\boldsymbol{u}_i / \sqrt{\boldsymbol{u}_i^{\mathrm{T}}\boldsymbol{K}_i\boldsymbol{u}_i}$
3	$\boldsymbol{t}_i = \boldsymbol{\Phi}_i\boldsymbol{w}_i$	
4	$\boldsymbol{q}_i = \boldsymbol{Y}_i\boldsymbol{t}_i / \lVert \boldsymbol{t}_i^{\mathrm{T}}\boldsymbol{t}_i \rVert$ $\boldsymbol{u}_i = \dfrac{\boldsymbol{Y}_i\boldsymbol{q}_i}{\boldsymbol{q}_i^{\mathrm{T}}\boldsymbol{q}_i}$	$\boldsymbol{q}_i = \boldsymbol{Y}_i\boldsymbol{t}_i / \lVert \boldsymbol{t}_i^{\mathrm{T}}\boldsymbol{t}_i \rVert$ $\boldsymbol{u}_i = \dfrac{\boldsymbol{Y}_i\boldsymbol{q}_i}{\boldsymbol{q}_i^{\mathrm{T}}\boldsymbol{q}_i}$
5	循环，直到 $\boldsymbol{u}_i$ 收敛	循环，直到 $\boldsymbol{u}_i$ 收敛
6	$\boldsymbol{\Phi}_{i+1} = (\boldsymbol{I} - \boldsymbol{t}_i\boldsymbol{t}_i^{\mathrm{T}}/\boldsymbol{t}_i^{\mathrm{T}}\boldsymbol{t}_i)\boldsymbol{\Phi}_i$ $\boldsymbol{Y}_{i+1} = (\boldsymbol{I} - \boldsymbol{t}_i\boldsymbol{t}_i^{\mathrm{T}}/\boldsymbol{t}_i^{\mathrm{T}}\boldsymbol{t}_i)\boldsymbol{Y}_i$ Go to Step 2	$\boldsymbol{K}_{i+1} = (\boldsymbol{I} - \boldsymbol{t}_i\boldsymbol{t}_i^{\mathrm{T}}/\boldsymbol{t}_i^{\mathrm{T}}\boldsymbol{t}_i)\boldsymbol{K}_i(\boldsymbol{I} - \boldsymbol{t}_i\boldsymbol{t}_i^{\mathrm{T}}/\boldsymbol{t}_i^{\mathrm{T}}\boldsymbol{t}_i)$ $\boldsymbol{Y}_{i+1} = (\boldsymbol{I} - \boldsymbol{t}_i\boldsymbol{t}_i^{\mathrm{T}}/\boldsymbol{t}_i^{\mathrm{T}}\boldsymbol{t}_i)\boldsymbol{Y}_i$ Go to Step 2

图 5.1 所示为 PLS 与 KPLS 算法流程对照图.

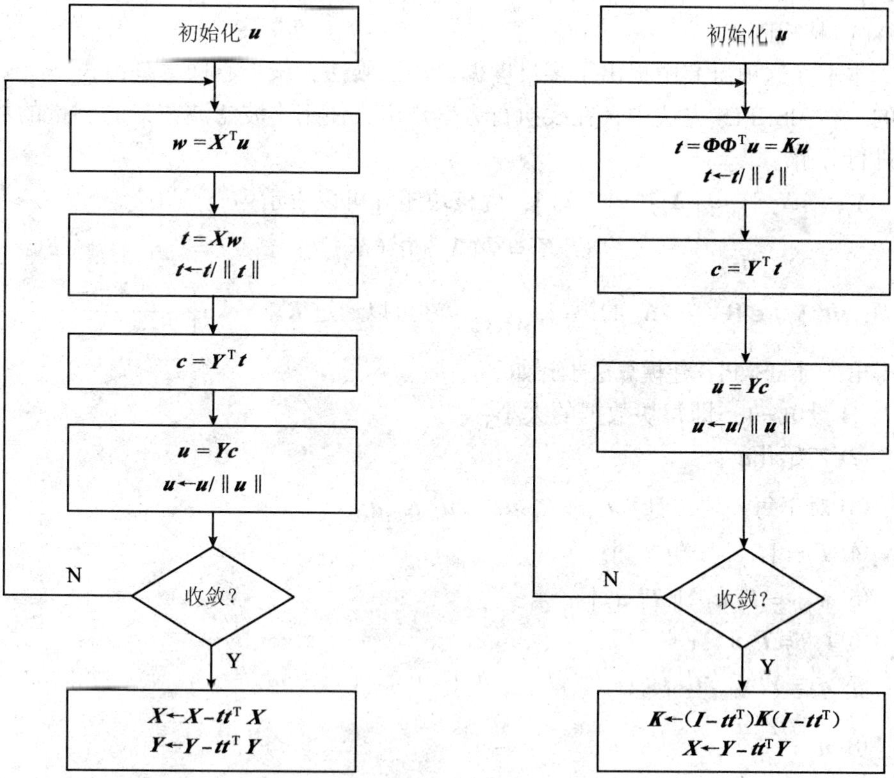

图 5.1　PLS 和 KPLS 算法流程对照图

5.2.5　MSKPLS 算法研究

KPLS 是 PLS 的延伸，它可以被看做其核心特征值问题的矩阵解决. 根据 Cover 的定理[43-45]，特征空间的非线性结构更有可能是一个高维非线性映射的线性关系. 这种高维线性空间称为特征空间($\boldsymbol{F}$). 首先，考虑到数据 $\boldsymbol{x}_i$(i =1，2，…，N)从输入空间到特征空间 $\boldsymbol{F}$ 的非线性变换：

$$\boldsymbol{\Phi}: \boldsymbol{x}_i \in \mathbf{R}^m \to \boldsymbol{\Phi}(\boldsymbol{x}_i) \in \boldsymbol{F}$$

假设 $\sum_{i=1}^{N} \boldsymbol{\Phi}(\boldsymbol{x}_i) = \mathbf{0}$，意味着在高维空间执行前应进行数据规范化. $\boldsymbol{\Phi}(\boldsymbol{x}_i)$ 是非线性映射函数，从输入向量空间映射至 $\boldsymbol{F}$. 注意，该特征空间的维数是任意大，甚至可以是无限的. 记 $\boldsymbol{\Phi}(\boldsymbol{X})$ 为矩阵($N \times S$)，它的第 i 行是在一个 S 维特征空间 $\boldsymbol{F}$ 的矢量 $\boldsymbol{\Phi}(\boldsymbol{x}_i)$. 该 KPLS 算法是直接来源于 PLS 算法通过修改 PLS 程序得到的. 通过引进核技巧 $\boldsymbol{\Phi}(\boldsymbol{x}_i)\boldsymbol{\Phi}^{\mathrm{T}}(\boldsymbol{x}_j) = k(\boldsymbol{x}_i, \boldsymbol{x}_j)$，输入空间的非线性运算转换成性质空间的线性运算. 最广泛使用的内核函数有径向基核：$k(\boldsymbol{x}_i, \boldsymbol{x}_j) = \exp\left[-\frac{\|\boldsymbol{x}_i - \boldsymbol{x}_j\|^2}{c}\right]$，多项式核：$k(\boldsymbol{x}_i, \boldsymbol{x}_j) = \langle \boldsymbol{x}_i, \boldsymbol{x}_j \rangle^r$；S 状核：$k(\boldsymbol{x}_i, \boldsymbol{x}_j) = \tanh(\beta_0 \langle \boldsymbol{x}_i, \boldsymbol{x}_j \rangle + \beta_1)$. 其中，$c$，$r$，$\beta_0$ 和 β_1 已被指定. 记 $\boldsymbol{\Phi}(\boldsymbol{X})\boldsymbol{\Phi}^{\mathrm{T}}(\boldsymbol{X})$ 表示($N \times N$)核矩阵 $\boldsymbol{K}$.

本书在这项研究中提出了多尺度偏最小二乘法，该中心样本是由式(5.10)实现的. 在 MSKPLS 方法中，在线执行方案规定，使用小波滤波窗口时测量的数据应进行分解.

$\boldsymbol{X}_G = [\boldsymbol{X}_1 \ \cdots \ \boldsymbol{X}_l \ \cdots \ \boldsymbol{X}_L]$，内核块矩阵可以表示为

$$\boldsymbol{K}_l = \boldsymbol{\Phi}(\boldsymbol{X}_l)\boldsymbol{\Phi}^{\mathrm{T}}(\boldsymbol{X}_l)$$

其中，$\boldsymbol{\Phi}(\boldsymbol{X}_l) \in \mathbf{R}^{N \times S_l}$. $\boldsymbol{K}_l$ 的第(i, j)个元素可以通过 $\boldsymbol{K}^l_{i,j} = \exp\left[-\frac{\|\boldsymbol{X}_{l,i} - \boldsymbol{X}_{l,j}\|^2}{c}\right]$计算得出，对 MSKPLS 建模算法步骤如下：

① 设 $\eta = 1$，即每块数据的大小；

② 初始化$\boldsymbol{u}_i$；

③ 对于每一块，计算$\boldsymbol{t}_{l,i} = \boldsymbol{K}_{l,i}\boldsymbol{u}_i / \sqrt{\boldsymbol{u}_i^{\mathrm{T}} \boldsymbol{K}_{l,i}\boldsymbol{u}_i}$；

④ $\boldsymbol{T}_i = [\boldsymbol{t}_{1,i} \ \cdots \ \boldsymbol{t}_{l,i}]$；

⑤ $\boldsymbol{w}_{T,i} = \boldsymbol{T}_i^{\mathrm{T}} \boldsymbol{u}_i / \|\boldsymbol{T}_i^{\mathrm{T}} \boldsymbol{u}_i\|$；

⑥ $\boldsymbol{t}_{T,i} = \boldsymbol{T}_i \boldsymbol{w}_{T,i}$；

⑦ $\boldsymbol{q}_i = \boldsymbol{Y}_i^{\mathrm{T}} \boldsymbol{t}_{T,i} / \boldsymbol{t}_{T,i}^{\mathrm{T}} \boldsymbol{t}_{T,i}$；

⑧ $\boldsymbol{u}_i = \frac{\boldsymbol{Y}_i \boldsymbol{q}_i}{\boldsymbol{q}_i^{\mathrm{T}} \boldsymbol{q}_i}$；

⑨ 重复步骤③⑧，直到收敛；

⑩ 在所有现有的值和相应的负载中选择最大的特征值 λ_η；

⑪ 获取相应的特征值 MSKPLS 得分；

⑫ 计算剩余：如果选择的特征值是第 b 个模块的第 i 个特征值(λ_η 可以记做 $\lambda_\eta(b, i)$)，有

$$\boldsymbol{Y}_{i+1} = (\boldsymbol{I} - \boldsymbol{t}_{T,i}\boldsymbol{t}_{T,i}^{\mathrm{T}} / \boldsymbol{t}_{T,i}^{\mathrm{T}}\boldsymbol{t}_{T,i})\boldsymbol{Y}_i \tag{5.12}$$

⑬ 让 $\eta=\eta+1$，返回到步骤③并且重复这个过程直到获得所有块负载的多尺度主元负载，在步骤⑩中，特征值是在从除了先前的步骤中使用过的剩余特征值中选择的.

在应用 MSPLS 前，数据应该在高维空间中处理. 这样可以通过用$\bar{\boldsymbol{K}}_b$ 替换内核矩阵$\boldsymbol{K}_b$ 来完成，其中

$$\bar{\boldsymbol{K}}_b=\boldsymbol{K}_b-\mathbf{1}_N\boldsymbol{K}_b-\boldsymbol{K}_b\mathbf{1}_N+\mathbf{1}_N\boldsymbol{K}_b\mathbf{1}_N \tag{5.13}$$

并且

$$\mathbf{1}_N=\frac{1}{N}\begin{bmatrix}1 & \cdots & 1\\ \vdots & & \vdots\\ 1 & \cdots & 1\end{bmatrix} \tag{5.14}$$

为了监测过程，SPE 的统计和 T^2 的统计都用在这里. 给出一个新的样本 $\boldsymbol{x}_{\text{new}}$，把它分成 B 块. 对于每一块，使用核向量的运算$\boldsymbol{k}_b^{\text{new}}=\boldsymbol{\Phi}(\boldsymbol{X}_b^{\text{new}})\boldsymbol{\Phi}(\boldsymbol{X}_b)^{\text{T}}$. 这样可以由$\bar{\boldsymbol{k}}_b^{\text{new}}$ 替换内核矩阵$\boldsymbol{k}_b^{\text{new}}$ 来完成，其中

$$\bar{\boldsymbol{k}}_b^{\text{new}}=\boldsymbol{k}_b^{\text{new}}-\mathbf{1}_b\boldsymbol{K}_b-\boldsymbol{k}_b^{\text{new}}\mathbf{1}_N+\mathbf{1}_b\boldsymbol{K}_b\mathbf{1}_N \tag{5.15}$$

式中，$\mathbf{1}_b=\frac{1}{N}[1\quad\cdots\quad 1]\in\mathbf{R}^{1\times N}$.

测试的 MSKPLS 算法步骤如下：

① 对于每一块，计算$\boldsymbol{t}_{l,i}^{\text{new}}=\bar{\boldsymbol{k}}_{l,i}^{\text{new}}\boldsymbol{u}_i/\sqrt{\boldsymbol{u}_i^{\text{T}}\boldsymbol{K}_{l,i}\boldsymbol{u}_i}$；

② $\boldsymbol{T}_i^{\text{new}}=[\boldsymbol{t}_{1,i}^{\text{new}}\quad\cdots\quad\boldsymbol{t}_{J+1,i}^{\text{new}}]$；

③ $\boldsymbol{t}_{T,i}^{\text{new}}=\boldsymbol{T}_i^{\text{new}}\boldsymbol{w}_{T,i}$；

④ 紧缩残余

$$\bar{\boldsymbol{\Phi}}(\boldsymbol{X}_{b,i+1}^{\text{new}})=\bar{\boldsymbol{\Phi}}(\boldsymbol{X}_{b,i}^{\text{new}})-\boldsymbol{t}_{T,i}^{\text{new}}\boldsymbol{P}_{b,i} \tag{5.16}$$

5.3　过程监测与故障诊断中的应用规模和可变贡献

通过 MSKPLS 的概念，可以在故障诊断中计算出对 T^2 的贡献：

$$T_j^2=\sum_{i=1}^{B}\frac{\boldsymbol{t}_{j,i}^{\text{T}}\boldsymbol{t}_{j,i}}{\lambda_\eta(j,i)} \tag{5.17}$$

式中，B 是在第 j 块非线性主元件的数量.

模块的 SPE 统计定义为

$$\begin{aligned}\text{SPE}_j&=\|\bar{\boldsymbol{\Phi}}(\boldsymbol{X}_j^{\text{new}})-\hat{\bar{\boldsymbol{\Phi}}}(\boldsymbol{X}_j^{\text{new}})\|^2\\&=\|\bar{\boldsymbol{\Phi}}(\boldsymbol{X}_b^{\text{new}})-\boldsymbol{t}_T^{\text{new}}\boldsymbol{P}_b^{\text{T}}\|^2\\&=\bar{k}(\boldsymbol{X}_b^{\text{new}},\boldsymbol{X}_b^{\text{new}})-2\bar{\boldsymbol{\Phi}}(\boldsymbol{X}_b^{\text{new}})\bar{\boldsymbol{\Phi}}(\boldsymbol{X}_b)^{\text{T}}(\boldsymbol{t}_T^{\text{new}}\boldsymbol{t}_T^{\text{T}}/\boldsymbol{t}_T^{\text{T}}\boldsymbol{t}_T)+\boldsymbol{t}_T^{\text{new}}\bar{\boldsymbol{K}}_b^{\text{T}}(\boldsymbol{t}_T^{\text{new}})^T/\boldsymbol{t}_T^{\text{T}}\boldsymbol{t}_T\\&=\bar{k}(\boldsymbol{X}_{b,\text{new}},\boldsymbol{X}_{b,\text{new}})-2\bar{\boldsymbol{k}}_b^{\text{new}}(\boldsymbol{t}_T^{\text{new}}\boldsymbol{t}_T^{\text{T}}/\boldsymbol{t}_T^{\text{T}}\boldsymbol{t}_T)+\boldsymbol{t}_T^{\text{new}}\bar{\boldsymbol{K}}_b^{\text{T}}(\boldsymbol{t}_T^{\text{new}})^{\text{T}}/\boldsymbol{t}_T^{\text{T}}\boldsymbol{t}_T\end{aligned} \tag{5.18}$$

式中

$$\bar{k}(\boldsymbol{X}_b^{\text{new}},\boldsymbol{X}_b^{\text{new}}) = k(\boldsymbol{X}_b^{\text{new}},\boldsymbol{X}_b^{\text{new}}) - \frac{2}{N}\sum_{i=1}^{N}k(\boldsymbol{X}_{b,i},\boldsymbol{X}_b^{\text{new}}) + \frac{1}{N^2}\sum_{i=1}^{N}\sum_{j=1}^{N}k(\boldsymbol{X}_{b,i},\boldsymbol{X}_{b,j})$$

在这里，超级 SPE 的统计可由直接累积得到

$$\text{SPE} = \sum_{j=1}^{J+1}\text{SPE}_j \tag{5.19}$$

模块 T^2 统计是由 $T_b^2=(\boldsymbol{t}_b^{\text{new}})^{\text{T}}\boldsymbol{\Lambda}_b^{-1}\boldsymbol{t}_b^{\text{new}}$ 计算得到的；

超级 T^2 统计是由 $T_T^2=(\boldsymbol{t}_T^{\text{new}})^{\text{T}}\boldsymbol{\Lambda}^{-1}\boldsymbol{t}_T^{\text{new}}$ 计算得到的.

其中，$\boldsymbol{\Lambda}_b$ 和 $\boldsymbol{\Lambda}$ 分别是协方差块矩阵和超级得分矩阵. 控制极限是根据 Qin 等人的研究得到的. 样本由式(5.16)重新缩放，得到更新后的均值和方差. 最初的均值和方差的样本集与第 N 个采样由式(5.17)和式(5.19)计算出来. 然后由 PLS 模型使用新标准样本，以计算系数$\hat{b}$和预测未来进程的输出. 递推 PLS 算法步骤如下：

① 选择训练样本的长度 N，由式(5.17)和式(5.19)计算出样本的均值和方差；

② 通过式(5.16)使样本标准化和中心化；

③ 通过式(5.17)使用标准化的样本，计算出回归系数$\hat{\boldsymbol{b}}$；

④ 通过 $\hat{\boldsymbol{Y}}\boldsymbol{X}\hat{\boldsymbol{b}}$ 得出的$\hat{\boldsymbol{b}}$和新的可获得的测量矩阵 $\boldsymbol{X}$ 预测模型输出，直到得到新的样本；

⑤ 通过式(5.17)和式(5.19)更新样本的均值和方差，然后舍弃原始的样本并且添加新的样本融入训练样本集，返回步骤②.

5.4　实验设计与结果分析

电气化镁熔炼炉（ESMF）是二次精炼的重要设备之一. 近年来，随着熔融技术的提升，此熔炉已广泛应用于工业中. 精炼工艺能提高产品质量，增加产品品种. 电气化镁熔炼炉的结构与熔解过程如图 5.2 所示. 而电压的闪变是一种很严重的异常状态问题，它会给熔炼炉的电力系统带来非常大的电力输入功率，极易引起工业过程的瘫痪.

电气化镁熔炼炉的主要生产原理是利用矿热电弧来熔炼镁砂，而本书所涉及的电气化镁熔炼炉所采用的生产原料是轻烧镁砂. 熔炼炉在生产过程中，利用接通电流的负载电阻以及电极与负载所产生的电子弧共同作用产生的热量来熔炼镁砂，从而获得较高纯度的电熔镁晶体. 在整个工业过程中，电极的底部一般是深埋在负载里的，所以这种熔炼炉也被称为隐形弧电阻炉. 这种电气化镁熔炼炉的特点是热量十分集中，这主要是因为熔炼炉在生产中将电子弧作为热源，非常适用于熔炼镁砂. 如图 5.2 所示，整个装置由变压器、短电路网络、电极升降设备、电极以及炉壁等组成，熔炼炉的旁边还有一个控制室用以控制电极的运动.

熔炼炉外壳一般是圆的，但整体稍微呈锥形．为了便于将熔炼出的高纯度镁晶流出炉子，炉子的外壳被焊接在一个圆环里．熔炼炉的下面装有脚轮，这是为了便于炉子将已经冷却的高纯度镁晶装卸到固定的场站．电极升降系统是隐形弧炉的主要设备之一．而炉内负载的体积与电极底部到金属熔化池或到炉底的距离有关．电阻插入负载中越深，其电阻值越小，反之亦然．因此，这种电阻是一个变量，被称为工作电阻．通过升降电极的方法，电阻值可以被调节，而其产生的电流则被称为电极负载电流，所产生的电能被称为熔炼炉电能．而电极与负载之间的短回路、负载断裂、熔炼炉部件汽化以及剧烈的化学反应等，都可能造成电气化镁熔炼炉生产工程中负载的显著起伏变化．

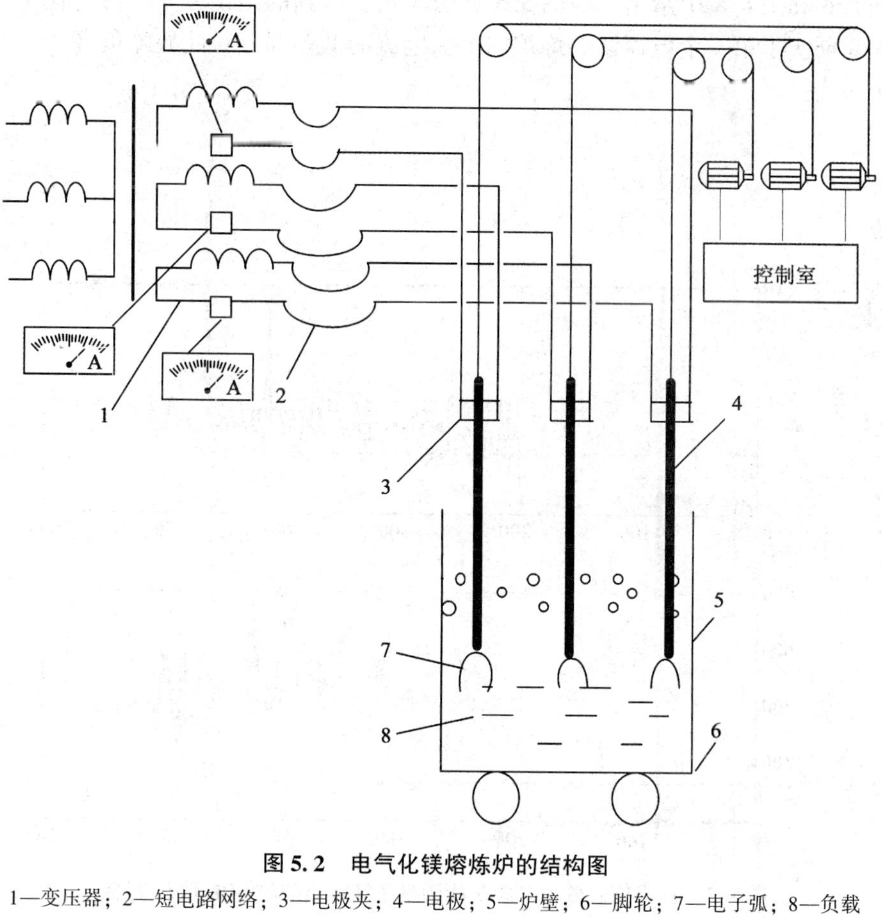

图 5.2　电气化镁熔炼炉的结构图

1—变压器；2—短电路网络；3—电极夹；4—电极；5—炉壁；6—脚轮；7—电子弧；8—负载

为了验证多尺度核偏最小二乘法的性能，将两个电极的电流视为输入，而第三个电极的电流视为输出．因为前两个电极电流直接影响第三个电极的电流，所以第三个电极电流是一个输出变量．依据实际工业情况，设定加料过程中产生的故障是不均匀．在试验中，利用 800 个样本建模，利用 512 个样本进行测试．

首先，基于核偏最小二乘法构建 800 个样本模型并测试 512 个样本. 由图 5.3 可以看出基于核偏最小二乘法的故障检测情况. 由图可知，尽管核偏最小二乘法能够检测出第 201 个样本出现故障，却不能明确哪个变量对此故障负责. 随后，利用本书提出的算法检测整个工业过程. 由图 5.3 可以看出，故障从第 201 个样本处产生一直持续到整个工程结束. 利用小波变换处理两个输入电流，可以重构每个输入变量的高频部分和低频部分. 将重构部分分为 4 个尺度，还会有 20 个隐藏变量存在. 检测的结果如图 5.4 所示，SPE 值和 T^2 值指出第 201 个样本后系统出现了明显的故障. 多尺度的 SPE 值和贡献值在图 5.5 和图 5.7 中给出，与 2、3 和 4 这几个尺度比较，尺度 1 的贡献值明显更大. 多尺度的 T^2 值和贡献值在图 5.6 和图 5.8 中给出. 与图 5.5 和图 5.7 所得到的结论非常一致，图 5.6 和图 5.8 证实了第一个电器镁熔炼炉的电极电流的低频部分对此故障负责.

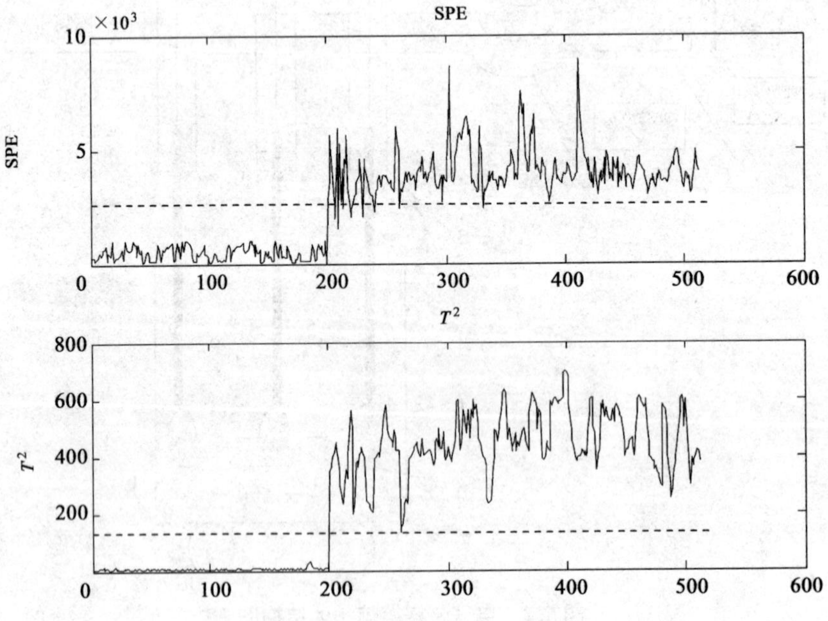

图 5.3 基于核偏最小二乘法检测电气镁熔炼炉的 SPE 值与 T^2 值

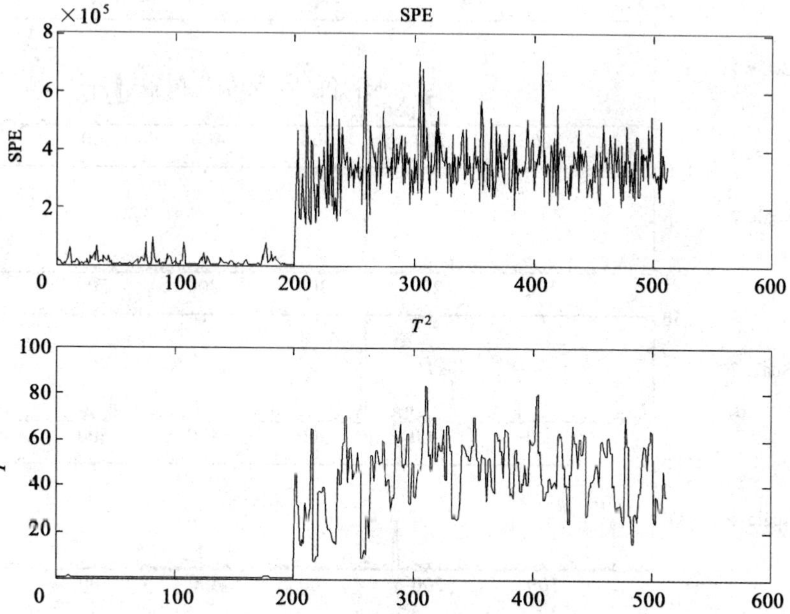

图 5.4　电气镁熔炼炉的 SPE 值和 T^2 值

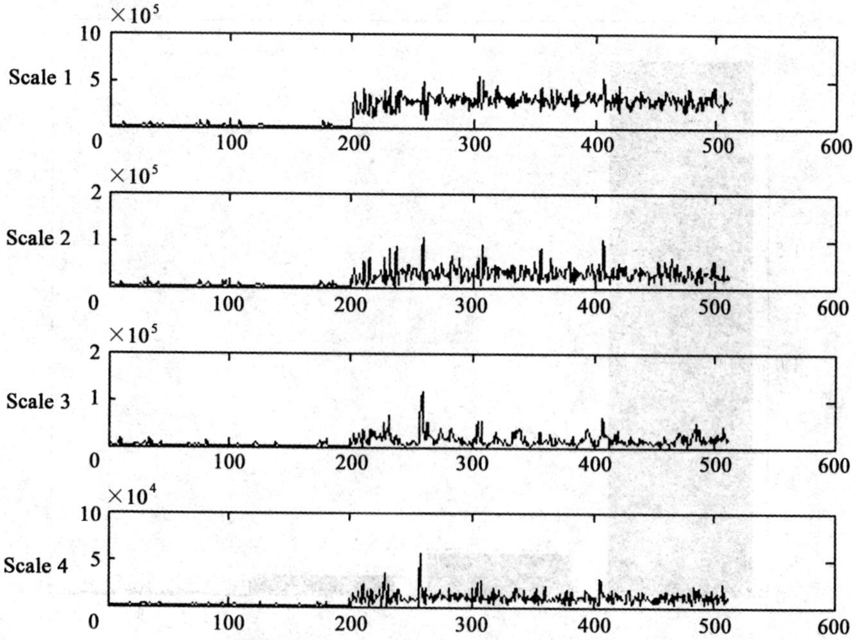

图 5.5　电气镁熔炼炉的多尺度 SPE 值图

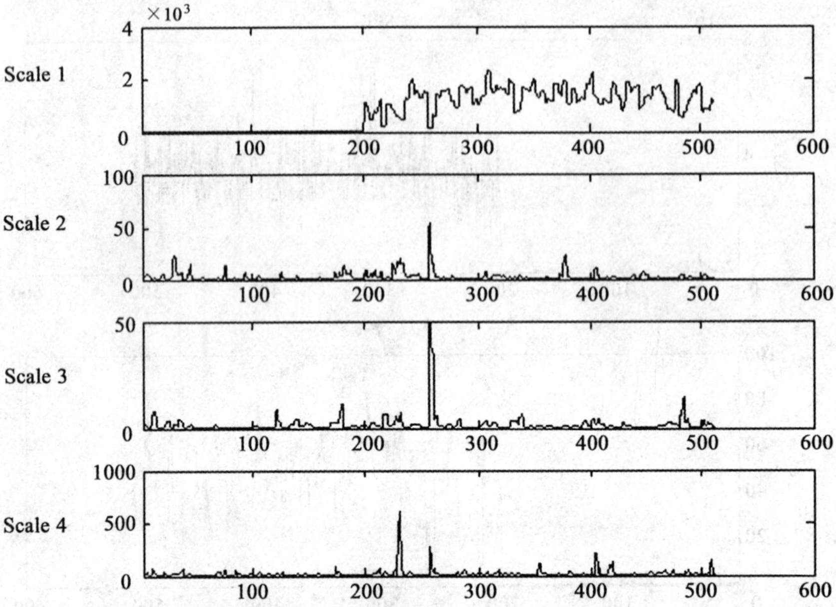

图 5.6　电气镁熔炼炉的多尺度 T^2 值图

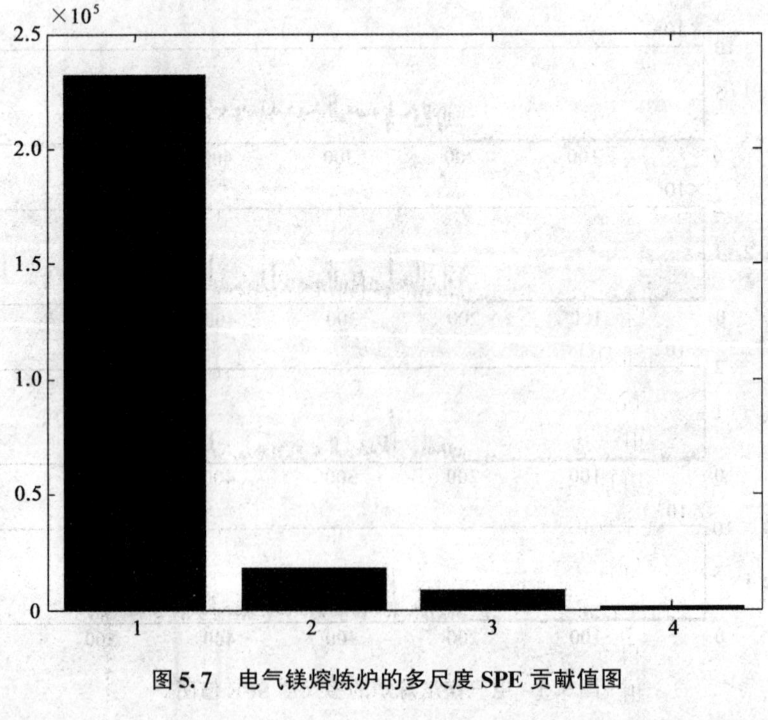

图 5.7　电气镁熔炼炉的多尺度 SPE 贡献值图

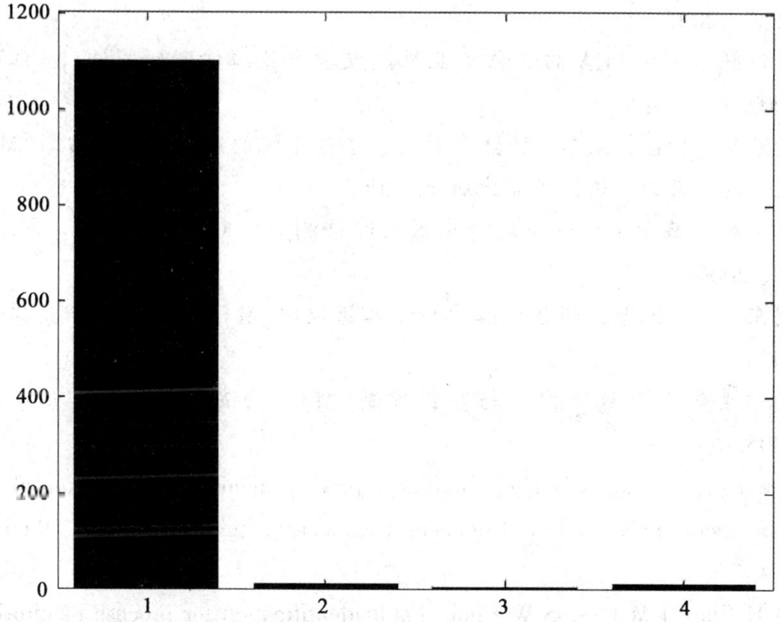

图 5.8　电气镁熔炼炉的多尺度 T^2 贡献值图

5.5　本章小结

在本章中，描述了一个双重更新策略，用整合后的递推 PLS 的输出方法取代了原始方法，开发了在线软测量系统．该方法具有较高的双更新效果，可以进行工业 PTA 净化处理，可以对它的平均晶粒尺寸进行预测，从而得到满意的预测方法．结果表明，该方法具有相当有效的动态跟踪特性．对每个单独的过程，所提供的深入的双重更新策略和理解模型的参数分析，这里都进行了详细的讨论．同时说明，通过确定模型的参数，可以确保该方法的实现．虽然在这项工作中双更新的方法使用了递推 PLS 的模型，但它通过替换其他模型进行修改，例如减少第一主元模型、神经网络模型和以规则为基础的模型等．因此，双更新方法可以推广到由来自不同的 PLS 所描述的其他应用程序组合得到的模型．因此，该更新方法将有可能在一个广泛应用于工业过程的软测量系统中发挥巨大的作用．

本章参考文献

[1]　张少捷．基于工业过程数据的故障检测方法研究[D]．上海：华东理工大学，2011．

[2]　周东华，孙优贤．控制系统的故障检测与诊断技术[M]．北京：清华大学出版社，1994．

[3] 赵旭. 基于统计学方法的过程监控与质量控制研究[D]. 上海：上海交通大学，2007.

[4] 肖应旺. 基于PCA的流程工业性能监控与故障诊断研究[D]. 江南大学，2007.

[5] 蒋浩天，E L 拉塞尔，R D 布拉茨. 工业系统的故障检测与诊断[M]. 段建民，译. 北京：机械工业出版社，2003.

[6] 潘玉松. 基于主元分析的传感器故障检测与诊断[D]. 北京：华北电力大学，2006.

[7] 周东华，叶银忠. 现代故障诊断于容错控制[M]. 北京：清华大学出版社，2000.

[8] 王仲生. 智能故障诊断与容错控制[M]. 西安：西北工业大学出版社，2005.

[9] J M Lee, C Yoo, I B Lee. Nonlinear process monitoring using kernel principal component analysis[J]. Chemical Engineering Science, 2003, 59(1): 223-234.

[10] J H Cho, J M Lee, S W Choi. Fault identification for process monitoring using kernel principal component analysis[J]. Chemical Engineering Science, 2005, 60(1): 279-288.

[11] S W Choi, C Lee, J M Lee. Nonlinear dynamic process monitoring based on dynamic kernel PCA[J]. Chemical Engineering Science, 2004, 59(5): 897-908.

[12] J D Shao, G Rong. Nonlinear process monitoring based on maximum variance unfolding projections[J]. Expert Systems with Applications. 2009, 36(11): 11332-11340.

[13] Z Y Zhang, H Y Zha. Principal manifolds and nonlinear dimensionality reduction via tangent space alignment[J]. society for Industrial and Applied Mathematics Journal of Scientific Computing. 2004, 26(1): 313-333.

[14] 张星君. 基于改进主元分析方法的化工生产过程的故障检测[J]. 工业控制计算机，2006，19(1)：21-25.

[15] 王峻峰. 基于主分量、独立分量分析的盲信号处理及应用研究[D]. 武汉：华中科技大学，2005.

[16] E J Hukkanen, R D Braatz. Measurement of particle size distribution in suspension polymerization using in situ laser backscattering[J]. Sensors Actuators B 96 (2003): 451-459.

[17] B S Choi, T A Ring. Evolution of crystal size distributions in a CMSMPR: The effect of temperature, flow rate, and mixing speed with time[J]. Fluid Phase

Equilibria, 2005(228/229): 99-107.
[18] 刘育明，梁军，钱积新. 工业流化床反应器结块监视的动态PCA方法[J]. 化工学报. 2004, 55(9): 1546-1549.
[19] 刘育明. 动态过程数据的多变量统计监控方法研究[D]. 杭州: 浙江大学, 2006.
[20] 王海清. 工业过程监测: 基于小波和统计学的方法[D]. 杭州: 浙江大学, 2001.
[21] 赵晋丽. 基于KPCA与SVM的工业过程故障诊断方法的应用研究[D]. 沈阳: 东北大学, 2008.
[22] 朱松青，史金飞. 状态监测与故障诊断中的主元分析法[J]. 机床与液压, 2007, 35(1): 241-243.
[23] 陈耀，王文海，孙优贤. 基于动态主元分析的统计过程监视[J]. 化工学报, 2000, 51(5): 666-670.
[24] Cho J H, Lee J M, Choi S W, et al. Fault identification for process monitoring using kernel principal component analysis[J]. Chem. Eng. Sci., 2005(60): 279-288.
[25] Mika S, Schölkopf B, Smola AJ, et al. KPCA and de-noising in feature spaces [J]. Advances in Neural Information Processing Systems, 1999(11): 536-542.
[26] Qin S J. Statistical process monitoring: Basics and beyond, [J]. Chemom, 2003(17): 480-502.
[27] Lee G, Han C H, Yoon E S. Multiple-fault diagnosis of the Tennessee Eastman Process based on system decomposition and dynamic PLS[J]. Ind. AndEng. Chem. Res., 2004(43): 8037-8048.
[28] Lee J M, Yoo C K, Lee I B. Statistical process monitoring with independent component analysis[J]. Process Control, 2004(14): 467-485.
[29] Chiang L H, Russell F L, Braatz R D. Fault detection and diagnosis in industrial systems[M]. London: Springer, 2001.
[30] MacGregor J F, Kourti T. Statistical process control of multivariate processes [J]. Control Engineering Practice, 1995(3): 403- 414.
[31] Chen J H, Liao C M. Dynamic process fault monitoring based on neural network and PCA[J]. Process Control, 2002(12): 277-289.
[32] Dong D, McAvoy T J. Nonlinear principal component analysis-based on principal curves and neural networks[J]. Comput. Chem. Eng., 1996(20): 65-78.
[33] Jia F, Martin E B, Morris A J. Non-linear principal component analysis for process fault detection[J]. Comput. Chem. Eng., 1998, 22(S1): 851-854.

[34] Kramer M A. Non-linear principal component analysis using autoassociative neural networks[J]. AIChE J., 1991(37): 233-243.

[35] Tan S, Mavrovouniotis M L. Reducing data dimensionality through optimizing neural networks inputs[J]. AIChE J., 1995(41): 1471-1480.

[36] Geng Z Q, Zhu Q X. Multiscale nonlinear principal component analysis (NLPCA) and its application for chemical process monitoring[J]. Ind. And Eng. Chem. Res., 2005(44): 3585-3593.

[37] Kulkarni S G, Chaudhary A K, Nandi S, et al. Modeling and monitoring of batch processes using principal component analysis (PCA) assisted generalized regression neural networks (GRNN)[J]. Biochemical Engineering Journal, 2004(18): 193-210.

[38] Walczak B, Massart D L. Local odeling with radial basis function networks[J]. Chemom. Intell. Lab. Syst., 2000(50): 179- 198.

[39] Schölkopf B, Sung K K, Burges C J C, et al. Comparing support vector machines with Gaussian kernels to radial basis function classifiers[J]. IEEE Trans Signal Process, 1997(45): 2758- 2765.

[40] Choi S W, Lee D, Park J H, et al. Nonlinear regression using RBFN with linear submodels[J]. Chemom. Intell. Lab. Syst., 2003(65): 191- 208.

[41] Schölkopf B, Smola A J, Muller K. Nonlinear component analysis as a kernel eigenvalue problem[J]. Neural Computation, 1998, 10(5): 1299-1319.

[42] Misra M, Yue H H, Qin S J, et al. Multivariate process monitoring and fault diagnosis by multi-scale PCA[J]. Computers and Chemical Engineering, 2002, 26 (9): 1281-1293.

[43] 王海生，叶昊，王桂增．基于小波分析的输油管道泄漏检测[J]．信息与控制，2002，31(5)：456-460.

[44] 周小勇，叶银忠．基于 Mallat 塔式算法小波变换的多故障诊断方法[J]．控制与决策，2004，19(5)：592-594.

[45] Romdhani S, Gong S, Psarrou A. A multi-view nonlinear active shape model using KPCA[J]. Proceedings of BMVC, Nottingham, 1999: 483- 492.

第 6 章　工业过程的故障幅值估计

工业过程的故障检测除了要对已经发生的系统异常进行及时的识别与预警，还需要对故障的发生状态有所认知. 尤其是故障的幅值问题，关系到故障对整个工业过程的影响程度，因而需要对其进行详细的分析与研究. 本章针对工业过程出现的故障问题，讨论故障幅值的估计方法，并通过仿真实验验证所提的故障幅值估计算法.

6.1　工业过程的故障幅值问题

在现代化工业过程中，故障检测更多的是基于流速、温度、压力等数据进行研究与分析的. 通过多个传感器周期性、连续性地获取数据，然后存储于数据库中. 在化工过程中，在正常工作状态下收集的数据包含了大量可用的过程信息[1-6]. 传统的统计过程监控基于控制限的检验(SPM). 利用从历史过程数据中获取的过程信息，SPM 方法运用诸如主元分析法(PCA)和偏最小二乘法(PLS)等统计投影法，已被广泛应用来检测异常工作条件[7-14].

对于传感器的故障分离，MacGregor 和 Kourti 提出利用贡献图识别传感器的故障. 此外，一些基于重构的识别方法也被提出[15-17]. Wise 和 Ricker 重建了一个传感器，用其他测量值消除故障传感器的影响. 使用一个自动联想神经网络重建一个故障传感器的思想也被提及[16]. R D Braatz[17]提出了一种基于统计故障检测指标的计算故障幅值的方法，他们假设故障幅值远大于正常测量值. 但在本书中，这个假设没有被应用，故障幅值是用一个统一的故障控制限来估算的. 此方法应用到蒙特卡罗模拟和电气化镁熔炼炉.

6.2　故障幅值的估计

Yue 和 Qin 提出了一种混合指标来进行故障检测，它将 SPE 和 T^2 用如下的方式进行了融合：

$$\varphi = \frac{\mathrm{SPE}}{\delta^2} + \frac{T^2}{\tau^2} = \boldsymbol{X}^{\mathrm{T}}\boldsymbol{\Phi}\boldsymbol{X} \tag{6.1}$$

式中，$\boldsymbol{\Phi} = \frac{\widetilde{\boldsymbol{C}}}{\delta^2} + \frac{\boldsymbol{P\Lambda}^{-1}\boldsymbol{P}^{\mathrm{T}}}{\tau^2}$，其中，$\widetilde{\boldsymbol{C}} = \boldsymbol{I} - \boldsymbol{PP}^{\mathrm{T}}$，$\boldsymbol{P}$ 是负载矩阵，$\boldsymbol{\Lambda}$ 是特征值矩阵.

注意到 $\boldsymbol{\Phi}$ 是对称且正定的.

为了在故障检测中应用此指标，Z Ma 等[18]基于文献[19]的结果推导了 φ 的控制上限：

$$\varphi = \boldsymbol{X}^{\mathrm{T}}\boldsymbol{\Phi}\boldsymbol{X} = g\chi_h^2 \tag{6.2}$$

式中，系数 $g = \dfrac{\mathrm{tr}\,(\boldsymbol{S\Phi})^2}{\mathrm{tr}(\boldsymbol{S\Phi})}$，其中，$\boldsymbol{S}$ 是协方差矩阵；χ^2 分布的自由度为

$$h = \frac{[\mathrm{tr}(\boldsymbol{S\Phi})]^2}{\mathrm{tr}(\boldsymbol{S\Phi})} \tag{6.3}$$

和

$$\mathrm{tr}(\boldsymbol{S\Phi}) = \frac{l}{\tau^2} + \frac{\sum_{i=l+1}^{n}\lambda_i}{\delta^2} \tag{6.4}$$

$$\mathrm{tr}\,(\boldsymbol{S\Phi})^2 = \frac{l}{\tau^4} + \frac{\sum_{i=l+1}^{n}\lambda_i^2}{\delta^4} \tag{6.5}$$

由于 g 和 h 是可以计算的，φ 的控制上限可通过给定的显著性水平 α 获得，因此，若下式成立，则认为过程发生了故障：

$$\varphi > g\chi_h^2 \tag{6.6}$$

T^2 和 SPE 统计量定义如下：

$$\mathrm{SPE} = \boldsymbol{X}^{\mathrm{T}}(\boldsymbol{I} - \boldsymbol{P}\boldsymbol{P}^{\mathrm{T}})\boldsymbol{X} = \boldsymbol{X}^{\mathrm{T}}\tilde{\boldsymbol{C}}\boldsymbol{X} \tag{6.7}$$

$$T^2 = \boldsymbol{X}^{\mathrm{T}}\boldsymbol{P}\boldsymbol{\Lambda}^{-1}\boldsymbol{P}^{\mathrm{T}}\boldsymbol{X} = \boldsymbol{X}^{\mathrm{T}}\boldsymbol{D}\boldsymbol{X} \tag{6.8}$$

注意到故障检测指数的表达式都有基本二次型

$$\mathrm{Index}(\boldsymbol{X}) = \boldsymbol{X}^{\mathrm{T}}\boldsymbol{M}\boldsymbol{X} = \|\boldsymbol{X}\|_{\boldsymbol{M}}^2 \tag{6.9}$$

式中，$\boldsymbol{M}$ 对于每个指标在表 6.1 中给出.

表 6.1　　一般指标 M 的取值情况

Index	SPE	T^2	φ
$\boldsymbol{M}$	$\tilde{\boldsymbol{C}} = \boldsymbol{I} - \boldsymbol{P}\boldsymbol{P}^{\mathrm{T}}$	$\boldsymbol{D} = \boldsymbol{P}\boldsymbol{\Lambda}^{-1}\boldsymbol{P}^{\mathrm{T}}$	$\boldsymbol{\Phi} = \dfrac{\tilde{\boldsymbol{C}}}{\delta^2} + \dfrac{\boldsymbol{P}\boldsymbol{\Lambda}^{-1}\boldsymbol{P}^{\mathrm{T}}}{\tau^2}$

$\boldsymbol{X}_{\mathrm{failure}}$ 表示一个故障测量值，可表示如下：

$$\boldsymbol{X}_{\mathrm{failure}} = \boldsymbol{X}^* + \Delta\boldsymbol{X} \tag{6.10}$$

式中，$\boldsymbol{X}^* = [\boldsymbol{x}_1^* \quad \boldsymbol{x}_2^* \quad \cdots \quad \boldsymbol{x}_n^*]^{\mathrm{T}}$ 是正常工作条件下程序系统的历史测量值，$\Delta\boldsymbol{X} = [\Delta\boldsymbol{x}_1 \quad \Delta\boldsymbol{x}_2 \quad \cdots \quad \Delta\boldsymbol{x}_n]^{\mathrm{T}}$ 表示故障幅值，n 是变量的个数. 所以，$\boldsymbol{X}_{\mathrm{failure}}$ 可表示为

$$\boldsymbol{X}_{\mathrm{failure}} = \boldsymbol{X}^* + \Delta\boldsymbol{X} = \begin{bmatrix} \boldsymbol{x}_1^* \\ \boldsymbol{x}_2^* \\ \vdots \\ \boldsymbol{x}_n^* \end{bmatrix} + \begin{bmatrix} \Delta\boldsymbol{x}_1 \\ \Delta\boldsymbol{x}_2 \\ \vdots \\ \Delta\boldsymbol{x}_n \end{bmatrix} = \begin{bmatrix} \boldsymbol{x}_1^* + \Delta\boldsymbol{x}_1 \\ \boldsymbol{x}_2^* + \Delta\boldsymbol{x}_2 \\ \vdots \\ \boldsymbol{x}_n^* + \Delta\boldsymbol{x}_n \end{bmatrix} \tag{6.11}$$

当主元的个数为 l 时，PCA 模型的负载矩阵如下：

$$\boldsymbol{P}=\begin{bmatrix} p_{11} & p_{12} & \cdots & p_{1l} \\ p_{21} & p_{22} & \cdots & p_{2l} \\ \vdots & \vdots & & \vdots \\ p_{n1} & p_{n2} & \cdots & p_{nl} \end{bmatrix} \tag{6.12}$$

现在以 SPE 指标为例计算故障值 $\Delta\boldsymbol{X}$.

$$\begin{aligned}\text{SPE} &=\boldsymbol{X}^{\mathrm{T}}(\boldsymbol{I}-\boldsymbol{P}\boldsymbol{P}^{\mathrm{T}})\boldsymbol{X}=\boldsymbol{X}^{\mathrm{T}}\tilde{\boldsymbol{C}}\boldsymbol{X} \\ &=[\boldsymbol{x}_1^*+\Delta\boldsymbol{x}_1 \quad \boldsymbol{x}_2^*+\Delta\boldsymbol{x}_2 \quad \cdots \quad \boldsymbol{x}_n^*+\Delta x_n]\begin{bmatrix} \tilde{c}_{11} & \tilde{c}_{12} & \cdots & \tilde{c}_{1n} \\ \tilde{c}_{21} & \tilde{c}_{22} & \cdots & \tilde{c}_{2n} \\ \vdots & \vdots & & \vdots \\ \tilde{c}_{n1} & \tilde{c}_{n2} & \cdots & \tilde{cc}_{nn} \end{bmatrix}\begin{bmatrix} \boldsymbol{x}_1^*+\Delta\boldsymbol{x}_1 \\ \boldsymbol{x}_2^*+\Delta\boldsymbol{x}_2 \\ \vdots \\ \boldsymbol{x}_n^*+\Delta\boldsymbol{x}_n \end{bmatrix}\end{aligned} \tag{6.13}$$

式中，$\tilde{c}_{ii}=1-p_{i1}^2-p_{i2}^2-\cdots-p_{il}^2$，而 $\tilde{c}_{ij}=-p_{i1}p_{j1}-p_{i2}p_{j2}-\cdots-p_{il}p_{jl}(i=1, 2, \cdots, n;\ j=1, 2, \cdots, l;\ i\neq j)$.

在文献[17]中，作者假设测量值 $\Delta\boldsymbol{X}\gg\boldsymbol{X}^*$，因此 $\boldsymbol{X}^*$ 被忽略. 但是此假设在此处未被应用而 $\boldsymbol{X}^*$ 将用下面介绍的重构的方法来计算. 对于 n 变量，当一个故障发生在第 i 个变量 $\boldsymbol{x}_i$ 时，故障数据是 $\boldsymbol{X}\in\mathbf{R}^n$，而故障发生的方向向量是 $\boldsymbol{\xi}_i$. 沿 $\boldsymbol{\xi}_i$ 方向的重构向量是

$$\boldsymbol{X}_i^*=\boldsymbol{X}-\boldsymbol{\xi}_i f_i \tag{6.14}$$

式中，$\boldsymbol{\xi}_i$ 表示单位矩阵的第 i 列，故障发生在变量 $\boldsymbol{x}_i$ 方向上. 例如，在一个 n 变量的系统中，变量 $\boldsymbol{x}_1$ 的方向向量是

$$\boldsymbol{\xi}_1=[1, 0, \cdots, 0]^{\mathrm{T}} \tag{6.15}$$

本章参考文献 [18] 给出了关于 T^2 和 φ 的重构方法. 在一般形式下，重构测量值的故障检测指标为

$$\text{Index}(\boldsymbol{X}_i^*)=\boldsymbol{X}_i^{*\mathrm{T}}\boldsymbol{M}\boldsymbol{X}_i^*=\|\boldsymbol{X}_i^*\|_M^2=\|\boldsymbol{X}-\boldsymbol{\xi}_i f_i\|_M^2 \tag{6.16}$$

重构的任务是搜索 f_i 的值使指标($\boldsymbol{X}_i^*$) 最小化，最小化通过关于 f_i 的派生($\boldsymbol{X}_i^*$)来实现. 该式如下：

$$\frac{\mathrm{d}(\text{Index}(\boldsymbol{X}_i^*))}{\mathrm{d}f_i}=-2(\boldsymbol{X}-\boldsymbol{\xi}_i f_i)^{\mathrm{T}}\boldsymbol{M}\boldsymbol{\xi}_i \tag{6.17}$$

令式 (6.17) 为零，可得

$$f_i=(\boldsymbol{\xi}_i^{\mathrm{T}}\boldsymbol{M}\boldsymbol{\xi}_i)^{-1}\boldsymbol{\xi}_i^{\mathrm{T}}\boldsymbol{M}\boldsymbol{X} \tag{6.18}$$

然后用式(6.14) 来获得 $\boldsymbol{X}_i^*$. 接下来，用 SPE 指标验证 $\boldsymbol{X}^*$ 是否为期望值. 如果 $\boldsymbol{X}_i^*$ 的 SPE 指标落在控制限之内，则故障方向 i 为真实故障方向. 通过此种方法，可获得正常条件下正确的过程数据 $\boldsymbol{X}^*$. 因而可以说，控制限直接影响着故障幅值估计的准确性，它的确定对故障监控结果有着重要的影响. 如果控制限选取过

大，则有可能使很多SPE指标都没有超出界限，因而导致漏报一些故障；同样，如果控制限选取过小，则系统很可能会经常出现误报警现象. 这两种情况都是故障检测不希望看到的，所以在实际研究中控制限的选取极为重要.

得到$\boldsymbol{X}^*$之后，故障幅值$\Delta\boldsymbol{X}$可按如下方法计算.

假定故障影响第一个过程变量. 在此情况下，$\boldsymbol{X}_{\text{failure}}$可视为

$$\boldsymbol{X}_{\text{sensor failure}}=\boldsymbol{X}^*+\Delta\boldsymbol{X}=\begin{bmatrix}\boldsymbol{x}_1^*+\Delta\boldsymbol{x}_1\\ \boldsymbol{x}_2^*\\ \vdots\\ \boldsymbol{x}_n^*\end{bmatrix}$$

因此，SPE指标可表示为

$$\begin{aligned}\text{SPE}&=[\boldsymbol{x}_1^*+\Delta\boldsymbol{x}_1\quad \boldsymbol{x}_2^*\quad\cdots\quad \boldsymbol{x}_n^*]\begin{bmatrix}\tilde{c}_{11}&\tilde{c}_{12}&\cdots&\tilde{c}_{1n}\\ \tilde{c}_{21}&\tilde{c}_{22}&\cdots&\tilde{c}_{2n}\\ \vdots&\vdots&&\vdots\\ \tilde{c}_{n1}&\tilde{c}_{n2}&\cdots&\tilde{c}_{nn}\end{bmatrix}\begin{bmatrix}\boldsymbol{x}_1^*+\Delta\boldsymbol{x}_1\\ \boldsymbol{x}_2^*\\ \vdots\\ \boldsymbol{x}_n^*\end{bmatrix}\\
&=\begin{bmatrix}\tilde{c}_{11}(\boldsymbol{x}_1^*+\Delta\boldsymbol{x}_1)+\tilde{c}_{21}\boldsymbol{x}_2^*+\cdots+\tilde{c}_{n1}\boldsymbol{x}_n^*\\ \tilde{c}_{12}(\boldsymbol{x}_1^*+\Delta\boldsymbol{x}_1)+\tilde{c}_{22}\boldsymbol{x}_2^*+\cdots+\tilde{c}_{n2}\boldsymbol{x}_n^*\\ \vdots\\ \tilde{c}_{1n}(\boldsymbol{x}_1^*+\Delta\boldsymbol{x}_1)+\tilde{c}_{2n}\boldsymbol{x}_2^*+\cdots+\tilde{c}_{nn}\boldsymbol{x}_n^*\end{bmatrix}^{\mathrm{T}}\begin{bmatrix}\boldsymbol{x}_1^*+\Delta\boldsymbol{x}_1\\ \boldsymbol{x}_2^*\\ \vdots\\ \boldsymbol{x}_n^*\end{bmatrix}\\
&=\tilde{c}_{11}(\boldsymbol{x}_1^*+\Delta\boldsymbol{x}_1)^2+\tilde{c}_{21}\boldsymbol{x}_2^*(\boldsymbol{x}_1^*+\Delta\boldsymbol{x}_1)+\cdots+\tilde{c}_{n1}\boldsymbol{x}_n^*(\boldsymbol{x}_1^*+\Delta\boldsymbol{x}_1)+\\
&\quad\tilde{c}_{12}\boldsymbol{x}_2^*(\boldsymbol{x}_1^*+\Delta\boldsymbol{x}_1)+\tilde{c}_{22}\boldsymbol{x}_2^{*2}+\cdots+\tilde{c}_{n2}\boldsymbol{x}_2^*\boldsymbol{x}_n^*+\cdots+\tilde{c}_{1n}\boldsymbol{x}_n^*(\boldsymbol{x}_1^*+\Delta\boldsymbol{x}_1)+\\
&\quad\tilde{c}_{2n}\boldsymbol{x}_2^*\boldsymbol{x}_n^*+\cdots+\tilde{c}_{nn}\boldsymbol{x}_n^{*2}\\
&=\tilde{c}_{11}(\boldsymbol{x}_1^*+\Delta\boldsymbol{x}_1)^2+(\tilde{c}_{21}\boldsymbol{x}_2^*+\cdots+\tilde{c}_{n1}\boldsymbol{x}_n^*+\tilde{c}_{12}\boldsymbol{x}_2^*+\cdots+\tilde{c}_{1n}\boldsymbol{x}_n^*)(\boldsymbol{x}_1^*+\Delta\boldsymbol{x}_1)+\\
&\quad(\tilde{c}_{22}\boldsymbol{x}_2^{*2}+\cdots+\tilde{c}_{n2}\boldsymbol{x}_2^*\boldsymbol{x}_n^*+\cdots+\tilde{c}_{2n}\boldsymbol{x}_2^*\boldsymbol{x}_n^*+\cdots+\tilde{c}_{nn}\boldsymbol{x}_n^{*2})\end{aligned}\tag{6.19}$$

假设

$$\begin{bmatrix}\boldsymbol{x}_1^*+\Delta\boldsymbol{x}_1\\ \boldsymbol{x}_2^*\\ \vdots\\ \boldsymbol{x}_n^*\end{bmatrix}=\begin{bmatrix}x_{11}+\Delta x^1&x_{12}+\Delta x^1&\cdots&x_{1m}+\Delta x^1\\ x_{21}&x_{22}&\cdots&x_{2m}\\ \vdots&\vdots&&\vdots\\ x_{n1}&x_{n2}&\cdots&x_{nm}\end{bmatrix}\tag{6.20}$$

式(6.19)可被改写为

$$\begin{aligned}\text{SPE}&=\tilde{c}_{11}(\boldsymbol{x}_1^*+\Delta\boldsymbol{x}_1)^2+(\tilde{c}_{21}\boldsymbol{x}_2^*+\cdots+\tilde{c}_{n1}\boldsymbol{x}_n^*+\tilde{c}_{12}\boldsymbol{x}_2^*+\cdots+\tilde{c}_{1n}\boldsymbol{x}_n^*)(\boldsymbol{x}_1^*+\Delta\boldsymbol{x}_1)+\\
&\quad(\tilde{c}_{22}\boldsymbol{x}_2^{*2}+\cdots+\tilde{c}_{2n}\boldsymbol{x}_2^*\boldsymbol{x}_n^*+\cdots+\tilde{c}_{n2}\boldsymbol{x}_2^*\boldsymbol{x}_n^*+\cdots+\tilde{c}_{nn}\boldsymbol{x}_n^{*2})\end{aligned}$$

$$= \tilde{c}_{11}\left[x_{11}+\Delta x^1 \quad x_{12}+\Delta x^1 \quad \cdots \quad x_{1m}+\Delta x^1\right]\begin{bmatrix} x_{11}+\Delta x^1 \\ x_{12}+\Delta x^1 \\ \vdots \\ x_{1m}+\Delta x^1 \end{bmatrix} + \left[(\tilde{c}_{21}+\tilde{c}_{12})\right.$$

$$\left.\left[x_{21} \quad x_{22} \quad \cdots \quad x_{2m}\right] + \cdots + (\tilde{c}_{n1}+\tilde{c}_{1n})\left[x_{n1} \quad x_{n2} \quad \cdots \quad x_{nm}\right]\right]$$

$$\begin{bmatrix} x_{11}+\Delta x^1 \\ x_{12}+\Delta x^1 \\ \vdots \\ x_{1m}+\Delta x^1 \end{bmatrix} + (\tilde{c}_{22}\boldsymbol{x}_2^*\boldsymbol{x}_2^{*\mathrm{T}} + \cdots + \tilde{c}_{2n}\boldsymbol{x}_2^*\boldsymbol{x}_n^{*\mathrm{T}} + \cdots + \tilde{c}_{n2}\boldsymbol{x}_2^*\boldsymbol{x}_n^{*\mathrm{T}} + \cdots + \tilde{c}_{nn}\boldsymbol{x}_n^*\boldsymbol{x}_n^{*\mathrm{T}})$$

$$= \tilde{c}_{11}\left[(x_{11}+\Delta x^1)^2 + (x_{12}+\Delta x^1)^2 + \cdots + (x_{1m}+\Delta x^1)^2\right] + \left[(\tilde{c}_{21}+\tilde{c}_{12})\left[x_{21}(x_{11}+\Delta x^1) + \cdots + x_{2m}(x_{1m}+\Delta x^1)\right] + \cdots + \left[(\tilde{c}_{n1}+c_{1n})\left[x_{n1}(x_{11}+\Delta x^1) + \cdots + x_{nm}(x_{1m}+\Delta x^1)\right]\right] + (\tilde{c}_{22}\boldsymbol{x}_2^*\boldsymbol{x}_2^{*\mathrm{T}} + \cdots + \tilde{c}_{2n}\boldsymbol{x}_2^*\boldsymbol{x}_n^{*\mathrm{T}} + \cdots + \tilde{c}_{n2}\boldsymbol{x}_2^*\boldsymbol{x}_n^{*\mathrm{T}} + \cdots + \tilde{c}_{nn}\boldsymbol{x}_n^*\boldsymbol{x}_n^{*\mathrm{T}}) \tag{6.21}$$

式(6.21)可被整理成一个关于 Δx^1 的一元二次方程

$$\mathrm{SPE}_{95} = a(\Delta x^1)^2 + b\Delta x^1 + d \tag{6.22}$$

式中

$$a = m\tilde{c}_{11}$$

$$b = 2\tilde{c}_{11}(x_{11}+\cdots+x_{1m}) + (\tilde{c}_{21}+\tilde{c}_{12})(x_{21}+\cdots+x_{2m}) + \cdots + (\tilde{c}_{n1}+\tilde{c}_{1n})(x_{n1}+\cdots+x_{nm})$$

$$d = \tilde{c}_{11}(x_{11}^2+\cdots+x_{1m}^2) + (\tilde{c}_{21}+\tilde{c}_{12})(x_{21}x_{11}+\cdots+x_{2m}x_{1m}) + \cdots + (\tilde{c}_{n1}+\tilde{c}_{1n})(x_{n1}x_{11}+\cdots+x_{nm}x_{1m}) + \cdots + (\tilde{c}_{22}\boldsymbol{x}_2^*\boldsymbol{x}_2^{*\mathrm{T}} + \cdots + \tilde{c}_{2n}\boldsymbol{x}_2^*\boldsymbol{x}_n^{*\mathrm{T}} + \cdots + \tilde{c}_{n2}\boldsymbol{x}_2^*\boldsymbol{x}_n^{*\mathrm{T}} + \cdots + \tilde{c}_{nn}\boldsymbol{x}_n^*\boldsymbol{x}_n^{*\mathrm{T}})$$

这是一个一元二次方程，容易通过下式得到解：

$$\Delta x^1 = \frac{-b \pm \sqrt{b^2 - 4a(d - \mathrm{SPE}_{95})}}{2a} \tag{6.23}$$

因此，Δx^1 的值可通过式 (6.23)计算. 通过式 (6.23)计算后显然有两个解，但其中只有一个是所需的. 有一种方法选择正确的解. 如果一个解是正数，另一个是负数，我们选择正数的解. 如果两个解都是正数，我们可以使用 SPE 指标来选择正确的解[20-22]. 如果 $\boldsymbol{X}_i^*$ 的 SPE 落在控制限内，此解是所需要的.

6.3　仿真研究

6.3.1　蒙特卡罗模拟

蒙特卡罗模拟因摩洛哥著名的赌场而得名，它能够帮助人们从数学上表述物理、化学、工程、经济学以及环境动力学中一些非常复杂的相互作用. 数学家们称这种表述为“模式”，而当一种模式足够精确时，它能产生与实际操作中对同一条件相同的反应. 但蒙特卡罗模拟有一个严重的缺陷：如果必须输入一个模式中的随机数并不像设想的那样是随机数，而却构成一些微妙的非随机模式，那么整个的模拟(及其预测结果)都可能是错的. 但本书所举的实例不存在这样的问题，因而可以保证蒙特卡洛模拟过程是很准确的，并能够反映工业过程的实际情况. 这个例子的目的是通过蒙特卡罗模拟来将本书所提出的方法和本章参考文献[21]方法下故障幅值的计算结果进行比较分析.

过程模型应用为

$$\begin{bmatrix} x_1 \\ x_2 \\ x_3 \\ x_4 \\ x_5 \\ x_6 \end{bmatrix} = \begin{bmatrix} -0.2310 & -0.0816 & -0.2662 \\ -0.3241 & 0.7055 & -0.2158 \\ -0.217 & -0.3056 & -0.5207 \\ -0.4089 & -0.3442 & -0.4501 \\ -0.6408 & 0.3102 & 0.2372 \\ -0.4655 & -0.433 & 0.5938 \end{bmatrix} \begin{bmatrix} t_1 \\ t_2 \\ t_3 \end{bmatrix} + \text{noise} \tag{6.24}$$

式中，t_1，t_2和 t_3分别是标准差为 1，0.8 和 0.6 的零均值随机变量. 过程中包含的噪声是零均值且标准差为 0.2，并服从正态分布. 为了建立模型，生成了 1000 个样本. 数据被正规化为零均值及单位方差. 数据生成和正规化之后，用 PCA 来建立模型. 模拟的故障如下所示：

$$\boldsymbol{X}_{\text{failure}} = \boldsymbol{X}^* + \Delta\boldsymbol{X} = \boldsymbol{X}^* + f_i\boldsymbol{\xi}_i \tag{6.25}$$

式中，$\boldsymbol{X}^*$ 是根据上述模型生成的，故障幅值 f_i 是介于 00.5 的常量. 在这里，假定 $\boldsymbol{\xi}_i = [1,\ 0,\ 0,\ 0,\ 0,\ 0]^{\mathrm{T}}$ 且 $f_i = 0.4$. 这表明，假设第一个变量 x_1 是故障的，且故障幅值为 0.4. 图 6.1 是各个变量对 $\boldsymbol{X}_{\text{failure}}$ 的贡献图.

由图 6.1 可以很明显地分析出，变量 1 是整个工业系统的故障. 图 6.2 是 $\boldsymbol{X}_{\text{failure}}$ 的 SPE 指标图.

在图 6.2 中的所有参量中，式(6.25) 用来计算故障幅值 f_i 和正常条件下过程的正确测量值. 以 $\boldsymbol{M} = \tilde{\boldsymbol{C}} = \boldsymbol{I} - \boldsymbol{P}\boldsymbol{P}^{\mathrm{T}}$ 为例，通过式(6.25)可以获得每个变量的故障幅值 $f_i(i = 1,\ 2,\ 3,\ 4,\ 5,\ 6)$. 如果第 i 个变量是故障的，$\tilde{\boldsymbol{X}} = \boldsymbol{X}_{\text{failure}} - f_i\boldsymbol{\xi}_i$ 是在正常条件下的重构. 正相反，如果第 i 个变量是正常的，$\tilde{\boldsymbol{X}} = \boldsymbol{X}_{\text{failure}} - f_i\boldsymbol{\xi}_i$ 应在异常条件下重构. 这里用 SPE 指标来验证 $\tilde{\boldsymbol{X}}$ 正常与否. 如果 SPE 指标在控制限之上，则 $\tilde{\boldsymbol{X}}$ 被认为是正常的，与此同时，第 i 个变量是故障的. 否则，如果 $\tilde{\boldsymbol{X}}$ 异常，则认为第 i 个变量是正常的. 图 6.3 是 6 个 $\tilde{\boldsymbol{X}} = \boldsymbol{X}_{\text{failure}} - f_i\boldsymbol{\xi}_i(i = 1,\ 2,\ 3,\ 4,\ 5,\ 6)$的 SPE 指标图，表明变量 1 是故障的，并且 $\tilde{\boldsymbol{X}} = \boldsymbol{X}_{\text{failure}} - f_1\boldsymbol{\xi}_1 = \boldsymbol{X}^*$ 是正常条件下的正确测量值. 得到$\boldsymbol{X}^*$之后，Δx^1 可通过式(6.23)获得.

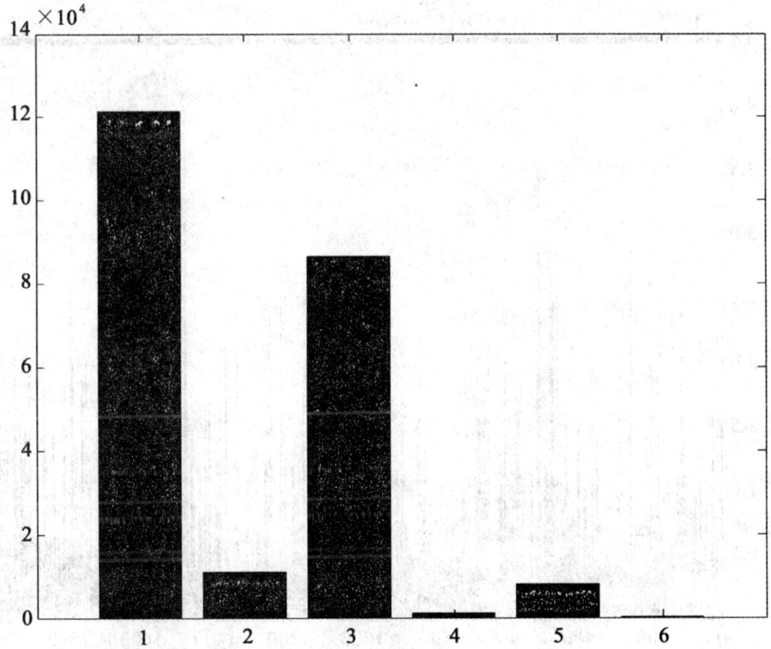

图 6.1　$X_{failure}$ 中每个变量的贡献图

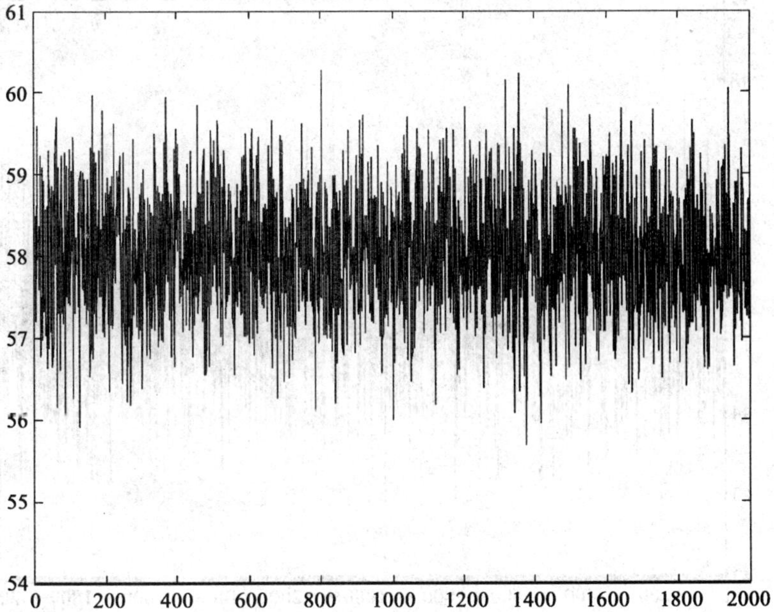

图 6.2　$X_{failure}$ 的 SPE 指标图

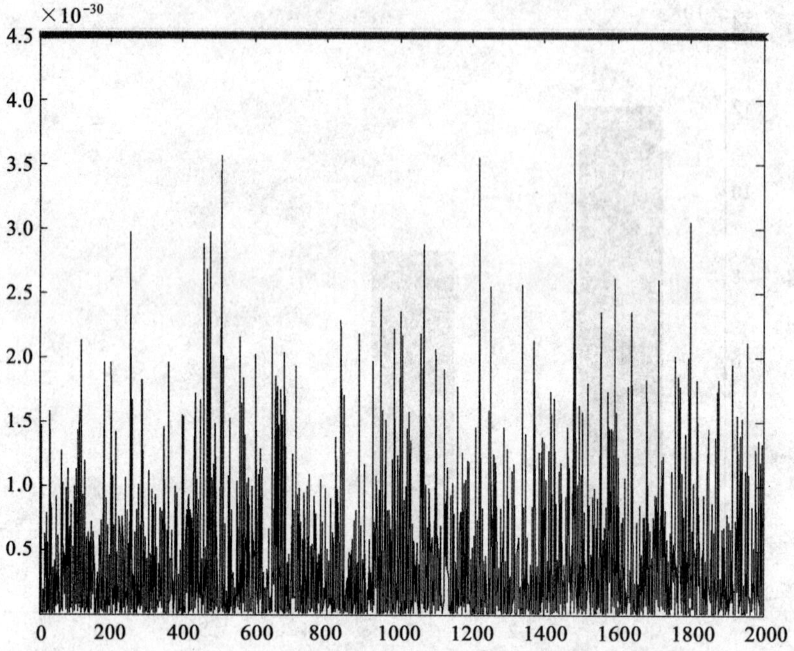

（a）$\widetilde{\boldsymbol{X}}=\boldsymbol{X}_{\text{failure}}-f_1\boldsymbol{\xi}_1$ 的 SPE 指标图

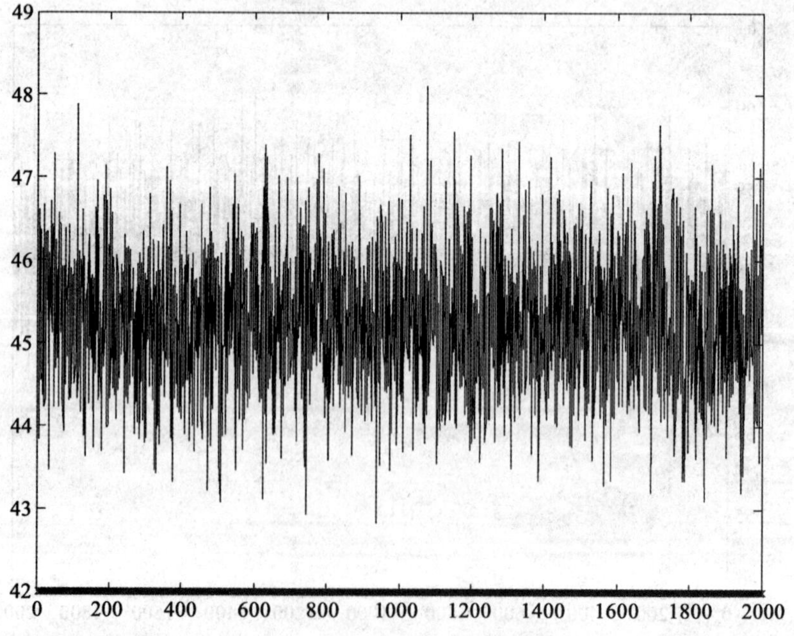

（b）$\widetilde{\boldsymbol{X}}=\boldsymbol{X}_{\text{failure}}-f_2\boldsymbol{\xi}_2$ 的 SPE 指标图

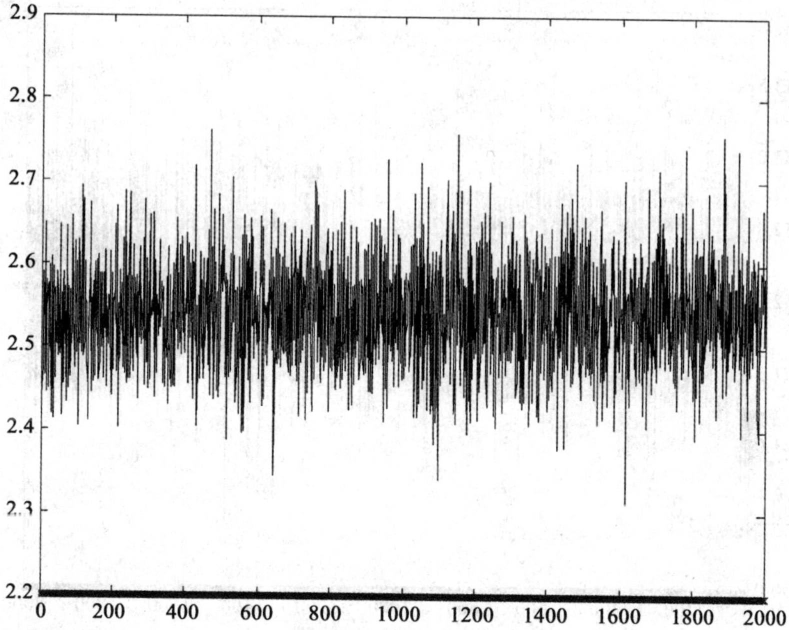

（c）$\widetilde{\boldsymbol{X}}=\boldsymbol{X}_{\text{failure}}-f_3\boldsymbol{\xi}_3$ 的 SPE 指标图

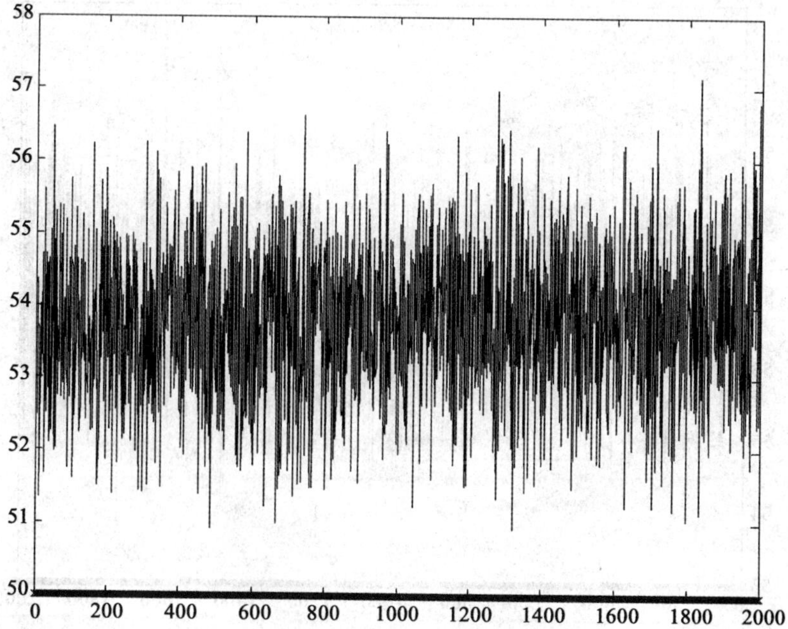

（d）$\widetilde{\boldsymbol{X}}=\boldsymbol{X}_{\text{failure}}-f_4\boldsymbol{\xi}_4$ 的 SPE 指标图

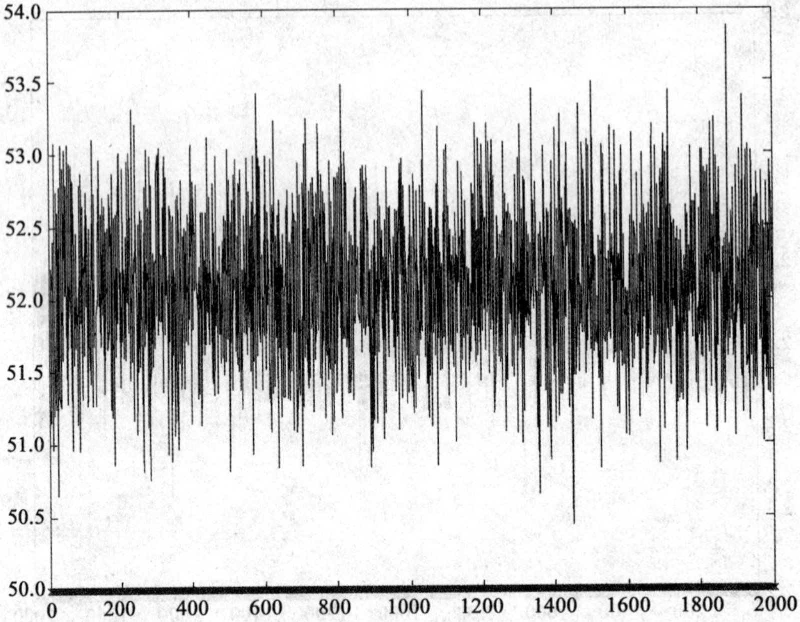

（e）$\widetilde{\boldsymbol{X}}=\boldsymbol{X}_{\mathrm{failure}}-f_5\boldsymbol{\xi}_5$ 的 SPE 指标图

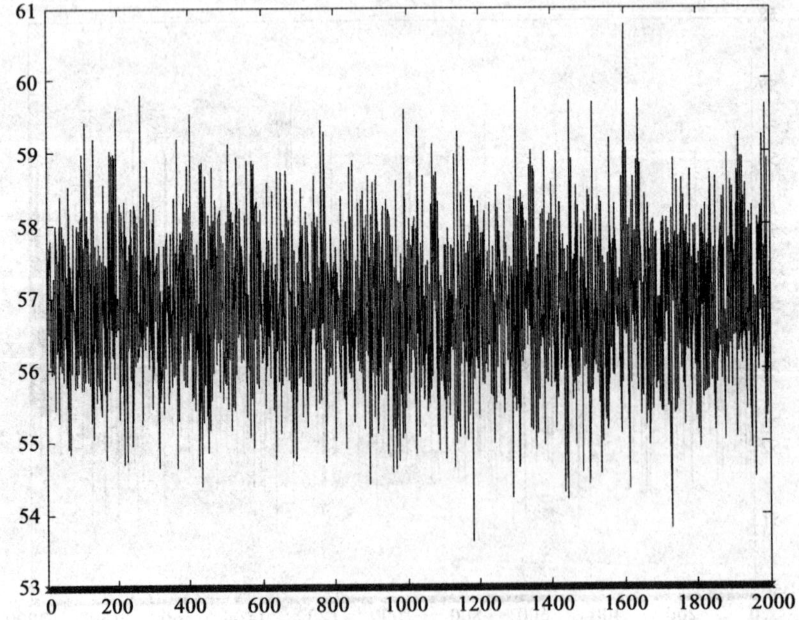

（f）$\widetilde{\boldsymbol{X}}=\boldsymbol{X}_{\mathrm{failure}}-f_6\boldsymbol{\xi}_6$ 的 SPE 指标图

图 6.3　$\widetilde{X}=X_{\mathrm{failure}}-f_i\xi_i\,(i=1,\ 2,\ 3,\ 4,\ 5,\ 6)$ 的 SPE 指标图

6.3.2　实验结果分析与比较

图 6.4 是通过原来方法获得的$\boldsymbol{X}^*$的贡献图和 SPE 指标图. 图 6.5 是通过本书提及的方法获得的$\boldsymbol{X}^*$的贡献图和 SPE 指标图. 通过与图 6.1 和图 6.2 比较, 从图 6.4 可以看出贡献值和 SPE 指标都下降到一定程度. 也就是说, 第一个变量的故障被削弱了. 但是故障仅仅是被削弱, 不是被消除. 例如, SPE 指标依然高于控制限. 因此$\boldsymbol{X}^*$和 $\Delta\boldsymbol{X}$ 并不是理想值, 仍存在着误差. 在图 6.5 中, 第一个变量的贡献值接近于 0 同时另一个也很小, SPE 指标落在控制限内. 这就是说, 第一个变量的故障已被消除, 与此同时, $\boldsymbol{X}^*$和 $\Delta\boldsymbol{X}$ 是理想值, 误差不再存在.

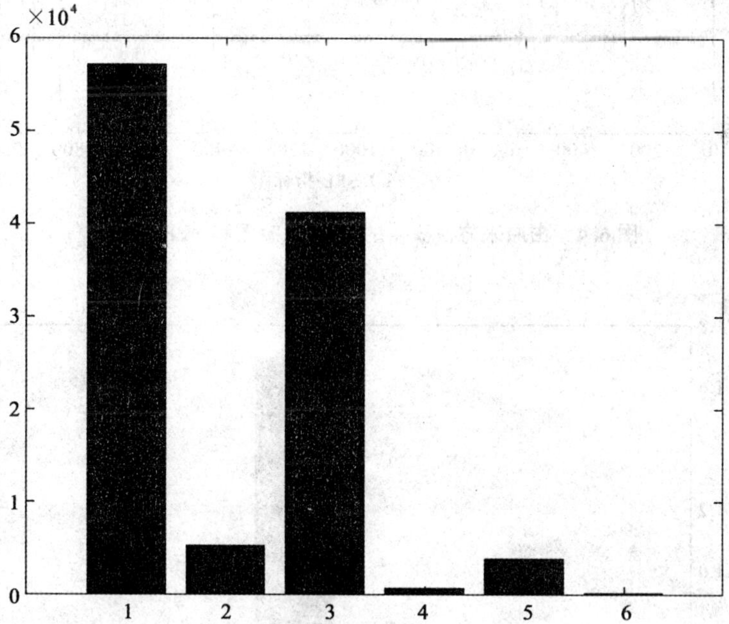

(a) 贡献图

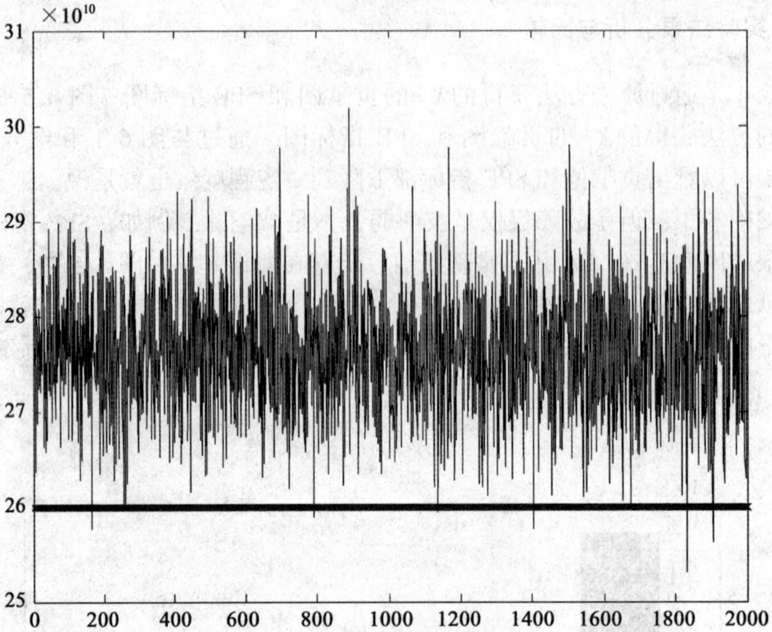

（b）SPE 指标图

图 6.4　由原来方法获得的 X^* 的贡献图和 SPE 指标图

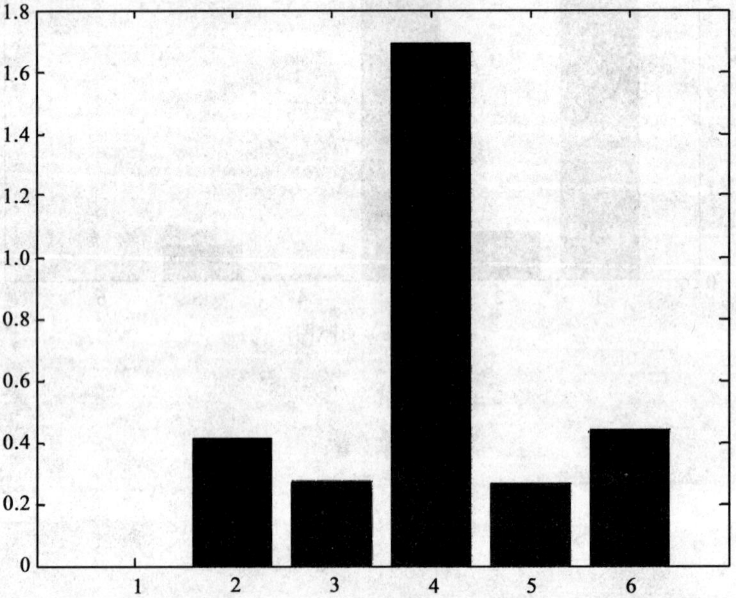

（a）贡献图

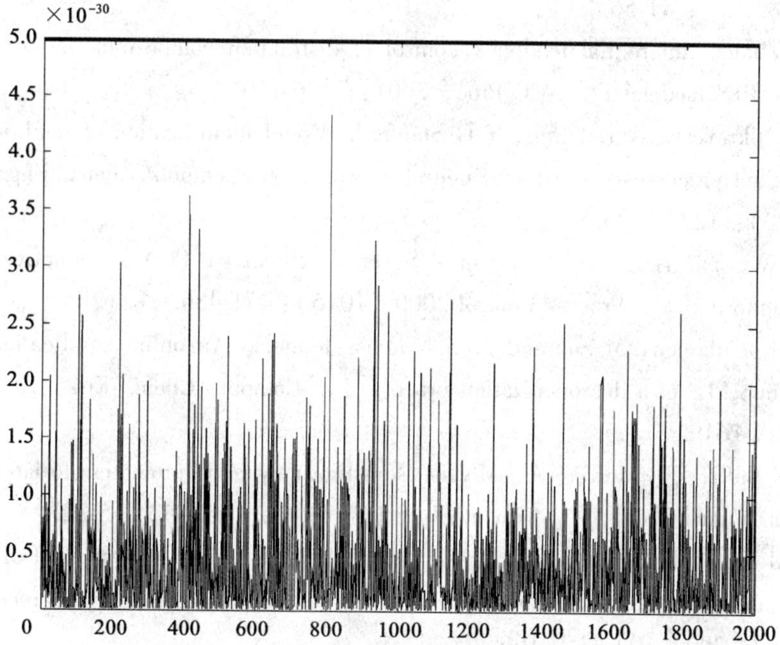

(b) SPE 指标图

图 6.5　利用本书提出方法所得的 X^* 的贡献图和 SPE 指标图

6.4　本章小结

本章提出了二次型混合指标和相应的幅值计算算法，工业故障幅值可以近似地通过所提出的重构法获得. 此方法被应用于蒙特卡罗模拟中，分别包含了传感器故障和过程故障的仿真模拟. 从仿真结果中可以看出，本章所提出的方法既可以对工业过程的故障幅值进行准确的估计，也可以有效地消除故障幅值.

本章参考文献

[1] T McAvoy. Intelligent "control" applications in the process industries[J]. Ann. Rev. Control, 2002(26): 75-86.

[2] L Fortuna, A Rizzo, M Sinatra, et al. Soft analyzers for a sulfur recovery unit [J]. Control Eng. Practice, 2003(11): 1491-1500.

[3] J de Assis, R M Filho. Soft sensors development for on – line bioreactor state estimation[J]. Comput. Chem. Eng., 2000 (24): 1099-1103.

[4] S A Russell, P Kesavan, J H Lee, et al. Recursive databased prediction and control of batch product quality[J]. AIChE J., 1998 (44): 2442-2458.

[5] S Wold. Multi-way principal components and PLS – analysis[J]. Chemom.,

1987 (1): 41-56.

[6] J Zhang. Inferential feedback control of distillation composition based on PCR and PLS models[J]. ACC Proc, 2001: 1196-1201.

[7] M Nikravesh, A E Farell, T G Stanford. Model identification of nonlinear time variant processes via artificial neural network[J]. Comput. Chem. Eng., 1996 (20): 1277-1290.

[8] Li W, Yue H H, Valle-Cervantes S, et al. Recursive PCA for adaptive process monitoring[J]. Process Control 2000, 10(5): 471-486.

[9] T Komulainen, M Sourander, S L Jamsa-Jounela. An online application of dynamic PLS to a dearomatization process[J]. Comput. Chem. Eng, 2004(28): 2611-2619.

[10] G Baffi, E B Martin, A J Morris. Non-linear dynamic projection to latent structures modelling[J]. Chemom. Int. Lab. Sys., 2000(52): 5-22.

[11] M Kano, K Miyazaki, S Hasebe, et al. Inferential control system of distillation compositions using dynamic partial least squares regression[J]. Process Control, 2000(10): 157-166.

[12] L L Jung, T Soderstrom. Theory and practice of recursive identification[M]. Cambridge: MIT Press, 1983.

[13] K Helland, H E Berntsen, O S Borgen, et al. Recursive algorithm for partial least squares regression[J]. Chemom. Int. Lab. Sys., 1992(14): 129-137.

[14] B S Dayal, J F MacGregor. Recursive exponentially weighted PLS and its applications to adaptive control and prediction[J]. Process Control, 1997(7): 169-179.

[15] Qin S J. Recursive PLS algorithms for adaptive data modeling[J]. Comput. Chem. Eng., 1998(22): 503-514.

[16] D A Tremblay. Using simulation Houston: Technology to improve profitability in the polymer industry[C]. The AIChE Annual Meeting, Texas, 1999.

[17] R D Braatz. Advanced control of crystallization processes[J]. Ann. Rev. Control, 2002(26): 87-99.

[18] Z Ma, H G Merkus, H G van der Veen, et al. Online measurement of particle size and shape using laser diffraction[J]. Part. Syst. Charact, 2001(18): 243-247.

[19] N Semlali Aouragh Hassani, K Saidi, T Bounahmidi. Steady state modeling and simulation of an industrial sugar continuous crystallizer[J]. Comput. Chem. Eng., 2001(25): 1351-1370.

[20] J F MacGregor, C Jaeckle, C Kiparissides, et al. Process monitoring and diag-

nosis by multiblock PLS methods[J]. AIChE J., 1994(40): 826.

[21] R L Liu. Studies on soft sensor technology and their applications to industrial processes[D]. 杭州：浙江大学，2004.

[22] P Mougin, A Thomas, D Wilkinson, et al. On-line monitoring of a crystallization process[J]. AIChE J., 2003(49): 373-378.